와인 애호가들을 위한 김만홍의 세 번째 이야기

12일 만에 끝내는
세계 와인의 모든 것

2

와인 애호가들을 위한 김만홍의 세 번째 이야기

12일 만에 끝내는 세계 와인의 모든 것 2 구세계 와인

1판 1쇄 발행 2023년 5월 30일

지은이 김만홍·이종화
펴낸이 정태욱 | **펴낸곳** 여백출판사

총괄기획 김태윤 | **편집** 안승철 | **마케팅** 김미선

출판등록 2019년 11월 25일(제2019-000265호)
주소 서울시 성동구 한림말길 53, 4층 [04735]
전화 02-798-2368 | **팩스** 02-6442-2296
이메일 ybbook1812@naver.com

ISBN 979-11-90946-26-1 14590
ISBN 979-11-90946-20-9 14590 (전3권)

와인 애호가들을 위한 김만홍의 세 번째 이야기

12일 만에 끝내는
세계 와인의 모든 것

구세계 와인

김만홍 · 이종화 공저

역백

2일차

전통적인 스위트 와인에서
새로운 변화, 독일

GERMANY

프랑스 북동부에 위치한 독일은 포도 재배가 가능한 북방 한계선 지역에 위치하며, 주요 와인 산지는 과거 서독권내의 남서부에 집중적으로 분포되어 있습니다. 세계 제일의 와인 생산량을 자랑하는 이탈리아, 프랑스와 비교하면 아주 적은 양이지만 그래도 유럽에서는 네 번째로 많은 와인을 생산하고 있는 나라입니다.

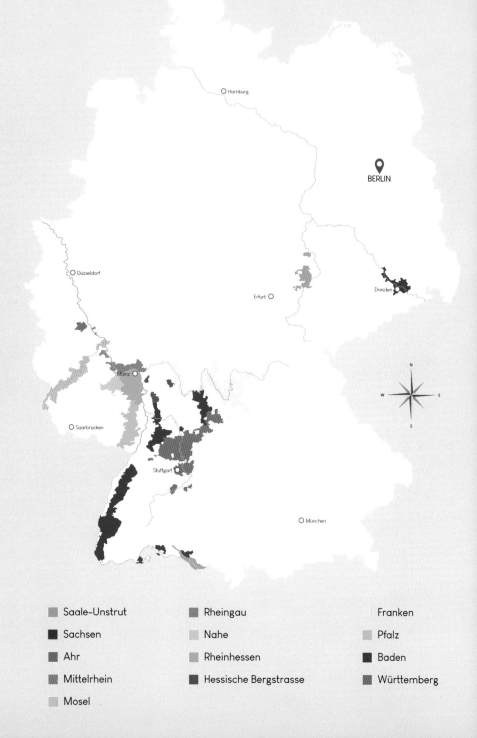

GERMANY
독일 안바우게비트

Hamburg

BERLIN

Düsseldorf

Erfurt

Dresden

Mainz

Saarbrücken

Stuttgart

München

	Saale-Unstrut		Rheingau		Franken
	Sachsen		Nahe		Pfalz
	Ahr		Rheinhessen		Baden
	Mittelrhein		Hessische Bergstrasse		Württemberg
	Mosel				

01

◆ 북위 47~52도에 와인 산지가 분포
◆ 재배 면적: 102,000헥타르
◆ 생산량: 8,700,000헥토리터

[Wines of Germany 2015년 자료 인용]

프랑스 북동부에 위치한 독일은 포도 재배가 가능한 북방 한계선 지역에 위치하며, 주요 와인 산지는 과거 서독권내의 남서부에 집중적으로 분포되어 있습니다. 세계 제일의 와인 생산량을 자랑하는 이탈리아, 프랑스와 비교하면 아주 적은 양이지만 그래도 유럽에서는 네 번째로 많은 와인을 생산하고 있는 나라입니다.

현재 독일은 안바우게비트Anbaugebiet, 지정 재배 권역라 불리는 13곳의 와인 산지로 나뉘어져 있는데, 그 중 11곳이 구 서독 권내에 위치하고 있습니다. 13곳의 안바우게비트의 대부분은 라인 강의 본류와 지류 연안에 위치하며, 각 지역의 특성을 지니고 있습니다. 또한 13곳의 안바우게비트는 39개의 버라이히Bereich, 생산 지구로 나뉘어져 있고, 각 버라이히는 170개의 그로쓰라게Großlage, 통합된 넓은 구획의 포도밭와 2,600개의 아인즐라게Einzellage, 단일 포도밭로 세분화되어 있습니다.

독일의 와인 산지는 전반적으로 위도가 높기 때문에 추운 기후를 띠고 있어, 재배 면적의 63% 정도를 청포도 품종이 차지하고 있습니다. 세미-스위트 타입의 와인에서 매우 달콤한 스위트 와인까지 다양한 단맛을 지닌 화이트 와인들이 유명하고, 특히 알코올 도수가 낮은 세미-스위트 타입의 와인은 한때 세계적으로 와인 초보자들에게 많은 사랑을 받았습니다.

1960년대까지만 해도 독일에서 만든 리슬링 와인은 세계 최고의 평가를 받았습니다. 그러나 1980년대 이후부터, 해외 시장의 소비자 취향이 스위트 타입에서 드라이 타입으로 바뀌었고,

1990년대 연구로 밝혀진 프렌치 패러독스French Paradox 이후에는 화이트 와인에서 레드 와인으로 기호가 바뀌면서 독일의 인기를 이끌었던 세미-스위트 및 스위트 타입의 화이트 와인은 과거의 기세를 잃어버리게 되었습니다. 뿐만 아니라, 1980년대 이후 독일 자국 내에서도 드라이 타입의 와인 소비가 증가하고 있어 지금은 전체 생산량의 절반 이상이 드라이 또는 세미-드라이 타입의 화이트 와인이 생산되고 있습니다. 또한 최근에는 독일의 소비자들 사이에서 레드 와인의 인기가 높아지고 있어, 1990년대 후반부터 적포도 품종의 재배 면적이 급증하고 있는 추세입니다.

추운 기후에서 유래되는 높은 신맛을 단맛으로 완화한 독일 와인

독일과 같이 추운 산지에서 세미-스위트 타입의 화이트 와인을 주로 생산하는 것은 미각적으로 필연성이 있습니다. 세미-스위트는 신맛과 단맛이 서로 부드럽게 어우러진 중간 정도의 단맛으로, 독일의 화이트 와인은 추운 기후에 유래되는 아주 높은 신맛을 지니고 있어, 단맛이 가해지면 신맛은 부드러워지고 균형도 조화롭게 잡히게 됩니다. 단맛 역시 신맛에 의해 상대적으로 감소하기 때문에 끈적한 단맛이 입안에 계속 남아있지 않습니다. 이러한 필연성에 의해 탄생한 독일의 세미-스위트 타입의 화이트 와인이 대중화된 것은, 제2차 세계대전 이후로 비교적 최근입니다.

제2차 세계대전이 끝난 뒤, 독일은 현재 표준화되고 있는 양조 기술을 빠르게 보급시켜 세계 첨단을 달리기 시작했습니다. 무균 여과 기술과 순수한 배양 효모의 사용, 발효 온도 관리 등의 선진 기술은 독일에서 최초로 보급되었고, 알코올 발효의 온도 조절과 철저한 미생물 관리에 의해서 깨끗하고 신선한, 그리고 과실 풍미가 풍부한 새로운 스타일의 화이트 와인이 만들어지게 되었습니다.

특히 독일의 선진 기술에 큰 혜택을 본 것은 세미-스위트 타입의 와인입니다. 낮은 알코올 도수에 잔당이 남아있는 세미-스위트 타입의 와인은 병입된 이후 와인에 남아있는 효모가 의

도치 않게 다시 발효를 일으키는 경우가 흔하기 때문에 이를 방지하기 위해서는 병입할 때 효모와 다른 미생물을 완전히 제거해야 합니다. 이 처리를 위해 무균 여과 기술을 사용하며, 미세한 필터로 와인 속 효모와 미생물을 걸러내게 됩니다. 또한 제2차 세계대전 이후, 독일에 주둔한 미국 병사들이 세미-스위트 타입의 와인을 좋아한 것도 소비 확대에 힘을 실어 주었습니다.

과거, 독일의 세미-스위트 타입의 와인 대다수는 쥐쓰레저브Süssreserve 기술을 사용해 만들어졌습니다. 이것은 알코올 발효가 끝난 드라이 와인에 포도 과즙을 첨가해 단맛을 갖게 하는 기술로, 양조 과정에서 와인의 단맛이 강하면 여러 가지 단점들을 보안해 줍니다. 그러나 독일의 새로운 상징이 된 세미-스위트 타입의 와인은 생산자들을 안일하게 만들었으며, 돈벌이에 집착한 생산자들은 포도의 수확량을 계속 늘려갔습니다. 어느덧 값싸고 달콤한 독일 와인은 '아무런 풍미도 없는 설탕 물'이란 비판을 받게 되었고 시장의 기호가 드라이 타입의 와인으로 바뀌면서 소비자로부터 외면을 당하게 되었습니다. 이러한 부정적인 이미지를 탈피하기 위해 현재 많은 독일 생산자들은 훌륭한 품질의 드라이 타입의 와인을 생산하는데 힘을 기울이고 있으며, 소비자의 신뢰와 인기를 되찾기 위해 노력하고 있습니다. 또한 양조 과정에서도 냉각 및 여과 작업, 이산화황 첨가 등의 방법으로 알코올 발효 도중에 중지시켜 잔당을 남기는 방식이 훨씬 더 우수한 품질의 세미-스위트 타입의 와인을 만들 수 있기 때문에, 지금은 고품질을 지향하는 생산자 대부분이 쥐쓰레저브 기술을 사용하고 있지 않습니다.

독일과 같이 추운 산지에서 세미-스위트 화이트 와인을 주로 생산하는 것은 미각적으로 필연성이 있습니다. 세미-스위트는 신맛과 단맛이 서로 부드럽게 어우러진 중간 정도의 단맛으로, 독일의 화이트 와인은 추운 기후에 유래되는 아주 높은 신맛을 지니고 있어서 단맛이 더해지면 신맛은 부드러워지고 균형도 조화롭게 잡히게 됩니다.

단맛 역시 신맛에 의해 상대적으로 감소하기 때문에 진한 단맛이 입안에 계속 남아있지 않습니다. 이런 필연성에 의해 탄생한 독일의 세미-스위트 화이트 와인이 대중화된 것은 제2차 세계대전 이후로 비교적 최근입니다.

독일의 와인 역사는 기원전 50년경, 켈트족에 의해 처음 시작되었을 것이라 추측하고 있지만, 본격적으로 시작한 시기는 로마 제국의 식민지였던 3세기 무렵부터입니다. 이후 8세기에 들어, 서유럽을 통일한 프랑크 왕국의 카를 1세샤를마뉴, 742~814에 의해 라인 강의 서쪽에 위치한 팔츠Pfalz, 라인헤센Rheinhessen, 나에Nahe, 모젤Mosel 지방과 북쪽의 라인가우Rheingau 지방에서 와인 제조가 활발하게 이루어졌습니다.

중세 후기에는 오늘날까지 명성이 이어지는 포도밭의 대다수가 기독교 단체에 의해서 개척되었습니다. 수도원들은 체계적으로 와인 산업을 장려하였고 30년 전쟁이 일어나기 전까지 독일의 포도 재배 면적은 지금의 3배인 30만 헥타르까지 확장되었습니다. 특히 수도사들은 우수한 포도밭과 포도 품종을 선별해 문헌으로 기록하는 등 와인 산업을 주도했습니다. 그 중에서, 라인가우 지방에 베네딕트파 수도회가 개척한 슐로스 요하니스베르크Schloss Johannisberg와 시토파 수도회가 개척한 슈타인베르크Steinberg, 그리고 카르트호이저 교단이 개척한 모젤 지방의 아이텔스바허 카르트호이저호프Eitelsbacher Karthaeuserhof 등의 포도밭이 가장 유명한 곳입니다.

17세기, 30년 전쟁과 팔츠 전쟁으로 독일의 와인 산업은 대대적인 변화를 겪게 되었습니다. 막대한 전쟁 피해와 계속되는 흉작, 그리고 관세 장벽 등의 문제로 독일의 와인 산지 대부분이 역사의 뒤안길로 사라졌으나, 18세기에 들어 점차적으로 경제가 안정을 되찾으면서 지금의 남서부 지역에 와인 산지가 정착되기 시작했습니다. 이 시기에 와인의 품질에 대한 인식이 형성되어 고품질 포도 품종을 선호했고, 생산자 협회를 구성하는 등 와인 산업은 체계적으로 발전하게 되었습니다.

근대의 황금기

19세기에 접어들면서 독일 와인은 현저하게 품질이 향상되어 20세기 초반에 이르러 황금기를 맞이하게 됩니다. 18세기 후반에 늦 수확 방식과 귀부 병을 이용한 귀부 와인 등 고귀한 스위트 와인을 만드는 기술이 발견되었으며, 19세기에 들어서는 포도를 당도에 따라 단계적으로 나누어 수확하는 기술이 널리 퍼지게 되었습니다. 또한 독일에서 사용하고 있는 포도 당도를 측정하기 위한 윅슬레Oechsle 시스템도 이 시기인, 1830년에 확립되었습니다.

19세기, 품질 향상을 목적으로 하는 재배업자 협회가 독일의 각 지역에서 결성되었고, 와인 제조나 포도 재배를 연구하기 위한 공공 기관도 잇달아 설립되었습니다. 대표적인 기관으로는 1872년에 라인가우 지방에 설립된 가이젠하임 대학이 있으며, 현재 세계 최고의 연구기관 중 하나로 인정받고 있습니다. 이러한 노력이 결실을 맺어, 당시 독일의 최고급 와인은 보르도 지방과 같은 명산지 와인과 동등한 가격 또는 그 이상 비싼 가격으로 거래되었습니다.

19세기 말에는 오래 전부터 높이 평가되고 있었던 라인가우, 팔츠 지방과 함께 모젤 지방도 명성을 얻게 되었는데, 모젤 지방은 19세기에 정치적으로 불안정했기 때문에 명산지로서의 입지가 다소 늦어졌습니다. 다만, 품질 향상으로 인해 혜택을 받게 된 이들은 뛰어난 입지의 포도밭과 자본을 가지고 있는 고품질 와인 생산자뿐이었습니다. 그렇지 못한 영세한 재배업자들은 협동조합을 설립하는 것으로 생존을 도모했으며, 1869년 아르Ahr 지방에서 독일 최초의 협동조합이 생겨났습니다. 이후, 독일 와인의 명성이 드높아지자 유명 산지를 사칭한 가짜 와인이 성행하였고, 독일도 프랑스처럼 와인법을 통해 원산지 명칭을 규제하는 시도가 이루어졌습니다. 1909년에 제정된 법률은 포도밭 명칭을 라벨에 표기하는 경우, 와인이 실제로 그 포도밭에서 수확된 포도로 만들어져야 한다고 규정했습니다. 그러나, 19세기 말에 찾아온 필록세라 병충해와 두 번의 세계대전, 그리고 그 사이 발생한 경제적 혼란에 의해 독일의 와인 산업과 포도밭은 황폐화되었습니다. 1914년, 9만 헥타르에 달했던 포도밭은 제2차 세계대전이 종결된 1945년에 5만 헥타르까지 크게 줄어들었습니다.

1945년 이후, 독일은 단기간에 경제 부흥을 이룩했으며, 때마침 뛰어난 빈티지도 연이어 생산하게 되면서 와인 산업이 소생하게 되었습니다. 또한, 전후 시기에 포도밭과 양조장 모두에서 근대화 작업도 진행되었습니다. 포도밭의 변화는 트랙터가 도입되면서 이루어졌습니다. 경작 기계를 사용함으로써 포도밭에서의 노동 효율은 극적으로 좋아졌지만, 이를 위해서는 밭의 평지화와 각각의 밭이 일정한 규모를 갖춰야만 했습니다. 따라서 1950년대 이후, 독일의 와인 산지는 경작 기계를 도입하기 쉬운 평야 지대에 광대한 포도밭이 조성되었고 그 결과, 저품질 와인이 대량 생산되는 결과를 초래하게 되었습니다. 반면 뛰어난 품질의 와인이 생산되는 경사지 포도밭은 정부와 자치 단체로부터 지원을 받아 작업 효율이나 배수 조건이 좋아지도록 개선 작업을 진행했는데, 그로 인해 와인의 품질이 향상되었습니다.

양조장에도 근대화 바람이 불어 스테인리스 스틸 탱크를 이용한 발효 온도의 관리 기술과 무균 여과 기술이 보급되었습니다. 발효 온도의 관리 기술은 신선하고 풍부한 과실 풍미를 지닌 새로운 스타일의 와인을 만들어냈습니다. 한편, 와인의 모든 미생물을 없애는 무균 여과 기술은 제1차 세계대전 중 독일에서 시작되어 제2차 세계대전 이후에 빠르게 보급되었습니다.

무균 여과는 세미-스위트 및 스위트 와인이 병 안에서 재발효가 일어나지 않도록 방지해 주는 획기적인 기술이었지만, 후에 독일의 명성을 깎아 내리는 저가의 대량 생산되는 와인의 증가에 기술적인 토대를 마련하는 원인이 되어 버렸습니다. 또한 알코올 발효가 진행되지 않은 포도 과즙을 발효가 끝난 드라이 와인에 첨가해 단맛을 더해주는 쥐쓰레저브 기술도 무균 여과 기술에 의해서 보급되었습니다. 포도 과즙을 무균 여과해 효모를 제거하고 알코올 발효를 막아주는 이 기술은 1960년대 이후, 독일산 저가 세미-스위트 와인이 크게 유행하는 계기를 만들어주었습니다. 이렇게 만들어진 독일의 저렴한 세미-스위트 와인은 자국뿐만 아니라 영국, 미국 등에서도 큰 인기를 누렸습니다.

이러한 인기에 힘입어 1971년부터 1980년까지 10년간, 영국에서 독일 와인의 수출량은 4.5배 증가하였고, 1980년부터 1989년까지 10년간은 3배가 증가했습니다. 수출을 이끈 주인공은 립프라우밀히Liebfraumilch로, 특정 원산지 명칭 없이 브랜드 명칭으로 판매되는 세미-스위트 타입의 화이트 와인입니다. 하지만 립프라우밀히 와인은 품질과 수출량이 반비례하면서 어느덧 시간이 흘러 아무 풍미도 없는 '설탕 물'이라는 원색적인 비난을 받게 되었습니다. 1990년대에 접어 들면서 국외 시장의 소비자들은 새롭게 대두된 신세계 산지에서 생산된 와인에 주목하기 시작했고 마침내, 독일 와인의 수출량은 1993년을 경계로 급락하게 되었습니다.

독일의 와인 산지 대다수는 대륙성 기후와 더불어 위도도 높기 때문에 아주 추운 기후를 띠고 있습니다. 강우량의 대부분은 여름에 집중적으로 발생하는 반면, 남쪽 와인 산지의 경우 봄, 가을, 겨울에 비가 내립니다. 특히 남쪽 지역은 수확 시기가 가까워질수록 강우량이 극적으로 증가하고 있으며, 이러한 기후 요인은 독일 와인의 특성에도 뚜렷한 영향을 미치게 됩니다.

독일의 뛰어난 포도밭은 햇볕을 최대한 받을 수 있게 강을 따라 가파른 언덕에 자리잡고 있습니다. 일부 지역에서는 30도 정도의 가파른 경사지에 포도밭도 많이 있고 남향, 남서향, 남동향에 위치해 있습니다. 이는 태양광선의 입사각과 연관이 있는데, 빛을 받는 지면이 직각에 가까울수록 받는 열량이 커진다는 물리법칙을 이용한 것입니다. 실제로, 남향의 30도의 경사에서는 열량이 15% 정도 증가합니다.

강을 따라 포도밭이 위치하고 있는 것은 강의 수면이 태양광선을 반사하는 효과와 함께 야간에 발생하는 심한 기온 저하를 완화시켜주는 보온 효과 때문입니다. 물은 공기보다 온도 변화가 심하지 않기 때문에 밤부터 아침에 걸쳐 안개 형태로 열을 방출하고 포도밭을 따뜻하게 해줍니다. 또한, 야간에는 찬 공기가 경사지를 따라 아래로 내려가기 때문에 산기슭에 있는 평지의 포도밭보다 기온이 높아지게 됩니다.

서리 피해와 동결 피해가 발생하기 쉬운 독일에서는 야간부터 새벽에 걸쳐 기온을 높게 유지하는 것이 아주 중요한 조건입니다. 즉, 독일에서는 조금이라도 따뜻한 위치가 뛰어난 포도밭이라는 것입니다. 다만, 경사지 포도밭은 다양한 이점도 있지만, 농업 기계의 사용이 불가능하기 때문에 평지의 포도밭에 비교하면 노동 효율은 떨어지는 단점이 있습니다.

포도 나무는 지주를 와이어로 연결하지 않고 줄기를 위에서 묶는 봉 형Cordon Spur 수형 방식으로 재배하고 있습니다. 이 수형 관리를 통해 경사지 포도밭의 포도 나무는 햇볕에 최대한 많이 노출되고 공기 순환도 잘 되게 됩니다.

TIP!

쥐쓰레저브 기술이 좋지 않은 이유

포도 과즙 안에는 과당과 포도당의 2종류 당분이 약 반반씩 포함되어 있지만, 과당이 포도당에 비해 2배 정도 달콤하고 섬세한 단맛을 가지고 있습니다. 알코올 발효가 개시되면 효모는 우선 포도당부터 분해하기 때문에 발효 도중에 중지시킨 와인에는 과당이 상대적으로 많이 남아 있게 됩니다. 반면, 쥐쓰레저브 기술을 사용해 만든 와인은 과즙 속의 과당과 포도당이 그대로 반영된 단맛을 지니게 됩니다. 따라서, 알코올 발효를 도중에 정지시킨 와인의 단맛과 비교하면 같은 잔당 값이라도 맛은 떨어지게 됩니다.

독일의 와인 산지 대다수는 대륙성 기후와 더불어 위도도 높기 때문에 아주 추운 기후를 띠고 있습니다. 강우량의 대부분은 여름에 집중적으로 발생하는 반면, 남쪽 산지의 경우 봄과 가을, 그리고 겨울에 비가 내립니다. 특히 남쪽 지역은 수확 시기가 가까워질수록 강우량이 극적으로 증가하고 있으며, 이러한 기후 요인은 독일 와인의 특성에도 뚜렷한 영향을 미치게 됩니다.

독일의 뛰어난 포도밭은 햇볕을 최대한 받을 수 있게 강의 가파른 언덕에 자리잡고 있습니다. 일부 지역에서는 30도 정도의 급경사지에 포도밭도 많이 있고 남향, 남서향, 남동향에 위치해 있습니다. 이는 태양광선의 입사각과 연관이 있는데, 햇빛을 받는 지면이 직각에 가까울수록 받는 열량이 커진다는 물리법칙을 이용한 것으로, 실제로, 남향의 30도의 경사에서는 열량이 15% 정도 증가합니다.

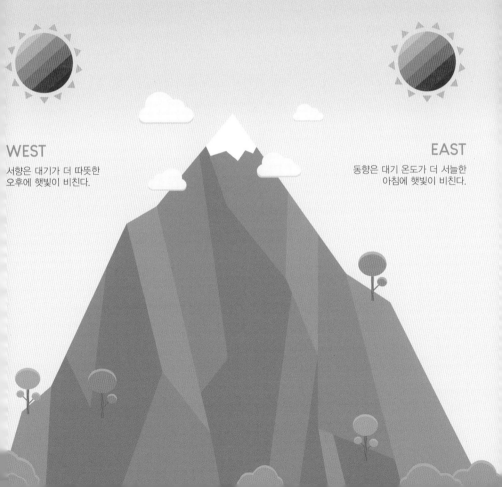

WEST
서향은 대기가 더 따뜻한
오후에 햇빛이 비친다.

EAST
동향은 대기 온도가 더 서늘한
아침에 햇빛이 비친다.

1892년, 독일에서 처음으로 와인법이 제정되었지만, 그 후 몇 차례에 걸쳐 개정과 수정 작업이 진행되었습니다. 지금과 같은 등급 체계의 와인법은 1971년에 고품질 와인을 추구하는 생산자에 의해 개정된 것으로, 그 후에도 약간의 변화가 이루어지고 있습니다.

독일 와인법에 따라 라벨에 표기할 수 있는 지리적인 체계는 안바우게비트Anbaugebiet, 버라이히Bereich, 그로쓰 라게Großlage, 아인즐라게Einzellage 4개로 구분하고 있습니다. 안바우게비트는 '지정 재배 권역'을 의미하며, 13곳이 존재합니다. 안바우게비트 내에는 '생산 지구'를 뜻하는 버라이히가 39개로 나뉘어져 있습니다. 버라이히는 안바우게비트 안에 하나 또는 그 이상이 존재하며 라벨에 버라이히 명칭을 표기할 수 있습니다. 일반적으로 버라이히 명칭은 안바우게비트 내의 유명한 마을 명칭을 따르는 경우가 많습니다.

그로쓰 라게는 '1,000헥타르 이상의 넓은 구획의 포도밭'을 의미하며 170개 포도밭으로 통합되어 있습니다. 버라이히와 마찬가지로 라벨에 그로쓰 라게 명칭을 표기할 수 있는데, 보통은 그로쓰 라게가 위치한 마을 명칭 다음에 표기되고 있습니다.

지리적으로 가장 작은 것이 아인즐라게로, '단일 포도밭'을 의미하며 2,600개로 세분화되어 있습니다. 다만, 프랑스 부르고뉴 지방과 같이 공식적인 등급의 개념으로 품질을 보장하지는 않지만, 고품질 와인의 대다수가 아인즐라게에서 생산되고 있습니다. 그럼에도 불구하고 생산자들은 그로쓰 라게와 아인즐라게를 굳이 밝힐 필요가 없기 때문에 소비자 입장에서는 혼란스러울 수 밖에 없습니다.

독일 와인법의 4단계 등급 체계

독일도 프랑스를 모방한 4단계의 와인 등급 체계를 사용하고 있습니다.

- 프래디카츠바인Prädikatswein
- 크발리테츠바인 베슈팀터 안바우게비터Qualitätswein bestimmter Anbaugebiete, QbA
- 도이처 란트바인Deutscher Landwein
- 도이처 타펠바인Deutscher Tafelwein

독일 와인법의 가장 상위 등급은 프랑스의 AOC에 속하는 프래디카츠바인입니다. '특별한 속성을 가진 고급 와인'을 의미하는 프래디카츠바인은 과거 Q.m.PQualitätswein mit Prädikat, 크 발리테츠바인 미트 프레디카트 등급으로 표기되었으나 2007년 8월 법령에 의해 등급 명칭이 지금 과 같이 변경되었습니다.

프래디카츠바인 등급은 반드시 13곳의 안바우게비트 중 한 곳에서 생산되어야 하며, 동시에 39개 버라이히 중 한 곳에서 수확한 포도만으로 생산되어야 합니다. 포도 품종, 재배, 양조에 관한 규제가 가장 엄격하며, 이 등급에 속한 와인은 수확 시기의 과즙 당도에 따라 6개의 카테 고리로 분류됩니다.

프래디카츠바인의 아래 등급은 QbAQualitätswein bestimmter Anbaugebiete, 크발리테츠바인 베슈 팀터 안바우게비터 등급으로, '특정 생산지의 고급 와인'을 의미합니다. QbA 등급은 13곳의 안바 우게비트 중 한 곳에서 재배와 양조가 이루어져야 하며, 다른 지역의 와인과 블렌딩하는 것을 금하고 있습니다. 2000년부터 드라이 타입의 와인을 위해 '클래식Classic'과 '셀렉션Selection' 카테고리를 도입하였으며, 현재 QbA등급의 와인은 라벨에 크발리테츠바인Qualitätswein으로 약식 표기되기도 합니다.

세 번째 등급은 지방 와인 성격의 도이처 란트바인Deutscher Landwein입니다. 도이처 란트바 인은 85%이상 란트바인으로 지정된 지역에서 수확한 포도를 사용해야 하며, 대부분 트로켄

Trocken, 드라이 또는 할프트로켄Halbtrocken, 세미-드라이으로 생산되고 있습니다. 최소 당도 중량은 하위 등급인 도이처 타펠바인보다 더 높은 수준을 요구하며, 2009년 기준으로 26개의 특정 지방에서 생산되고 있습니다. 도이처 란트바인 등급부터 QbA와 프래디카츠바인의 상위 등급까지 트로켄, 할프트로켄 표기가 가능합니다.

가장 하위 등급은 도이처 타펠바인Deutscher Tafelwein으로 '테이블 와인'을 의미합니다. 도이처 타펠바인은 100% 독일에서 수확한 포도만을 사용해야 하며, 독일 내의 와인 블렌딩을 허가하고 있습니다. 현재 도이처 타펠바인 대신 도이처 바인Deutscher Wein 명칭으로 표기되고 있습니다.

추운 기후의 독일은 일반적으로 가당을 허가하고 있지만, QbA와 프래디카츠바인 등급은 가당을 금하고 있습니다. 또한 두 등급의 와인은 모두 공식적인 검사 기관에서 관능 평가를 받아야 하고, 통과했을 경우에 한해 QbA나 프래디카츠바인의 등급 명칭을 사용할 수 있습니다. 이 제도는 상당히 엄격하지만 실제로 이 검사에 제출한 와인이 불합격되는 경우는 거의 없습니다. 독일의 전체 와인 생산량 중에서 QbA와 프래디카츠바인 등급이 차지하는 비율은 무려 90% 정도로, 수치상으로 보면 독일에는 고급 와인 밖에 없다라고 말할 수 있는 것이 현재 상황입니다.

QbA와 프래디카츠바인의 생산 비율은 빈티지에 따라 30~70%를 차지하며 매년 크게 달라지기 때문에 좋은 작황의 빈티지일수록 프래디카츠바인의 비율이 높아집니다. 예를 들어, 1984년에 생산된 프래디카츠바인은 7%정도였지만, 무더웠던 2003년에는 64%를 차지하고 있습니다. 이것은 QbA와 프래디카츠바인의 원료가 되는 포도 과즙의 당도에 의해 나누어지기 때문입니다.

독일 와인 등급

프래디카츠바인
(Prädikatswein)

Q.b.A

크발리테츠바인 베슈팀터 안바우게비터
(Qualitätswein bestimmter Anbaugebiete, Q.b.A)

DEUTSCHER LANDWEIN

도이처 란트바인
(Deutscher Landwein)

DEUTSCHER TAFELWEIN

도이처 타펠바인
(Deutscher Tafelwein)

독일 와인의 등급 체계

독일 와인법에 따라 지리적인 체계는 안바우게비트, 버라이히, 그로쓰라게, 아인즐라게 4개로 구분하고 있습니다. 프래디카츠바인은 반드시 13곳의 안바우게비트 중 한 곳에서 생산되어야 하며, 동시에 39개 버라이히 중 한 곳에서 수확한 포도만으로 생산되어야 합니다.

특정 생산지의 고급 와인'을 의미하는 Q.b.A는 13곳의 안바우게비트 중 한 곳에서 포도 재배 및 양조가 이루어져야 하며, 다른 지역의 와인과 블렌딩하는 것을 금하고 있습니다.

도이처 란트바인은 85%이상 란트바인으로 지정된 지역의 포도를 사용해야 하며, 트로켄 또는 할프트로켄으로 대부분 생산되고 있습니다. 가장 하위 등급은 도이처 타펠바인으로, '테이블 와인'을 의미합니다.

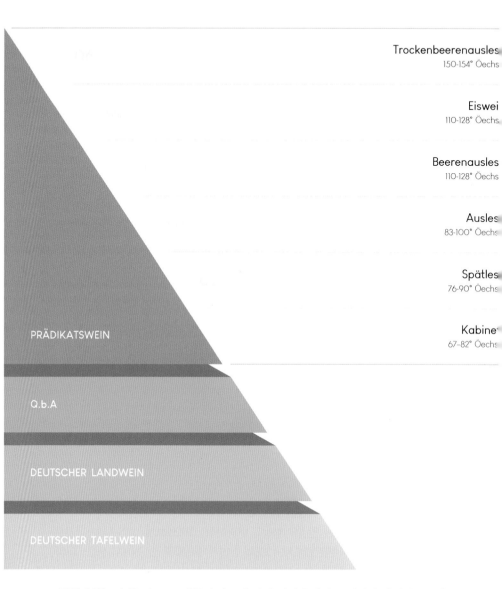

Trockenbeerenausles
150-154° Öechs

Eiswei
110-128° Öechs

Beerenausles
110-128° Öechs

Ausles
83-100° Öechs

Spätles
76-90° Öechs

Kabine
67–82° Öechs

PRÄDIKATSWEIN

Q.b.A

DEUTSCHER LANDWEIN

DEUTSCHER TAFELWEIN

독일에서는 수확 시 포도 과즙의 당도에 따라 안바우게비트 지역의 와인의 등급을 매기며, 당도는 포도 과즙의 비중을 나타내는 욍슬레라는 독일 고유의 단위로 측정됩니다. Q.b.A 등급보다 프래디카츠바인 등급이 최소 욍슬레 수치가 높고 프래디카츠바인 안에서도 상위 카테고리일수록 최소 욍슬레 수치가 높아집니다. 프래디카츠바인의 품질 카테고리는 6개 단계로 분류하고 있습니다.

프래디카츠바인의 과즙 당도에 의한 6개 품질 카테고리

독일에서는 수확 시 포도 과즙의 당도에 따라 안바우게비트 지역의 와인의 등급을 매기며, 당도는 포도 과즙의 비중을 나타내는 욉슬레^{Öechsle}라는 독일 고유의 단위로 측정됩니다. 욉슬레는 포도의 당분 함량을 측정하는 시스템으로 포도 과즙이 같은 용량의 물과 비교해 얼마나 무거운지를 나타내는 단위이며, 욉슬레의 숫자가 클수록 당도가 높은 것을 의미합니다.

QbA보다 프래디카츠바인 등급이 필요한 최소 욉슬레 수치가 높고 프래디카츠바인 안에서도 상위 카테고리일수록 최소 욉슬레 수치가 높아집니다. 프래디카츠바인 등급의 품질 카테고리는 다음과 같이 6개 단계로 분류하고 있습니다.

- 트로켄베렌아우스레제(Trockenbeerenauslese)

트로켄베렌아우스레제는 '귀부 포도알 고르기'를 의미하며, 100% 귀부 병이 진행된 작은 건포도 모양의 포도 알갱이만을 선별해 만든 스위트 와인입니다.

포도 과즙 최소 욉슬레: 150~154° Öechsle

- 아이스바인(Eiswein)

아이스바인은 '동결 와인'을 의미합니다. 겨울 한파로 얼은 포도 송이를 수확과 동시에 압착해, 농축된 과즙을 사용해 만든 스위트 와인으로 베렌아우스레제와 최소 욉슬레 수치가 동일합니다.

포도 과즙 최소 욉슬레: 110~128° Öechsle

- 베렌아우스레제(Beerenauslese)

베렌아우스레제는 '낱알 고르기'를 의미하며, 성숙도가 높은 포도 송이에서 포도 알갱이만을 선별해 만든 스위트 와인입니다.

포도 과즙 최소 욉슬레: 110~128° Öechsle

- 아우스레제(Auslese)

아우스레제는 '송이 고르기'를 의미하며, 성숙도가 높은 포도 송이만을 선별 수확해 만든 스위트 와인입니다.

포도 과즙 최소 외슬레: 83~100° Öechsle

- 슈패트레제(Spätlese)

슈패트레제는 '늦 수확'을 의미하며, 일반적인 수확 시기보다 최소 일주일 정도 늦게 수확해 숙성도가 높아진 포도로 만든 와인입니다. 카비네트 와인에 비해 농축된 향과 풍미, 알코올 도수와 무게감이 약간 높은 편입니다.

포도 과즙 최소 외슬레: 76~90° Öechsle

- 카비네트(Kabinett)

카비네트는 '벽장'을 의미하며, 독일 수도사들이 품질이 좋은 와인을 벽장에 숨겨두고 먹었다는 것에서 유래했습니다. 독일의 공공 기관에서 정해준 통상적인 수확 시기에 수확한 포도로 제조됩니다. 카비네트 와인은 식전주로 사용될 정도로 신맛이 높고 무게감이 가벼우며, 스위트 타입으로 생산될 경우 보통 알코올 도수 8~9.5%정도, 드라이 타입은 11~12%정도를 지니고 있습니다.

포도 과즙 최소 외슬레: 67-82° Öechsle

베렌아우스레제와 아우스레제에서도 일부 귀부화된 포도를 혼합하는 경우가 있습니다. 낱알 고르기, 송이 고르기를 의미하는 베렌아우스레제와 아우스레제는 최소 외슬레를 달성하기 위해 통상적으로 필요한 작업을 말하는 것이므로, 실제로는 낱알, 또는 송이 고르기 등의 작업을 하지 않아도 외슬레 규정을 만족하면 그에 해당하는 카테고리를 사용할 수 있습니다.

더불어 포도 과즙의 당분이 알코올 발효에 의해 얼마만큼 알코올로 변화하느냐에 따라서 와인의 잔여 당분의 양은 달라지게 됩니다. 따라서 동일한 외슬레와 동일한 카테고리의 과즙을 사용하더라도 생산자의 의도에 따라 와인의 당도와 알코올 도수가 다른 와인이 제조될 수 있습니다. 하지만 독일 스위트 와인의 알코올 도수는 일반적으로 10% 이하로 제한되어 있어 외슬레 당도와 카테고리가 높을수록 와인의 당도도 높은 것이 보통입니다.

아이스바인은 독일 와인 중 가장 인기 있는 와인으로 18세기 독일에서 처음 만들어지기 시작했습니다. 아이스바인이 다른 와인에 비해 특별한 이유는 자연적으로 언 포도를 그대로 수확해 만들어 당도가 매우 높기 때문입니다. 동결된 포도는 과즙의 당분은 얼지 않고 수분만 얼기 때문에 얼음이 녹지 않은 상태에서 과즙을 잘 압착하면 일반적인 포도 과즙보다 높은 당도를 얻을 수 있습니다. 아이스바인 제조에 사용되는 포도는 영하 8도 이하의 온도에서 최소 3시간 이상 추운 날씨가 유지되어야 수확이 가능하며, 수확과 동시에 포도밭에서 압착 과정을 진행하게 됩니다. 이렇게 생산된 아이스바인은 보통 디저트와 함께 식후주로 곁들이며 8~12도의 낮은 온도로 즐깁니다. 독일의 아이스바인 생산자로는 라인헤센 지방의 닥터 젠젠Dr. Zenzen과 캔터만 Kendermann 등이 잘 알려져 있습니다.

PRÄDIKATSWEIN	Q.b.A	LANDWEIN
트로켄베렌아우스레제 (Trockenbeerenauslese)		
아이스바인 (Eiswein)	셀렉션 (Selection)	할프트로켄 (Halbtrocken)
베렌아우스레제 (Beerenauslese)		
아우스레제 (Auslese)		
슈패트레제 (Spätlese)	클래식 (Classic)	트로켄 (Trocken)
카비네트 (Kabinett)		

*프레디카츠바인 등급은 6개 카테고리로 분류합니다.

타펠바인은 라벨에 당도 표기 사항이 없으며 란트바인부터 상위 등급까지는 트로켄, 할프트로켄 표기가 가능합니다.

수확 시기에 따른 포도 상태

KABINETT
[카비네트 수확]

AUSLESE & BEERENAUSLESE
[아우스레제 & 베렌아우스레제 수확]

9월   10월   11월   12월   1월   2월

SPÄTLESE
[슈패트레제 수확]

TROCKENBEERENAUSLESE
[트로켄베렌아우스레제 수확]

EISWEIN
[아이스바인 수확]

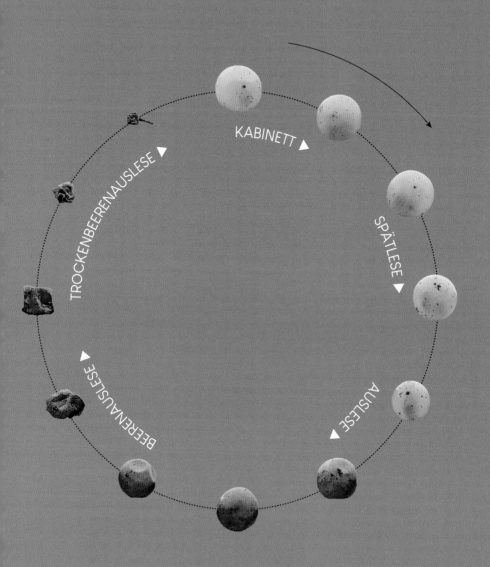

PRÄDIKATSWEIN
프래디카츠바인 등급

KABINETT ▼

SPÄTLESE ▼

AUSLESE ▼

BEERENAUSLESE ▼

TROCKENBEERENAUSLESE ▼

베렌아우스레제와 아우스레제에서도 일부 귀부화된 포도를 혼합하는 경우가 있습니다. 낱알 고르기, 송이 고르기를 뜻하는 베렌아우스레제와 아우스레제는 최소 욕슬레를 달성하기 위해 통상적으로 필요한 작업을 지칭하는 것이므로, 실제로는 낱알, 또는 송이 고르기 등의 작업을 하지 않아도 욕슬레 규정을 만족하면 그에 해당하는 카테고리를 사용할 수 있습니다.

독일 와인 중 가장 인기 있는 아이스바인은 18세기 독일에서 처음 만들어지기 시작했습니다. 아이스바인이 다른 와인에 비해 특별한 이유는 자연적으로 언 포도를 그대로 수확해 만들어 당도가 매우 높기 때문입니다. 동결된 포도는 과즙의 당분은 얼지 않고 수분만 얼기 때문에 얼음이 녹지 않은 상태에서 과즙을 잘 압착하면 일반적인 포도 과즙보다 높은 당도를 얻을 수 있습니다. 아이스바인 제조에 사용되는 포도는 영하 8도 이하의 온도에서 최소 3시간 이상 추운 날씨가 유지되어야 수확이 가능하며, 수확과 동시에 포도밭에서 압착 과정을 진행하게 됩니다. 이렇게 생산된 아이스바인은 보통 디저트와 함께 곁들이며 8~12도의 낮은 온도로 즐깁니다.

1971년 개정된 독일 와인 법에 관해

고품질 와인 생산을 추구하는 생산자 사이에서 1971년에 개정된 독일의 와인 법은 유럽에서 가장 안 좋은 법 중 하나로 간주하고 있습니다. 1971년 개정된 와인 법의 핵심은 세가지로, 첫째는 유럽연합의 공통 규정에 따라 생산되는 와인을 4단계 피라미드 형태의 등급 체계로 정비한 것이고, 둘째는 각 등급을 포도 과즙의 최소 당도에 의해서 나눈 것이며, 셋째는 그로쓰 라게 시스템의 도입이었습니다.

추운 기후의 독일에서는 잘 성숙된 포도가 고품질 와인의 첫 번째 조건이라고 생각하는 것은 자연스러운 일입니다. 그렇지만 포도 품종이나 포도밭의 떼루아보다 포도의 성숙도를 우선시해서 '높은 당도=고품질'이라는 공식을 법률로 정한 것은 여러 가지 폐해를 낳았습니다. 독일 와인이 세계적으로 명성을 쌓아 올리게 된 것은 독일이 자랑하는 고귀한 청포도 품종 리슬링이 있었기 때문입니다. 하지만 리슬링은 늦게 익는 만생종으로 다른 품종에 비해 높은 당도를 얻는 것이 어렵습니다. 그래서 재배상의 어려움을 갖고 있는 리슬링을 대신해 품질적으로 떨어지지만 빨리 익어 높은 당도를 쉽게 얻을 수 있는 품종의 재배가 성행하게 되었습니다. 대표적인 품종이 뮐러-투르가우로 제2차 세계대전 이후 립프라우밀히의 원료로서 폭발적으로 증가했습니다. 이 품종은 리슬링이 익지 않는 장소에 심어져 성공을 거두었으며, 1960년대 이후에는 비옥한 평지에 심어져 평범한 와인이 대량으로 생산되게 되었습니다. 또한, 옵티마Optima, 오르테가Ortega, 지게레베Siegerrebe 등의 청포도 품종과 같이 당도를 쉽게 끌어올릴 수 있는 저품질 품종의 재배 면적도 증가하면서, 낮은 품질의 와인이 아우스레제 이상의 최고급의 등급을 달고 시장에 판매되기도 했습니다. 그 결과, 소비자들은 독일의 와인법을 의심하기 시작했고, 독일 와인 이미지에도 안 좋은 영향을 끼쳤습니다.

덧붙여, 독일 와인의 명성을 깎아 내리는데 결정적인 원인으로 작용한 것이 1971년 와인 법 개정에 의해서 탄생한 그로쓰 라게 시스템이었습니다. 그로쓰 라게는 너무 많았던 단일 포도밭의 아인즐라게 수를 줄이기 위해서 도입된 것으로 여러 마을에 걸쳐있는 낮은 인지도의 포도밭을 하나의 포도밭으로 통합한 것입니다. 현재 그로쓰 라게로 통합된 포도밭은 170곳이 등록되어 있고, 평균 재배 면적은 600헥타르로, 가장 큰 면적의 포도밭은 1,800헥타르에 달하기도 합니다. 단일 포도밭인 아인즐라게는 2,600개로 세분화되어 있지만, 그로쓰 라게가 도입되기 전의 독일에는 3만곳 이상의 아인즐라게가 있었습니다. 통합된 그로쓰 라게 명칭 앞에 표기되는 마을 명칭은 일반적으로 근처에서 가장 뛰어난 와인을 만드는 마을 이름이 사용됩니다. 예를 들어, 라인헤센 지방의 그로쓰 라게인 크로텐브루넨Krotenbrunnen은 13곳의 마을에 있던 27곳의 아인즐라게를 통합한 것이지만, 마을 명칭을 표기할 때는 그 마을 안에서 제일 유명한 오펜하이머Oppenheimer의 마을 명칭을 사용하고 있습니다.

그로쓰 라게의 문제점은 라벨을 본 소비자가 그 와인이 통합 포도밭인지, 아니면 뛰어난 명성을 가진 단일 포도밭인지 알 수 없다는 것입니다. 아인즐라게의 평균 재배 면적은 40헥타르 미만으로, 유명한 아인즐라게에는 리슬링 품종을 중심으로 우량 품종이 재배되고 있습니다. 반면 통합된 그로쓰 라게의 평균 재배 면적은 600헥타르로 광범위하며, 이곳에서는 뮐러-투르가우 등의 대량 생산하기 쉬운 품종들이 주로 재배되고 있습니다. 그로쓰 라게와 아인즐라게에서 생산되는 와인은 품질 및 가격에서 큰 차이가 있지만, 라벨에서는 그 차이를 읽어낼 수 없습니다. 가령, 라인헤센 지방에 있는 니어슈타인Nierstein 마을의 유명한 아인즐라게인 니어슈타이너 페텐탈Niersteiner Pettenthal 포도밭에서 생산된 리슬링 카비네트 와인과 그로쓰 라게인 니어슈타이너 구테스 돔탈Niersteiner Gutes Domtal 포도밭에서 만든 리슬링 아우스레제 와인은 분명히 전자 쪽이 뛰어난 품질을 가지고 있을 가능성이 크지만, 후자 쪽이 프레디카츠바인의 등급이 높아 반대의 인상을 주어 버립니다.

1971년 개정된 독일의 와인 법은 법률적으로 '어떤 포도밭에서도 최고급 와인을 만들어 낼 가능성이 있다.'라는 개념을 담고 있는 세계 제일의 민주적인 와인 법이라고 말할 수 있습니다. 그러나 최고급 와인은 역사적으로 항상 특별한 포도밭이나 포도 품종으로부터 만들어져 온 것을 감안하면, 현실과는 동떨어져 있다고 생각하지 않을 수 없습니다. 현재 독일 와인법의 근간이 되는 평등주의는 정치적으로 영향력이 강한 저가 와인 생산자인 협동조합이나 대규모 네고시앙 등을 배려한 것이라고 볼 수 있습니다. 또한, 사회주의적 성격의 학생 운동이 번성했던 당시의 사회 풍조도 엘리트주의의 배제로 연결되어 있다고 지적되고 있습니다.

독일의 와인 법은 1971년 이후에도 몇 차례 개정되었습니다. 1989년에는 유럽연합의 규정에 따르기 위해서 프래디카츠바인과 QbA등급에 수확량을 제한하는 내용이 도입되었습니다. 하지만 수확량을 제한하는 수치가 생산자에게 관대하게 적용되어 라인가우 지방의 경우 헥타르당 100헥토리터, 모젤 지방은 125헥토리터로, 다른 유럽 국가와 비교하면 현저하게 높은 편입니다. 또한 일부 지역에서는 1993년 빈티지까지 실제 경작 면적이 아닌 건물 등도 포함한 소유 면적에 따라 최대 수확량이 계산되고 있었습니다. 이러한 법 규제는 고품질 와인을 만드는 생산자에게는 납득하기 어려운 너무나 관대한 것으로, 이를 반대하는VDP독일 우수 와인 생산자 연합 등의 민간단체가 자체적으로 더 엄격한 규제를 제정하는 결과를 만들게 되었습니다.

TIP!

과즙 당도와 잔당의 관계

소비자 측면에서 과즙의 당도가 높으면 와인이 달다는 인식이 뿌리 깊지만, 아우스레제 등급까지의 과즙은 알코올 발효를 어디까지 진행하느냐에 따라서 스위트 또는 드라이 타입으로 만들 수 있습니다. 라인가우 지방에서 재배되는 리슬링 품종의 아우스레제 등급은 최소 왹슬레 95°입니다. 이것을 브릭스Brix로 환산하면 22%로, 이 정도 당분의 과즙을 완전하게 알코올 발효시키게 되면 13% 정도의 알코올 도수를 지닌 드라이 와인을 만들 수 있습니다. 반면, 같은 당분의 과즙으로 알코올 발효를 도중에 중지시켜 알코올 도수 9%의 와인으로 완성하면, 1리터당 약 70g의 잔당이 남는 스위트 와인이 될 수 있습니다.

고품질 와인 생산을 추구하는 생산자 사이에서 1971년 개정된 독일의 와인 법은 유럽에서 가장 안 좋은 법 중 하나로 간주하고 있습니다. 1971년 개정된 와인 법의 핵심은 세가지로 첫째는 유럽연합의 공통 규정에 따라 생산되는 와인을 4단계 피라미드 형태의 등급 체계로 정비한 것, 둘째는 각 등급을 포도 과즙의 최소 당도에 의해서 나눈 것, 셋째는 그로쓰라게 시스템의 도입이었습니다.

1971년 개정된 독일의 와인 법은 법률적으로 '어떤 포도밭에서도 최고급 와인을 만들어 낼 가능성이 있다.'라는 개념을 담고 있는 민주적인 와인 법이라고 말할 수 있습니다. 그렇지만 최고급 와인은 역사적으로 항상 특별한 포도밭이나 포도로부터 만들어져 온 것을 감안하면 현실과는 동떨어져 있다고 생각하지 않을 수 없습니다. 오늘날 독일 와인 법의 근간이 되는 평등주의는 정치적으로 영향력이 강한 저가 와인 생산자인 협동조합이나 대규모 네고시앙 등을 배려한 것이라고 볼 수 있습니다. 또한, 사회주의적 성격의 학생 운동이 번성했던 당시 사회 풍조도 엘리트주의의 배제로 연결되어 있다고 지적되고 있습니다.

1910

VDP.PRÄDIKATSWEINGU

VDP의 등장

VDP파우 데 페는 퍼반트 도이처 프래디카츠바인귀터Verband Deutscher Prädikatsweingüter의 약자로 '독일 우수 와인 생산자 연합'을 의미합니다. 독일 와인 협회Das Deutsche Weininstitut는 정부 기관인 DWFDer Deutsche Weinfonds가 독일 포도 재배자 협회Der Deutsche Weinbauverband 와 함께 그 지분을 갖고 있는 공공 기관으로, 독일 와인법과 등급 체계를 관장하고 있습니다. 반면 VDP는 전혀 공공성을 갖고 있지 않는 사적인 단체로, 독일 와인 협회와는 별개의 활동을 하고 있습니다. 또한 와인 등급에 관해서도 독일 와인 협회와는 다른 사적인 등급 체계를 사용 하고 있습니다.

VDP 연합은 1910년에 모젤 지방의 트리어Trier 시장, 알베르트 폰 브루흐하우젠Albert von Bruchhausen이 새로운 와인의 품질 기준을 설정해 경매 시장에서 와인을 더욱 쉽게 판매하기 위한 목적으로 설립한 단체입니다. 초창기 VDNVVerband Deutscher Naturwein Versteigerer, 독일 내추럴 와인 경매자 협회 명칭을 사용했는데, 여기에 '나투르바인'이라는 명칭을 사용한 것은 알코 올 도수를 올리기 위한 가당 작업을 하지 않은 와인이라는 것을 강조하기 위해서였고, '경매'라 는 명칭은 당시 생산자들이 배럴Fuder, 푸더 단위로 경매를 통해 와인을 판매했기 때문입니다.

1971년 와인법이 개정되면서 독일 와인 등급에 있어서 포도 과즙의 당도가 가장 중요한 기준 이 되었습니다. 그에 따라, 초창기 VDNV 명칭에서 '나투르바인'이란 단어 사용이 금지되자 그 명칭을 VDPVVerband Deutscher Prädikatswein Versteigerer, 독일 고급 와인 경매자 협회로 변경했으 며, 1990년에 다시 VDPVerband Deutscher Prädikatswein und Qualitätsweingüter 명칭으로 변경한 후 지금과 같은 명칭으로 불리고 있습니다.

VDP 연합에서 생산되는 와인은 포도 송이를 물고 있는 독수리 로고가 부착되어 있습니다. 이 로고는 1926년 처음으로 사용했으며, 1982년부터는 모든 VDP 와인에 반드시 이 로고를 사 용할 것을 의무화했고, 1991년부터는 캡슐에도 로고를 의무적으로 사용하고 있습니다.

VDP.PRÄDIKATSWEINGUT

VDP의 등장

VDP는 '독일 우수 와인 생산자 연합'을 의미합니다. 독일 와인 협회는 정부 기관인 DWF가 독일 포도 재배자 협회와 함께 그 지분을 갖고 있는 공공 기관으로, 독일 와인 법과 등급을 관장하고 있습니다. 반면 VDP는 전혀 공공성을 갖고 있지 않는 사적인 단체로, 독일 와인 협회와는 별개의 활동을 하고 있으며, 와인 등급에 관해서도 독일 와인 협회와는 다른 사적 등급 체계를 사용하고 있습니다.

VDP연합에서 생산되는 와인은 포도 송이를 물고 있는 독수리 로고가 부착되어 있으며, 이 로고는1926년 처음으로 사용했습니다. 1982년부터는 모든 VDP 와인에 반드시 이 로고를 사용할 것을 의무화했고, 1991년부터는 캡슐에도 로고를 의무적으로 사용하고 있습니다.

VDP에 의한 포도밭의 등급

독일 와인은 해외 시장에서 슬럼프와 판매 부진이 계속되는 동안에도 최고 생산자들은 고품질 와인을 계속 생산하고 있었습니다. 이러한 고품질 와인 생산자들의 연합 단체가 VDP로, 13곳의 지정 재배 권역에서 200개 정도의 포도원들이 회원으로 가입되어 있습니다. 회원들이 소유하고 있는 포도밭의 총 재배 면적은 국가 전체의 5% 이하에 지나지 않지만, 거기에는 독일 최고의 떼루아를 갖춘 포도밭 대부분이 포함되어 있습니다. 현재 VDP는 독일 와인의 품질 향상의 큰 견인차 역할을 담당하고 있습니다.

VDP는 1971년에 개정된 와인법보다 훨씬 엄격한 생산 규제와 완전히 다른 컨셉을 통해 품질 향상을 목표로 하고 있습니다. 회원이 되기 위해서는 우선 뛰어난 포도밭을 소유하고 있어야 하며, 포도 품종의 80% 이상은 리슬링이거나 현지의 우량 품종을 사용해야 합니다. 특히 리슬링은 VDP회원들에게 가장 중요한 포도 품종입니다. 독일 전체 포도밭의 대략 22% 미만 정도가 리슬링을 재배하고 있는 반면, VDP는 전체 포도밭의 55%가 리슬링을 재배하고 있습니다. VDP회원들은 통합 포도밭 명칭인 그로쓰 라게로 와인을 판매하는 것이 금지되어 있으며, 최대 수확량 또한 엄격하게 제한하고 있습니다. 뿐만 아니라, 기계 수확도 금지되어 반드시 손 수확을 해야 하며, 생산된 와인은 5년마다 VDP에 의한 독자적인 검사에 합격해야만 합니다.

VDP의 가장 큰 혁신은 2002년에 독자적으로 포도밭의 등급 체계를 제정한 것입니다. 최고 등급을 받기 위해서는 오랜 기간 동안 뛰어난 와인을 생산해 온 역사가 있는 단일 포도밭에서 생산되어야 하는데, 이러한 포도밭을 그로쓰 게벡스Grosses Gewächs라고 합니다. 다만, 그로쓰 게벡스 단어는 2001년부터 사용되었는데, 그 이전에 라인가우 지방에서는 에스터스 게벡스 Erstes Gewächs, 모젤 지방에서는 에스터 라게 Erste Lage라는 명칭이 사용되었습니다.

현재, 그로쓰 게벡스 이외 인정되고 있는 포도밭은 대략 300곳이 있습니다. 이 포도밭에서 수확한 포도의 최소 당도는 슈패트레제 정도로, 최대 수확량은 헥타르당 50헥토리터로 엄격합니다. 또한 이곳의 와인은 드라이 타입으로 만들어지는 것이 기본입니다. 다만, 아우스레제 이상 당도의 포도에서는 스위트 타입으로 만드는 것을 허가하고 있는데, 이러한 와인을 에델쥐쓰 스피첸바인Edelsüß Spitzenwein이라고 부릅니다.

VDP의 최대 핵심은 평등주의와 결별하고 '최고의 와인은 최고의 떼루아에서'라는 고전적인 개념을 복원시킨 것입니다. 그럼에도 불구하고 VDP가 정한 등급 체계는 다소 엘리트주의적이고 대다수 독일 와인 생산자의 권익에는 반하는 면이 있습니다. 따라서 VDP의 등급 체계는 공식적으로 인정되는 일은 앞으로도 없을 것으로 예상하고 있습니다. 다만, 역사적으로 진일보한 것임에는 틀림없습니다.

덧붙여 VDP 와인은 라벨 앞면에 빈티지와 포도밭 명칭, 생산자 명칭, 품종 명칭, 지역 명칭을 표기하도록 제한하고 있어 독일 와인법에서 요구하는 표시 의무 사항은 라벨 뒷면에 적혀 있습니다. 이것은 독일의 와인 라벨에 표시되는 정보가 너무 많아서 이해하기 어렵다는 소비자의 기대에 부응한 것입니다.

VDP의 4단계 등급 체계

2000년부터 VDP 회원들은 정치적으로 민감한 포도밭을 분류하는 작업에 착수했으며, 현재 사용하고 있는 등급 체계는 2012년에 완성된 것입니다. VDP등급 체계는 이 단체에 가입된 회원만 사용할 수 있고 독일 정부에서 제정된 와인법과는 무관합니다. 현재 VDP 회원이 생산하는 와인은 4단계의 등급 체계로 분류하고 있는데, 다음과 같습니다.

- 그로쓰 라게(Grosse Lage)

최상위 등급인 그로쓰 라게는 '큰 수확'을 의미하며, 가장 우수한 포도밭에서 생산된 와인입니다. 손 수확의 의무화와 각 지방마다 허가된 포도 품종을 사용해야 하며 최대 수확량은 헥타르당 50헥토리터로 엄격히 제한되어 있습니다. 이 등급에서 생산된 드라이 타입의 와인은 그로쓰 게벡스라고 표기하며 약자인 GG 포도 로고가 각인된 병을 사용합니다. 반면 스위트 타입으로 생산된 와인의 경우, 프래디카츠바인 등급과 함께 6가지 카테고리 명칭을 사용할 수 있습니다.

그로쓰 라게 등급에서 만든 프래디카츠바인 등급의 스위트 와인은 수확한 이듬해 5월 1일부터 판매가 가능하며, 드라이 타입으로 만든 그로쓰 게벡스 와인은 수확한 이듬해 9월 1일부터 판매가 가능합니다. 레드 와인의 경우, 의무적으로 오크통에서 최소 12개월 숙성을 거쳐야 하며, 판매는 수확 2년 뒤인 9월 1일부터 가능합니다.

- 그로쓰 라게의 지역별 허가되는 포도 품종

-아르Ahr: ●슈패트부르군더Spätburgunder, ●프이부르군더Frühburgunder, 스위트 와인의 경우: ●리슬링만 허용

-바덴Baden: ●리슬링, ●바이써 부르군더Weißer Burgunder, ●그라우어 부르군더Grauer Burgunder, ●샤르도네, ●슈패트부르군더

-프랑켄Franken: ●실바너, ●바이써 부르군더, ●슈패트부르군더

-헤쉬쉐 베르크슈트라세 Hessische Bergstrasse: ●리슬링, ●바이써 부르군더, ●그라우어 부르군더, ●슈패트부르군더

-미텔라인Mittelrhein: ●리슬링, ●슈패트부르군더

-모젤Mosel: ●리슬링

-나에Nahe: ●리슬링

-팔츠Pfalz: ●리슬링, ●바이써 부르군더, ●슈패트부르군더

-라인가우Rheingau: ●리슬링, ●슈패트부르군더

-라인헤센Rheinhessen: ●리슬링, ●슈패트부르군더

-잘레-운슈트루트Saale-Unstrut: ●리슬링, ●바이써 부르군더, ●그라우어 부르군더, ●프이부르
　군더, ●트라미너Traminer, ●실바너Silvaner, ●슈패트부르군더

-작센Sachsen: ●리슬링, ●바이써 부르군더, ●그라우어 부르군더, ●프이부르군더, ●트라미너
　Traminer, ●슈패트부르군더

-뷔르템베르크Württemberg: ●리슬링, ●바이써 부르군더, ●그라우어 부르군더, ●슈패트부르
　군더, ●렘베르거Lemberger

- 에스터 라게(Erste Lage)

그로쓰 라게 아래 등급인 에스터 라게는 '일등급 포도밭'에서 생산된 와인으로, 라벨에 숫자 1의
포도 로고와 함께 생산자, 포도 품종, 지역과 포도밭의 명칭을 표기해야 합니다. 손 수확의 의무
화와 각 지방마다 허가된 포도 품종을 사용해야 하며 최대 수확량은 헥타르당 60헥토리터로 제
한되어 있습니다.

에스터 라게 등급의 드라이 타입 와인은 크발리테츠바인 트로켄Qualitätswein Trocken이라고 표
기하며, 스위트 타입 와인은 프래디카츠바인 등급과 함께 6개 카테고리 명칭을 사용할 수 있습니
다. 에스터 라게 등급의 와인은 매년 4월말 마인츠Mainz에서 열리는VDP 바인보즈VDP Weinbörse
행사 이전에는 판매가 금지되어 있습니다.

- 에스터 라게의 지역별 허가되는 포도 품종

-바덴: ●실바너, ●쇼이레베Scheurebe, ●게뷔르츠트라미너Gewürztraminer, ●무스카텔러
　Muskateller, 쏘비뇽 블랑, 오쎄루아Auxerrois, ●슈바르츠리슬링Schwarzriesling. 스위트 와인의

경우 ●리슬라너Rieslaner

-프랑켄: ●그라우어 부르군더, ●쇼이레베, ●리슬라너, ●트라미너, ●프이부르군더, 요청이 있을 경우: ●뮐러-투르가우Müller-Thurgau, ●샤르도네, ●쏘비뇽 블랑, ●무스카텔러, ●렘베르거 품종도 허용

-팔츠: ●그라우어 부르군더, ●샤르도네, 스위트 와인의 경우: ●쇼이레베, ●게뷔르츠트라미너, ●무스카텔러

-잘레-운슈트루트: ●블라우어 츠바이겔트Blauer Zweigelt

-뷔르템베르크: ●실바너, ●샤르도네, ●게뷔르츠트라미너, ●무스카텔러, ●쏘비뇽 블랑, ●삼트로트Samtrot, ●슈바르츠리슬링, ●무스카트트롤링어Muskattrollinger, ●트롤링어Trollinger, ●츠바이겔트Zweigelt

*●청포도 품종, ●적포도 품종을 의미합니다.

- 오르츠바인(Ortswein)

오르츠바인은 '마을 명칭 와인'을 의미하며, 특정 마을에서 생산된 와인입니다. 지역의 개성을 표현하는 와인으로 포도는 반드시 지정된 마을에서 수확한 포도를 사용해야 하며, 최대 수확량은 헥타르당 75헥토리터입니다.

오르츠바인 등급에서 생산된 드라이 타입의 와인은 프래디카츠바인 등급을 받을 수 없지만, 대신 에스터 라게와 같이 라벨에 '크발리테츠바인 트로켄'Qualitätswein Trocken이라고 표기가 가능합니다. 스위트 타입으로 생산된 와인의 경우, 프래디카츠바인 등급과 함께 6개 카테고리 명칭을 사용할 수 있습니다. 오르츠바인 등급의 와인은 수확한 이듬해의 3월 1일 이전에는 판매하지 않을 것을 권장하고 있습니다.

- 구츠바인(Gutswein)

가장 하위 등급인 구츠바인Gutswein은 자사 소유의 포도밭에서 생산된 '포도원 와인'입니다. 소유하고 있는 포도밭의 포도로만 생산해야 하며, 다른 생산자의 포도로 와인을 만들거나 이미 만들

어진 와인을 구매해 병입만 하는 경우 이 등급을 받을 수 없습니다.

구츠바인 등급은 모든 종류의 포도 품종을 허가하고 있으며, 최대 수확량은 헥타르당 75헥토리터입니다. 이 등급의 스위트 타입의 와인은 프래디카츠바인 등급을 받을 수 있지만, 드라이 타입의 와인은 2019년부터 프래디카츠바인 등급을 받을 수 없어 QbA 등급으로 판매되고 있습니다. 구츠바인 등급의 와인은 라벨에 포도밭 명칭을 표기할 수 없습니다.

VDP 등급의 기본적인 규제는 어느 등급이나 같지만 최대 수확량의 수치는 상위 등급으로 갈수록 엄격합니다. 또한 VDP가 지역 별, 등급 별로 와인의 최소 출하 가격을 결정하게 됩니다. 현재에도 아직 포도밭의 등급 제정 작업이 진행 중이며, 작업이 끝나면 대략 800곳의 포도밭이 그로쓰 라게 및 에스터 라게로 인정될 예정입니다. 이것은 독일 전 국토에 존재하는 단일 포도밭의 1/3 정도에 해당하는 수치입니다.

TIP !

VDP에서 주장하는 드라이 타입의 규정

VDP 등급의 드라이 타입의 와인은 산도와 당도의 밸런스 안에서 개념 지어지기 때문에, 지역 별로 규제하는 수치의 차이가 발생합니다. 실제로 지역마다 평균적인 와인의 산도와 생산자의 생각이 다릅니다. 팔츠, 프랑켄 지방에서는 리터당 9g, 나에 지방은12g, 라인가우 지방은 13g, 그리고 라인헤센 지방에서는 잔여 당분의 상한은 총 산도의 값이라고 하는 규제가 이루어지고 있습니다.

VDP의 등급 체계

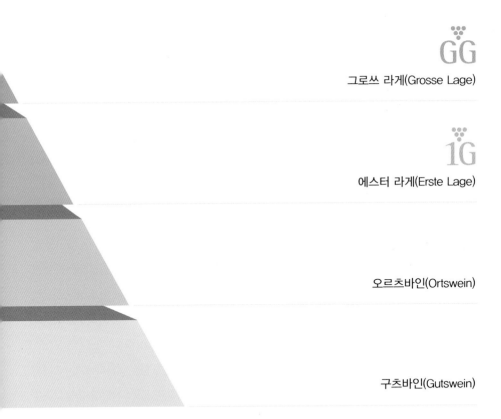

GG
그로쓰 라게(Grosse Lage)

1G
에스터 라게(Erste Lage)

오르츠바인(Ortswein)

구츠바인(Gutswein)

2000년부터 VDP 회원들은 정치적으로 민감한 포도밭을 분류하는 작업에 착수했으며, 지금과 같은 등급 체계는 2012년에 완성된 것입니다. VDP등급 체계는 이 단체에 가입된 회원만 사용할 수 있고 독일 정부에서 제정된 와인법과는 무관합니다. 현재 VDP 회원이 생산하는 와인은 위와 같이 4단계 등급 체계로 분류하고 있습니다.

드라이 타입의 와인의 전통

19세기부터 20세기 초반에 걸쳐 독일 와인의 황금기를 이끈 고급 와인의 대부분은 잔당이 적은 드라이 타입의 와인으로 비교적 알코올 도수가 높은 편이었습니다. 하지만 제2차 세계대전 이후, 보급된 무균 여과 기술에 의해 세미-스위트 타입의 와인이 폭발적으로 증가하기 시작하면서 황금기를 이끌었던 드라이 타입의 와인은 점차 명성을 잃게 되었습니다.

추운 기후의 독일에서 포도는 정도의 차이는 있긴 하지만 예외 없이 신맛이 매우 높기 때문에 단맛에 의해서 밸런스를 잡는 것이 합리적인 일입니다. 따라서 드라이 타입의 와인 자체에 문제가 없는데도 불구하고, 1970년 이후 대량 생산되었던 립프라우밀히 등과 같은 저렴한 가격의 저품질 와인이 독일 와인 전체에 대한 혐오감을 시장에 확산시켜 버렸습니다. 현재 독일의 와인 생산자들은 '달다→싸다→맛없다'라는 연쇄적인 나쁜 이미지를 벗어나기 위해 전통으로의 회귀라고도 말할 수 있는 드라이 타입의 와인 생산에 주력하고 있습니다.

독일 와인 법의 족쇄

QbA 등급과 프레디카츠바인 등급의 슈패트레제 또는 드물게 아우스레제까지는 알코올 발효 과정에서 포도 과즙의 당분을 모두 알코올로 변화시키게 되면 드라이 타입의 와인이 완성됩니다. 이렇게 만들어진 와인은 독일 와인법 규정에 따라 잔당이 리터당 9g이하면 트로켄 Trocken 또는 드라이로, 잔당이 18g이하면 할프트로켄Halbtrocken 또는 세미-드라이로 라벨에 표기하고 있습니다.

하지만 이러한 규정은 성실하게 드라이 타입의 와인을 만들려고 하는 생산자에게는 그다지 평판이 좋지 않습니다. 이유는 잔당의 양만 가지고 판단하기 때문입니다. 잔당이 9g을 넘어도 신맛이 높으면 입안에서 상대적으로 드라이 하다고 느낄 수 있는데, 프랑스 샹빠뉴 지방의 경우, 드라이 타입에 해당하는 브륏은 잔당 상한이 12g인 것과 비교해 볼 수 있습니다. 맛의 측면에서는 드라이 와인이라도 잔당의 규정에 따라 할프트로켄이라고 표시를 해 버리면 소비자들은 스위트 와인이라고 생각해 외면하는 경우가 자주 발생하곤 합니다.

클래식(Classic)과 셀렉션(Selection) 카테고리의 신설

최근, 독일에서는 트로켄 또는 할프트로켄의 기준이나, 카비네트, 슈패트레제 등의 카테고리에 의하지 않는 새로운 드라이 타입의 와인을 시장에 어필하려는 움직임이 활발해지고 있습니다. 그 중의 하나가 독일 와인 전체의 홍보와 마케팅을 담당하는 정부 기관, 독일 와인 기금DWI, Deutsche Wein Institute: 2009년에 폐쇄됨이 2000년에 도입한 클래식Classic과 셀렉션Selection이라는 명칭입니다. 이러한 명칭은 법으로 규제된 일종의 브랜드 와인으로, 새로운 독일의 드라이 타입의 와인 이미지를 쇄신하기 위해서 신설되었습니다.

클래식과 셀렉션 와인은 지방마다 전통적인 포도 품종을 사용하고 있으며, 원칙적으로는 단일 품종으로 만들고 있습니다. 클래식은 적당한 클라스, 셀렉션은 단일 포도밭에서 수확해 만든 비교적 고급 클라스의 와인입니다. 양쪽 모두 가당을 허용하고 있으므로 법률상으로는 QbA 등급에 속해 있으며, 2004년 빈티지부터 클래식이나 셀렉션 명칭으로 와인을 출시할 때, 이전에 사용되었던 트로켄이나 할프트로켄이라는 용어를 라벨에 표기 할 수 없도록 규정했습니다.

클래식 와인은 '조화로운 드라이 맛'이라고 규정되어 있고 잔당의 양은 리터당 15g이하로, 과거 트로켄의 규정보다 관대해진 드라이 개념을 적용하고 있습니다. 클래식 와인의 최소 알코올 도수는 12%모젤 지방은 최소 11.5%로, 단일 지역, 단일 빈티지, 단일 품종으로 반드시 만들어져야 합니다. 라벨에는 지역 명칭만 표기가 가능하고, 마을 명칭이나 포도밭 명칭은 표기할 수 없습니다. 라인헤센 지방의 실바너 클래식Silvaner Classic, 라인가우 지방의 리슬링 클래식Riesling Classic, 바덴 지방의 슈패트부르군더 클래식Spätburgunder Classic 등이 대표적입니다.

셀렉션 와인의 잔당 양은 9g이하로, 트로켄과 같은 상한선의 수치가 설정되어 있습니다. 그렇지만 신맛이 강한 품종인 리슬링에 대해서는 12g까지 잔당을 허용하고 있습니다. 또한, 셀렉션 와인의 포도는 기계 수확을 금하고 있으며, 최대 수확량의 규제도 헥타르당 60헥토리터로 비교적 엄격한 편입니다.

셀렉션 와인의 최소 알코올 도수에 관한 규정은 없지만 아우스레제 정도의 과즙 당도가 요구됩니다. 또한 셀렉션 와인은 지역 명칭뿐만이 아니라 단일 포도밭 명칭의 라벨 표기도 의무화하고 있습니다. 그러나 셀렉션 등급의 자격이 되어도 생산자들이 VDP 용어 사용을 더 선호하기 때문에 클랙식만큼 널리 사용하고 있지 않습니다.

독일 와인 기금은 독일 와인 생산자 전체의 권익을 대표하는 단체이기 때문에 클래식과 셀렉션 도입에 있어서 저렴한 가격대부터 중간 가격대 와인의 브랜드화를 목표로 하고 있습니다. 드라이 타입의 독일 와인을 마시고 싶지만 너무 많은 정보를 표기해 알기 힘들다라고 생각하는 소비자에게 있어서 클래식은 '드라이 타입 와인의 입문자용', 셀렉션은 '중~상급 품질의 드라이 타입 와인'이라고 하는 알기 쉬운 명칭이기에 유익하다고 생각됩니다. 다만 새로운 카테고리 도입으로 그렇지 않아도 복잡한 독일 와인이 더욱더 이해하기 어려워졌다는 비판과 더불어 클래식, 셀렉션의 명칭으로 구체적인 와인의 스타일을 떠올리기 어렵다는 비판도 받고 있습니다.

새롭게 개정된 독일의 와인법, 2021

2021년 1월 27일, 독일 정부는 새로운 와인법을 공표했습니다. 이는 1971년 개정된 와인법의 10차 수정안으로, 와인 품질의 향상을 목표로 원산지의 지리적 특성에 따라 새로운 등급 체계를 도입했습니다. 또한 최근의 기후 변화로 인해, 독일은 포도가 잘 익지 않는 문제가 사라졌을 뿐만 아니라 소비자의 취향도 드라이 타입의 와인을 선호하고 있는 추세이기에 더 이상 기존 방식대로 수확 시 포도 과즙의 당도에 의해 등급을 매기는 것이 무의미해졌습니다. 이러한 이유로 독일 정부는 오랜 논의를 거쳐 새로운 와인법을 만들게 되었습니다. 새롭게 바뀐 와인법의 실제 적용은 점진적으로 진행될 예정이며, 2026년 빈티지부터는 새롭게 바뀐 와인법이 적용된 와인을 접할 수 있습니다.

2021년 공표된 와인법은 유럽연합의 피라미드 시스템에 더욱 잘 맞도록 설계되었으며, 품질에 따라 다음과 같이 크게 3단계로 구분하고 있습니다.

- 크발리테츠바인 또는 프래디카츠바인Qualitätswein or Prädikatswein
- 란트바인Deutscher Landwein
- 도이처바인Deutscherwein

크발리테츠바인 또는 프래디카츠바인은 가장 상위 등급으로, 독일 전체 와인 생산량의 90%를 차지하고 있습니다. 기존과 동일하게 13곳의 안바우게비트에서 생산되어야 하며, 6단계의 품질 카테고리 역시 여전히 적용되고 있습니다. 포도 과즙의 최소 욀슬레는 50~72°사이로 규정하고 있으며, 란트바인과 도이처바인에 허용되고 있는 가당은 금하고 있습니다.

두 번째 등급은 란트바인으로, 26곳의 지정된 지역에서 생산되어야 하며, 독일 전체 와인 생산량의 10% 미만에 불과합니다. 와인 라벨에 마을과 포도밭 명칭을 표기할 수 없으며, 주로 트로켄Dry과 할프트로켄Semi-Dry으로 생산되고 있습니다.

가장 하위 등급은 도이처바인으로, 승인된 포도밭과 포도 품종으로 생산되어야 하며, 라벨에 포도 품종과 빈티지를 표기할 수 있습니다. 독일의 경우, 테이블 와인에 속하는 도이처바인의 생산량은 다른 유럽 국가에 비해 아주 적은 편입니다.

독일 와인법의 가장 상위 등급인 크발리테츠바인 또는 프래디카츠바인은 원산지의 지리적인 범위에 따라 4단계 등급으로 구분하고 있는데, 원산지의 지리적 범위가 작을수록 더 좋은 품질을 나타내고 있습니다.

- 아인즐라게Einzellage
- 오르츠바인Ortsweine
- 레기온 바인Region Wein
- 안바우게비트Anbaugebiet

원산지의 지리적 범위가 가장 작은 아인즐라게는 단일 포도밭을 의미하며, 4단계 등급 중 최상위에 해당합니다. 또한 아인즐라게는 프랑스 부르고뉴 지방과 같이 포도밭을 더 세분화하여, ①그로쎄스 게벡스Großes Gewächs, ②에스터스 게벡스Erstes Gewächs, ③아인즐라게의 3단계로 다시 분류했으며, 이러한 등급은 라벨에 표기될 수 있습니다.

①그로쎄스 게벡스는 부르고뉴 지방의 그랑 크뤼에 해당합니다. 그로쎄스 게벡스는 지정된 단일 포도밭 또는 지정된 포도밭의 작은 구획에서 단일 품종으로 만든 화이트 및 레드 와인만 인정하고 있습니다. 수확은 반드시 손으로 진행해야 하며, 최대 수확량은 헥타르당 50헥토리터를 초과해서는 안됩니다. 포도의 잠재적 알코올 도수는 최소 12%로, 와인은 트로켄으로만 생산 가능하고, 이후 심사 위원회의 관능 평가를 받아야 합니다. 또한 라벨에 빈티지를 반드시 표기해야 하며, 화이트 와인은 수확 후 이듬해 9월 1일부터, 레드 와인은 수확 후 두 번째 해 6월 1일부터 판매가 가능합니다.

②에스터스 게벡스는 부르고뉴 지방의 프리미에 크뤼에 해당합니다. 에스터스 게벡스는 지정된 단일 포도밭 또는 지정된 포도밭의 작은 구획에서 단일 품종으로 만든 화이트 및 레드 와인만 인정하고 있습니다. 수확은 선별적으로 진행해야 하며, 최대 수확량은 평야 지대는 헥타르당 60헥토리터, 경사지는 헥타르당 70헥토리터를 초과해서는 안됩니다. 포도의 잠재적 알

코올 도수는 최소 11%로, 와인은 트로켄으로만 생산 가능하고, 이후 심사 위원회의 관능 평가를 받아야 합니다. 또한 라벨에 빈티지를 반드시 표기해야 하며, 화이트 및 레드 와인은 수확 후 이 듬해 3월 1일부터 판매가 가능합니다.

③아인즐라게는 지정된 포도밭에서 한 가지 이상의 포도 품종을 사용할 수 있으며, 화이트·로제·레드 와인과 스파클링 와인 생산도 가능합니다. 포도는 최소한 카비네트 수준으로 익어 야 하며, 생산되는 와인은 이듬해 3월 1일부터 판매가 가능합니다. 라벨에는 마을 또는 지역 명 칭과 함께 아인즐라게의 명칭도 표기할 수 있습니다.

아인즐라게의 하위 등급인 오르츠바인은 마을 및 생산 지구 명칭을 사용하는 와인으로, 화 이트·로제·레드 와인과 스파클링 와인 생산도 가능합니다. 독일어로 '마을'을 의미하는 오르츠 는 원산지의 지리적 범위가 아인즐라게에 비해 크지만, 와인은 생산되는 해당 마을 및 지역의 포도밭 특성을 지니고 있습니다. 오르츠바인의 포도는 최소한 카비네트 수준으로 익어야 하며, 생산되는 와인은 수확한 해, 12월 15일 이전에는 판매할 수 없습니다.

레기온은 지방 명칭 또는 1,000헥타르 이상의 넓은 구획의 포도밭인 그로쓰 라게 명칭을 사 용하는 와인으로, 모든 종류의 와인을 생산할 수 있습니다. 레기온은 원산지의 지리적 범위가 오르츠바인에 비해 훨씬 광범위하며, 라벨에는 그로쓰 라게 명칭 앞에 레기온Region이라는 단 어가 표기되고 있습니다.

안바우게비트는 가장 큰 원산지의 지리적 범위로, 13곳이 지정 재배 권역으로 지정되어 있 습니다.

2021 새로운 와인 등급

크발리테츠바인 또는 프래디카츠바인
(Qualitätswein or Prädikatswein)

란트바인
(Landwein)

도이처바인
(Deutscherwein)

2021 독일 와인법

2021년 1월 27일, 독일 정부는 새로운 와인법을 공표했습니다. 이는 1971년 개정법 와인법의 10차 수정안으로, 와인 품질 향상을 목표로 원산지의 지리적 특성에 따라 새로운 등급 체계를 도입했습니다. 또한 최근 기후 변화로 인해, 독일은 포도가 잘 익지 않는 문제가 사라졌을 뿐만 아니라 소비자의 취향도 드라이 와인을 선호하고 있는 추세이기에 더 이상 기존 방식대로 수확 시기에 포도 과즙의 당도로 등급을 매기는 것이 무의미해졌습니다. 이러한 이유로 독일 정부는 오랜 논의를 거쳐 새로운 와인법을 만들게 되었습니다.

새롭게 바뀐 와인법의 실제 적용은 점진적으로 진행될 예정이며, 2026년 빈티지부터는 새롭게 바뀐 와인법이 적용된 와인을 접할 수 있습니다. 2021년 공표된 와인법은 유럽연합의 피라미드 시스템에 더욱 잘 맞도록 설계되었으며, 품질에 따라 크게 3단계로 구분하고 있습니다.

2021 새로운 등급 체계

2021년 새로운 독일 와인법의 가장 상위 등급인 크발리테츠바인 또는 프래디카츠바인은 원산지의 지리적인 범위에 따라 4단계 등급으로 구분하고 있는데, 원산지의 지리적 범위가 작을수록 더 좋은 품질을 나타내고 있습니다. 또한 아인즐라게는 프랑스 부르고뉴 지방과 같이 포도밭을 더 세분화해 그로쎄스 게벡스, 에스터스 게벡스, 아인즐라게의 3단계로 다시 분류하고 있습니다.

그로쎄스 게벡스
(Großes Gewächs)
GG

에스터스 게벡스
(Erstes Gewächs)
1G

아인즐라게
(Einzellage)

아인즐라게
(Einzellage)

오르츠바인
(Ortswein)

레기온 바인
(Region Wein)

안바우게비트
(Anbaugebiet)

RÄDIKATSWEIN

ANDWEIN

EUTSHERWEIN

주요 청포도 품종

- 리슬링(Riesling)

독일을 대표하는 청포도 품종인 리슬링은 아직까지 원산지가 밝혀지지 않았지만, 확실한 것은 이 품종을 적어도 수백 년 동안 독일에서 재배해왔다는 사실입니다. 리슬링 품종에 관한 문헌상의 기록은 1430년경으로, 이후 독일의 재배업자들은 이 품종을 중요시 여기며 훌륭한 와인을 만들었습니다.

유일하게 샤르도네와 어깨를 나란히 하는 우량 품종인 리슬링은 품질적으로도 매우 뛰어납니다. 하지만 독일의 추운 기후에서 늦게 익기 때문에 재배상의 위험이 높아서 과거에는 뮐러-투르가우, 실바너 등과 같은 재배하기 쉬운 교배종으로 대체되었습니다. 최근에는 와인의 품질 향상을 지향하는 흐름 속에서 리슬링의 재배 면적이 증가하고 있으며 독일 전체 재배 면적의 21.3%정도를 차지하고 있습니다. 주요 산지는 라인가우, 모젤 지방이며, 현재 독일의 모든 산지에서 이 품종을 재배하고 있습니다.

또한 독일 와인의 품질 향상과 재평가를 목표로 하는 생산자에게 있어서 최대의 무기는 리슬링입니다. 흰 꽃, 복숭아, 사과 등의 섬세하고 화려한 향과 매우 높은 신맛 덕분에 수명이 긴 리슬링은 드라이 와인이나 스위트 와인을 불문하고 장기 숙성이 가능하며, 병 숙성을 통해서 복합적이고 희귀한 숙성 향으로 발전합니다. 또한 단일 품종으로 만들기 때문에 말로-락틱 발효나 새 오크통에서의 숙성을 거치지 않는 것이 일반적이며, 그 결과 생산자나 양조 방법에 의해 그 스타일이 영향을 받는 일도 거의 없습니다. 이러한 이유로 리슬링은 떼루아의 우열과 개성을 여과 없이 보여주는 품종이라고 평가되고 있습니다.

독일 최고의 청포도 품종 ────────────────────

샤르도네와 어깨를 나란히 하는 우량 품종인 리슬링은 흰 꽃, 복숭아, 사과 등의 섬세하고 화려한 향과 매우 높은 신맛 덕분에 수명이 긴 편입니다. 또한 리슬링은 드라이 와인이나 스위트 와인을 불문하고 장기 숙성이 가능하며, 병 숙성을 통해서 복합적이고 희귀한 숙성 향으로 발전합니다.

리슬링은 단일 품종으로 만들기 때문에 말로-락틱 발효나 새 오크통에서의 숙성을 거치지 않는 것이 일반적이며, 그 결과 생산자나 양조 방법에 의해 그 스타일이 영향을 받는 일도 거의 없습니다. 이러한 이유로 리슬링은 떼루아의 우열과 개성을 여과 없이 보여주는 품종 이라고 평가되고 있습니다.

- 뮐러- 투르가우(Müller-Thurgau)

뮐러-투르가우는 1882년에 헤르만 뮐러 투르가우 교수에 의해 개발된 교배종으로, 프랑스 원산지의 청포도 품종인 마들렌 로얄Madeleine Royale과 리슬링을 교배해 만들었습니다. 독일에서 리바너Rivaner로 불리기도 하는 뮐러-투르가우는 조생종으로, 리슬링에 비해 빨리 익어 재배하기 쉬운 품종입니다. 또한 수확량이 많고 경제성도 높다는 이유로 독일의 재배업자들 사이에서 큰 인기를 누렸으며, 1970년대부터 1980년대 걸쳐서 재배 면적이 약 25 %까지 증가했습니다.

독일의 품종 개량 역사상 가장 오래되고 큰 성공을 거둔 뮐러-투르가우이지만, 고품질 와인 생산에 있어서는 그만한 대우를 받지 못하고 있습니다. 수확량을 감량해 만들 경우, 매력적인 꽃 향과 과실 풍미가 특징이며 전반적으로 품질도 괜찮은 편이지만 산도나 풍미의 강도가 떨어지고 리슬링만큼의 탁월한 개성은 없습니다. 이러한 이유로 재배량이 서서히 줄어들고 있으며, 현재는13.5% 수준까지 감소했습니다. 참고로, 2007년에 가이젠하임 대학의 포도 육종 연구소에서는 뮐러-투르가우의 탄생 125주년을 기념하기도 했습니다.

- 실바너(Silvaner)

실바너는 독일의 청포도 품종 중 리슬링, 뮐러-투르가우에 이어 세 번째로 많이 재배되고 있는 품종입니다. 1960년대까지 독일 전체 재배 면적의 30%정도를 차지할 정도로 가장 많이 재배되었지만 지금은 5.2%까지 감소했습니다. 이 품종의 원산지는 루마니아로 추정하고 있는데, 16~17세기에 동유럽에서 오스트리아를 경유해 독일로 전파되었습니다.

실바너는 리슬링에 비해 빨리 익는 조생종으로 수확량도 많은 편입니다. 이 품종 와인은 깔끔하고 중립적인 맛이 특징이며 신맛이 상대적으로 적기 때문에 드라이 타입으로 주로 만듭니다. 가장 우수한 산지는 프랑켄 지방이며 이곳의 석회질 토양에서 만든 와인은 미네랄 풍미를 지닌 힘있는 드라이 타입으로, 품질에 대한 평가도 좋습니다. 반면 라인헤센 지방의 황토 토양에서는 우아하고 신선한 실바너 와인이 만들어지고 있습니다.

- 케르너(Kerner)

1929년, 뷔르템베르크 지방에서 개발된 교배종입니다. 적포도 품종인 트롤링어Trollinger와 리슬링을 교배해 만들었으며, 품종의 이름은 뷔르템베르크 지방의 시인 유스티누스 케르너 Justinus Kerner의 이름에서 유래되었습니다. 독일 청포도 품종 중 재배 면적은 5위로, 3.8% 차지하고 있으며, 과거 팔츠 지방에서 오랫동안 재배되어왔지만, 최근에는 라인헤센, 모젤과 뷔르템베르크 지방에서도 재배되고 있습니다.

독일에서 개량된 품종 중 위대한 걸작으로 평가 받고 있는 케르너는 뚜렷한 신맛과 강한 과실 풍미를 지니고 있으며, 뮈스까 품종과 유사한 향이 특징입니다. 또한 당도를 쉽게 끌어올릴 수 있는 품종으로 카비네트부터 트로켄베렌아우스레제까지 다양하게 만들 수 있지만 대부분은 슈패트레제로 생산되고 있습니다.

그 외에 청포도 품종은 삐노 블랑으로 알려진 바이써 부르군더Weißer Burgunder 또는 바이쓰 부르군더Weißburgunder와 삐노 그리로 알려진 룰랜더Ruländer 또는 그라우어 부르군더Grauer Burgunder의 재배 면적이 점점 늘어나고 있는 추세이며, 실바너와 리슬링을 교배한 쇼이레베 Scheurebe와 게뷔르츠트라미너Gewürztraminer, 샤르도네 등도 소량 재배되고 있습니다.

주요 적포도 품종

- 슈패트부르군더(Spätburgunder)

프랑스 부르고뉴 지방에서 재배되는 삐노 누아와 동일한 품종으로 독일에서는 슈패트부르 군더라 불리고 있으며, 추위에 강한 특성 때문에 추운 기후의 독일에서도 이미 수천 년 전부터 재배되고 있었습니다. 적포도 품종 중 1위를 차지하고 있는 슈패트부르군더는 독일 전체 재배 면적의 11.6% 정도를 차지하고 있으며, 따뜻한 기후의 바덴과 팔츠 지방을 중심으로 아르, 라인 헤센, 뷔르템베르크, 라인가우 지방에서도 재배되고 있습니다.

과거 독일의 슈패트부르군더는 로제 와인과 같은 투명한 색상과 강한 신맛을 지닌 가벼운 와인이 대부분이었지만, 최근에는 진한 색상의 오크통 숙성을 거친 좀 더 묵직한 스타일도 성공적으로 만들고 있습니다. 또한 로제 와인인 바이스헵스트Weißherbst도 이 품종으로 생산됩니다. 바이스헵스트는 특정 지방에서 만든 슈패트부르군더 단일 품종 로제 와인으로 바덴, 팔츠, 아르, 라인가우, 프랑켄, 라인헤센, 뷔르템베르크 지방에서만 생산 가능합니다.

2019년 기준으로 독일의 슈패트부르군더의 재배 면적은 11,800헥타르까지 급증했으며, 현재 독일은 프랑스, 미국에 이어 세계 3위의 삐노 누아 생산국이기도 합니다.

- 돈펠더(Dornfelder)
1956년에 개발한 돈펠더는 헤롤드레베Heroldrebe와 헬펜스타이너Helfensteiner 두 개의 적포도 품종을 교배한 교배종입니다. 슈패트부르군더에 이어 두 번째로 많이 재배되고 있는 품종으로 최근 재배 면적이 급증하고 있으며 재배 면적의 8%를 차지하고 있습니다. 알코올 발효 기간 동안 진한 껍질에서 색이 빠르게 추출되기 때문에 추운 기후의 독일에서도 확실히 진한 색상의 레드 와인을 제조할 수 있다는 점이 장점으로 작용하고 있습니다.

그 외에 적포도 품종으로는 포르투기저Portugieser, 트롤링어, 그리고 삐노 뫼니에로 알려진 슈바르츠리슬링Schwarzriesling 등이 있으며, 프랑스계 품종인 까베르네 쏘비뇽도 소량 재배되고 있습니다.

GERMANY

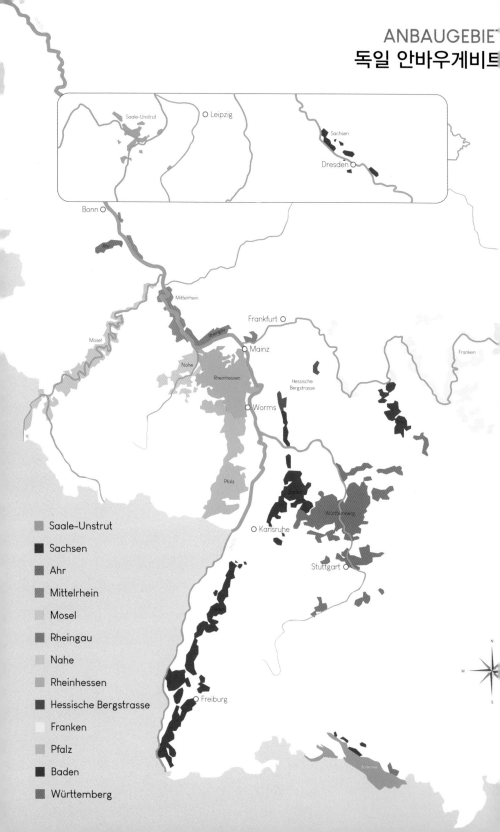

ANBAUGEBIE
독일 안바우게비트

Saale-Unstrut
Leipzig
Sachsen
Dresden
Bonn
Ahr
Mittelrhein
Mosel
Frankfurt
Rheingau
Mainz
Nahe
Rheinhessen
Franken
Hessische Bergstrasse
Worms
Pfalz
Baden
Württemberg
Karlsruhe
Stuttgart
Freiburg
Bodensee

■ Saale-Unstrut
■ Sachsen
■ Ahr
■ Mittelrhein
■ Mosel
■ Rheingau
■ Nahe
■ Rheinhessen
■ Hessische Bergstrasse
□ Franken
■ Pfalz
■ Baden
■ Württemberg

06   독일의 와인 산지

독일의 재배 면적은 102,000헥타르로, 다른 유럽 국가들에 비해 비교적 면적은 작지만, 오랜 역사를 자랑하는 전통적인 와인 생산국입니다. 독일의 와인 생산 지역은13곳으로, 그 중 11곳이 구 서독 권내에, 2곳이 구 동독 권내에 위치하고 있습니다.

독일의 산지는 비교적 추운 기후 조건의 북동부에 위치한 작센Sachen과 잘레-운슈트루트 Saale-Unstrut 두 지역을 제외하고 나머지 지역은 기후 조건이 좋은 남서부에 밀집해 있습니다. 그러나 몇 년 전부터 세계적인 기후 변화로 인해 포도 재배 지역이 점점 북쪽으로 이동하고 있는 추세입니다.

아르(Ahr): 560헥타르

아르 지방은 독일의 북서쪽에 위치하며 라인 강과 합류하는 아르 강 계곡에 형성된 와인 산지입니다. 독일에서도 가장 작은 산지 중 하나로 재배 면적은 약 560헥타르 정도입니다. 아르 지방의 아이펠Eifel 고원은 차갑고 습한 바람을 막아주어 강우량을 낮춰주는 역할을 하고 있으며, 연간 강우량은 650mm, 연 평균 기온은 9.8도로 와인 산지로는 상당히 기온이 낮은 편입니다. 하지만 좁고 가파른 아르 계곡의 온실 효과와 태양열을 저장할 수 있는 점판암 토양, 그리고 강에 의한 기후 조절 효과 덕택에 레드 와인 생산에 이상적인 기후 조건을 가지고 있습니다.

적포도 품종의 재배 비율이 84%로 독일에서 가장 높습니다. 그 중에서도 슈패트부르군더 Spätburgunder가 62% 이상을 차지하고 있으며, 포르투기저Portugieser와 프이부르군더Frühbur-gunder가 그 뒤를 잇고 있습니다. 프이부르군더는 독일에서도 보기 드문 적포도 품종으로 프이 Früh는 '이른'을 의미하며, 실제로 슈패트부르군더보다 2주 정도 빨리 익습니다.

아르 지방만의 독특한 와인이 생산되기 시작한 것은 1980년대로, 일부 선구자적인 생산자의 노력과 오크통 숙성의 노하우 덕분에 세련되면서도 개성적인 와인이 생산되고 있습니다. 이곳의 점판암 토양에서 만들어진 슈패트부르군더 와인은 우아하면서 복합적인 풍미를 가지고 있으며, 장기 숙성도 가능합니다.

아르 지방의 버라이히는 1곳이며, 그로쓰 라게 1개, 아인즐라게 43개의 포도밭이 존재합니다. 유명 생산자로는 바인구트 도이트체호프Weingut Deutzerhof, 바인구트 마이어-네켈Weingut Meyer-Näkel, 바인구트 장 스토덴Weingut Jean Stodden 등이 있습니다.

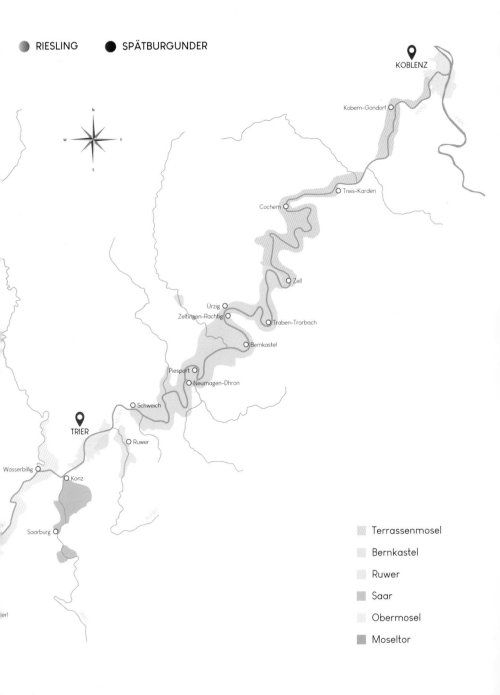

MOSEL
모젤

RIESLING SPÄTBURGUNDER

KOBLENZ

Kobern-Gondorf

Treis-Karden

Cochem

Zell

Ürzig
Zeltingen-Rachtig
Traben-Trarbach
Bernkastel
Piesport
Neumagen-Dhron
Schweich
TRIER
Ruwer
Wasserbillig
Konz
Saarburg

erl

Terrassenmosel

Bernkastel

Ruwer

Saar

Obermosel

Moseltor

모젤(Mosel): 8,900헥타르

유럽에서 가장 오래된 와인 산지인 모젤 지방은 2,000년이 넘는 오랜 역사를 자랑합니다. 과거에는 모젤-자르-루버Mosel-Saar-Ruwer라는 원산지 명칭을 사용했지만, 2007년부터 모젤 Mosel로 명칭이 변경되었습니다. 지명에서 유래하는 모젤 강은 프랑스의 보쥬Vosges 산맥에서 발원해 남쪽에서 북쪽으로 흘러 코블렌츠 마을에서 라인 강과 합류하며, 그 모젤 강에 흘러 드는 지류인 자르 강과 루버 강의 세 개 강 유역에 산지가 펼쳐져 있습니다.

모젤 지방은 포도 재배 적정 지역의 경계선인 북위 50도경에 위치하고 있어 매우 추운 기후를 띠고 있습니다. 하지만 아이펠 고원과 훈스뤼크Hunsrück 산맥이 차가운 공기의 유입을 차단해주기 때문에 여름과 겨울에 극단적인 더위와 추위가 없고 강우량이 적당해서 포도 재배에 적합한 조건을 지니고 있습니다. 여기에 포도밭의 경사가 가팔라서 포도 나무가 햇볕을 잘 받을 수 있고, 강에 의한 기후 조절까지 더해져 모젤 지방은 천혜의 와인 산지로 손꼽히고 있습니다. 이 지방의 토양은 슬레이트Slate로 불리는 회색 점판암 토양으로 지표를 덮고 있는 판 모양의 돌이 태양열을 흡수해 포도의 성장을 도와주며, 배수도 매우 뛰어난 편입니다.

독일 최고 와인 산지인 모젤 지방은 리슬링이 대표 품종으로, 전체 재배 면적의 약 50%를 차지하고 있습니다. 추운 기후와 앞서 언급한 떼루아 조건이 갖춰져 포도가 천천히 익을 수 있기 때문에 화려한 방향성과 미네랄 풍미를 지닌 세계에서 가장 섬세하고 우아한 리슬링 와인이 이곳에서 생산되고 있습니다. 리슬링 외 품종으로 모젤 지방에서만 재배되고 있는 엘플링Elbling도 있습니다. 이 품종은 독일에서 가장 오래된 청포도 품종으로 2,000년 전부터 재배되었을 거라 추측되며, 신맛이 아주 강해 스파클링 와인인 젝트Sekt로 만들어지는 경우가 많습니다.

적포도 품종으로는 1980년 후반부터 본격적으로 재배를 시작한 슈패트부르군더가 있습니다. 이 품종은 모젤 지방에서 생산되는 레드 와인의 10% 미만을 차지하고 있지만, 최근 들어 품질이 점차 나아지고 있습니다.

현재 독일은 드라이 타입 와인의 복권을 주장하고 있으나, 모젤 지방은 예외적으로 여전히 낮은 알코올 도수의 가벼운 무게감을 지닌 세미-스위트 타입의 와인 생산에 중점을 두고 있습니다.

최고의 포도밭은 강의 북쪽 연안에 위치해 있으며, 남향의 가파른 경사지에서 포도를 재배하고 있습니다. 경사가 급할수록 훌륭한 와인을 생산할 수 있지만 재배업자들이 그만큼 힘들게 일하고 있으며, 심각한 노동력 부족에 시달리고 있습니다. 포도 나무의 수형 관리는 지주를 와이어로 연결하지 않는 봉 형 수형 방식으로 재배하고 있습니다.

모젤 강 유역의 뛰어난 포도밭은 강의 중류 쪽 60km 정도되는 곳에 밀집되어 있습니다. 강의 흐름에 의해 바깥쪽은 침식되고 안쪽은 퇴적되어 곡류가 점점 더 심화되는 사행 천을 따라 남향 경사지에 뛰어난 포도밭이 흩어져 있습니다. 베른카스텔Bernkastel 마을로부터 그라흐Graach, 벨렌Wehlen, 젤팅겐Zeltingen 마을로 이어지는 일대와 우어치히Ürzig 마을로부터 에르덴Erden 마을로 이어지는 일대가 유명하고 베른카스텔 마을에서 강을 거슬러 올라간 곳에 위치하고 있는 브라우네베르크Brauneberg, 피스포르트Piesport, 트리텐하임Trittenheim 마을 등이 높은 평가를 받고 있습니다. 이러한 마을의 훌륭한 포도밭에서 생산되는 와인은 각각의 미묘한 차이를 지니고 있으며, 토양의 구성이나 포도밭의 방향, 경사가 다르기 때문에 포도밭마다 와인의 개성이 잘 드러나고 있습니다.

루버 강은 트리어Trier 마을의 조금 북쪽에서 모젤 강에 흘러 드는 지류로, 그 유역에는 카젤Kasel, 메르테스도르프Mertesdorf, 아이텔스바흐Eitelsbach 등의 마을에 유명한 포도밭이 있습니다. 특히, 아이텔스바흐 마을의 카르트호이저호프Karthäusserhof는 긴 역사를 지닌 매우 뛰어난 포도밭입니다.

모젤 강의 상류에서 합류하는 자르 강의 유역에는 불과 600헥타르 정도의 포도밭 밖에 없습니다. 유명한 마을로는 칸쳄Kanzem, 빌팅겐Wiltingen, 옥펜Ockfen, 아일Ayl, 자르부르크Saarburg가 있으며, 특히 빌팅겐 마을에는 독일에서 가장 위대한 포도밭으로 알려진 샤르츠호프베르크

Scharzhofberg가 있습니다.

모젤 지방의 버라이히는 6곳이며, 그로쓰 라게 19개, 아인즐라게 524개의 포도밭이 존재합니다. 우수한 생산자로는 바인구트 프리츠 하크Weingut Fritz Haag, 바인구트 닥터 로젠Weingut Dr Loosen, 바인구트 에곤 뮐러Weingut Egon Müller, 바인구트 요한 요셉 프륌Weingut Joh. Jos. Prüm 등이 있습니다.

TIP!

세계에서 가장 가파른 포도밭

모젤 지방은 포도밭의 절반이 30도 이상의 경사지에 위치하고 있습니다. 이러한 경사지의 포도밭은 트랙터 등의 기계를 이용할 수 없기 때문에 평지의 포도밭보다 약 7배의 노동력을 필요로 합니다. 이러한 급경사지가 대부분인 모젤 지방에서도 가장 험준한 곳 중 하나가 바로 브렘Bremm 마을의 칼몬트Calmont 포도밭으로, 거의 절벽 수준인 68도의 경사를 자랑하고 있습니다.

MOSEL
모젤

ERDEN
TOP VINEYARD

- Prälat

- Treppchen

ÜRZIG
TOP VINEYARD

- Goldwingert

- Würzgarten

Ürzig ○   ○ Erden

○ Zeltingen   ○ Traben-Trarbach

Wehlen ○

Graach ○

○ Bernkastel

○ Brauneberg

Piesport ○

Trittenheim ○

ZELTINGEN
TOP VINEYARD

- Zeltinger Sonnenuhr

- Wehlener Sonnenuhr

GRAACH
TOP VINEYARD

- Josephshöfer

- Domprobst

- Himmelreich

BERNKASTEL
TOP VINEYARD

- Matheisbildchen

- Lay

- Bratenhöfchen

- Graben

- Alte Badstube am Doctorberg

- Doctor

BRAUNEBERG
TOP VINEYARD

- Juffer

- Juffer Sonnenuhr

PIESPORT
TOP VINEYARD

- Grafenberg

- Goldtröpfchen

- Schubertslay

- Domherr

- Kreuzwingert

TRITTENHEIM
TOP VINEYARD

- Apotheke

- Leiterchen

모젤 강 유역의 뛰어난 포도밭은 강의 중류 쪽 60km 정도되는 곳에 밀집되어 있으며, 베른카스텔 마을로부터 그라흐, 벨렌, 젤팅겐 마을로 이어지는 일대와 우어치히로부터 에르덴 마을로 이어지는 일대가 유명합니다. 또한 베른카스텔 마을에서 강을 거슬러 올라간 곳에 위치한 브라우네베르크, 피스포르트, 트리텐하임 마을 등이 높은 평가를 받고 있습니다.

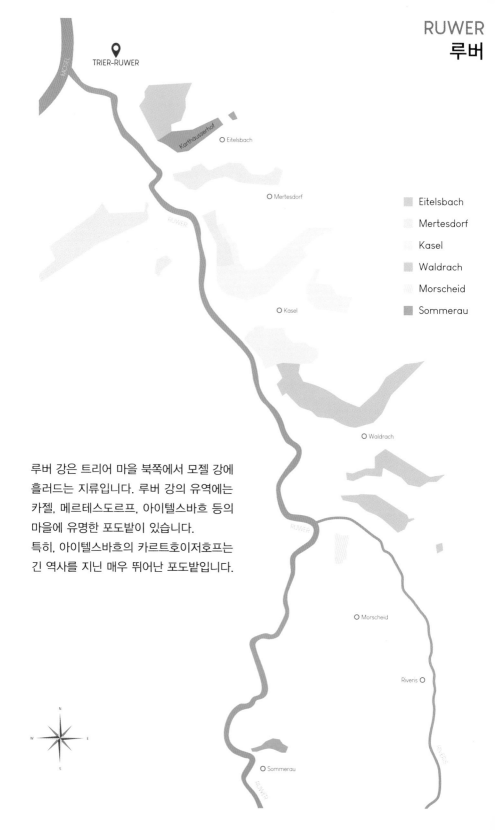

RUWER
루버

TRIER-RUWER

Karthäuserhof

○ Eitelsbach

○ Mertesdorf

○ Kasel

○ Waldrach

○ Morscheid

○ Riveris

○ Sommerau

MOSEL

RUWER

- Eitelsbach
- Mertesdorf
- Kasel
- Waldrach
- Morscheid
- Sommerau

루버 강은 트리어 마을 북쪽에서 모젤 강에
흘러드는 지류입니다. 루버 강의 유역에는
카젤, 메르테스도르프, 아이텔스바흐 등의
마을에 유명한 포도밭이 있습니다.
특히, 아이텔스바흐의 카르트호이저호프는
긴 역사를 지닌 매우 뛰어난 포도밭입니다.

N
W E
S

SAAR
자르

강의 상류에서 합류하는 자르 강의 유역에는 불과 600헥타르 정도의 포도밭 밖에 없습니다.
한 마을로는 칸쳄, 빌팅겐, 옥펜, 아일, 자르부르크가 있으며, 특히 빌팅겐 마을에는 독일에서
위대한 포도밭으로 알려진 샤르츠호프베르크가 있습니다.

Erden Prälat Dr.L…

라인가우(Rheingau): 3,100헥타르

헤센 주에 속하는 라인가우 지방은 비스바덴Wiesbaden 마을의 동쪽의 마인 강 하류에서부터 뤼데스하임Rüdesheim 마을의 북쪽에 로흐Lorch 마을까지 대략 50km 일대에 위치한 산지입니다. 이 지방을 흐르는 라인 강은 알자스 지방에서 북쪽으로 흘러 마인츠Mainz 마을 근처에서 방향을 바꾸어 서쪽으로 30km 정도 흐르는데, 그 북쪽 연안의 남향 경사지에 주요 산지가 자리잡고 있습니다. 라인가우 지방의 포도밭은 강에 인접해 있거나 강으로부터 2km 정도 거리에 떨어져 있는 언덕에 위치해 있습니다. 재배 면적은 3,100헥타르를 조금 넘는 작은 산지로 독일 전체 생산량의 3%를 차지하고 있습니다. 그 중에서 리슬링의 재배 비율은 다른 지방에 비해 높은 약 80% 정도이고 슈패트부르군더 13%정도 차지하고 있습니다.

라인가우 지방의 북쪽에는 타우누스Taunus 산맥이 우뚝 솟아 있어 북쪽에서 유입되는 차가운 바람과 비로부터 보호하고 있으며, 넓은 라인 강이 기후를 보조해 온난한 기후를 띠고 있습니다. 연간 일조량은 1,600시간으로 연 평균 기온은 10.6도, 연간 강우량은 500mm정도입니다. 팔츠 지방과 함께 지중해 지역에서 자주 볼 수 있는 무화과, 올리브, 살구 등의 식물도 재배되고 있습니다.

유명한 포도밭은 거의 모두가 남향의 경사지에 위치하고 있으며 그곳에서 만들어지는 진하고 강한 리슬링은 모젤 지방과 함께 독일 와인의 명성을 지켜왔습니다. 토양은 자갈, 모래, 양토, 점토, 황토, 이회암, 점판암 등 다양하게 구성되어 있습니다. 미텔라인 지방과 경계를 이루는 로흐와 뤼데스하임 마을, 그리고 비교적 고지대에는 점판암의 성분이 많고 저지대에는 점토질 토양이 주를 이루고 있습니다. 아쓰만스하우젠Assmannshausen 지역은 석영, 운모, 녹니석Chlorit으로 이뤄진 변성암 종류인 천매암Phyllit 토양으로 구성되어 있는데, 특히 슈패트부르군더 품종에 적합합니다.

강의 상류에서 하류를 향해 라우엔탈Rauenthal, 키드리히Kiedrich, 에흐바흐Erbach, 하텐하임

Hattenheim, 할가르텐Hallgarten, 외스트리히Oestrich, 미텔하임Mittelheim, 빙켈Winkel, 요하니스베르크Johannisberg, 뤼데스하임Rüdesheim 등의 유명한 마을이 좁은 띠 모양으로 밀집되어 있습니다. 그리고 동쪽에 위치한 호흐하임Hochheim 마을의 경사진 포도밭에서 다른 마을과는 다른 묵직한 스타일의 와인이 만들어집니다. 현재 라인가우 지방의 유명 생산자가 만드는 와인은 전체 생산량의 2/3 정도가 드라이 타입의 화이트 와인이며, 이 외에 훌륭한 귀부 와인도 생산되고 있습니다.

라인가우 지방에는 마을 명칭 없이 포도밭 명칭만 표기할 수 곳으로 하텐하임 마을의 슈타인베르크Steinberg, 빙켈 마을의 슐로스 폴라즈Schloss Vollrads, 요하니스베르크 마을의 슐로스 요하니스베르크Schloss Johannisberg, 외스트리히Oestrich 마을의 슐로스 라이히할츠하이젠Schloss Reichartshausen 등이 있습니다. 역사적으로 13세기에 세워진 세계 최대 규모의 클로스터 에버바흐Kloster Eberbach, 에버바흐 수도원 포도원과 슈패트레제 탄생지로 유명한 슐로스 요하니스베르크Schloss Johannisberg 등의 화려한 면모 덕택에 라인가우 지방은 오랫동안 독일의 대표적인 와인 생산 지역으로 인정받고 있습니다.

라인가우 지방의 버라이히는 2곳이며, 그로쓰 라게 25개, 아인즐라게 323개의 포도밭이 존재합니다. 우수한 생산자로는 슐로스 요하니스베르크Schloss Johannisberg, 클로스터 에버바흐Kloster Eberbach, 바인구트 로베르트 바일Weingut Robert Weil이 있습니다.

TIP!

가이젠하임 대학(Geisenheim Univ.)

1872년에 설립된 가이젠하임 대학교는 라인가우 지방의 중심지인 빙켈과 뤼데스하임 마을 사이의 가이젠하임 마을에 위치하며, 독일 최고의 재배·양조 연구기관입니다. 지금도 세계적인 최첨단 연구가 다수 진행되고 있는데, 설립 직후의 1882년에는 이 대학의 헤르만 뮐러 투르가우 교수가 교배종인 뮐러 투르가우를 개발하기도 했습니다.

● RIESLING　● SPÄTBURGUNDER

TAUNUS RANGE

WIESBADEN

Lorch

TAUNUS RANGE

Rauenthal

Kiedrich

Hallgarten

Erbach

Hattenheim

Johannisberg　Oestrich

Winkel　Mittelheim

Hochheim

MAINZ

Rüdesheim

RHEIN

MAIN

■ Vineyard　■ Superior Vineyard

라인 강의 상류에서 하류를 향해 라우엔탈, 키드리히, 에흐바흐, 하텐하임, 할가르텐, 외스트리히, 미텔하임, 빙켈, 요하니스베르크, 뤼데스하임 등의 유명한 마을들이 좁은 띠 모양으로 밀집되어 있습니다. 그리고 동쪽에 위치한 호흐하임 마을의 경사진 포도밭에서 다른 마을과는 다른 묵직한 스타일의 와인이 만들어집니다.

라인가우 지방에는 마을 명칭 없이 포도밭 명칭만 표기할 수 곳으로 빙켈 마을의 슐로스 폴라즈, 하텐하임 마을의 슈타인베르크, 요하니스베르크 마을의 슐로스 요하니스베르크, 외스트리히 마을의 슐로스 라이히할츠하이젠 등이 있습니다. 역사적으로13세기에 세워진 세계 최대 규모의 클로스터 에버바흐 포도원과 슈패트레제 탄생지로 유명한 슐로스 요하니스베르크 등의 화려한 면모 덕택에 라인가우 지방은 오랫동안 독일의 대표적인 와인 생산 지역으로 인정받고 있습니다.

SCHLOSS JOHANNISBERG

슈패트레제의 탄생

18세기, 풀다의 대주교이자 수도원장은 지금의 슐로스 요하니스베르크 포도원을 인수해 별장으로 사용했습니다. 당시 이곳의 포도 수확은 대주교의 지시에 따라 행하는 것이 관례였으며, 수확철이 되면 전령을 보내 대주교에게 수확 허가서를 받은 다음 수확을 진행했습니다.

그러던 1775년, 그 해 포도는 유난히 빨리 익었고 수도사들은 수확을 더 이상 지체할 수 없었기에 대주교에게 전령을 보냈습니다. 하지만 보통 1주일이면 돌아오던 전령이 2주 정도 늦게 도착하는 바람에 포도가 과숙하게 되었습니다. 전령이 늦게 도착한 것에 대해서는 대주교가 사냥으로 인해 부재중이었다는 설과 함께 전령이 강도에게 붙잡혔다는 설이 전해오고 있습니다.

결국, 늦게 수확한 포도로 와인을 만들었으며, 이듬해 대주교에게 봉헌할 와인을 맛본 수도사들은 걱정과는 달리 와인 품질에 놀라움을 금치 못했습니다. 슈패트레제는 이렇게 탄생했으며, 1775년 슐로스 요하니스베르크는 최초의 슈패트레제 리슬링을 만들게 되었습니다. 이를 계기로 1787년에 아우스레제를 만들었고, 1858년에는 아이스바인까지 생산하기 시작했습니다.

Schloss Johannisberg

팔츠(Pfalz): 23,500헥타르

팔츠 지방은 라인헤센 지방의 남쪽, 프랑스 알자스 지방의 바로 북쪽에 위치하며, 남북으로 80km 정도의 홀쭉한 지역으로 세계에서 가장 오래된 와인 가도가 이어져 있습니다. 더불어 모젤, 라인가우 지방과 어깨를 나란히 하며 고품질 리슬링 와인을 생산하는 역사적인 산지이기도 합니다. 포도 재배 면적은 23,500헥타르 정도이며 독일에서 라인헤센 지방에 이어 두 번째로 큽니다.

독일에서 가장 온난한 지역에 속한 팔츠 지방은 유럽 남부의 지중해성 기후와 유사합니다. 연간 일조량은 1,800시간이고 연 평균 기온은 11도로 북쪽에서는 보기 드물게 아몬드, 무화과, 레몬, 올리브 등과 같은 과일을 재배하고 있습니다. 또한 이 지방의 서쪽에 위치한 하르트 산맥 Haardt에 의해서 바람이나 비로부터 보호받고 있기 때문에 기후가 온난하고 잘 익은 포도를 얻을 수 있습니다.

토양은 북쪽과 남쪽이 전혀 다르게 구성되어 있습니다. 양쪽 모두에서 석회암, 흑연, 점판암 등을 볼 수 있지만 북쪽은 점토, 모래, 이회토 등이 서로 다른 비율로 혼재되어 있고, 남쪽은 양토Loam의 비율이 높고 보다 무겁고 비옥한 토양으로 이뤄져 있습니다.

주요 포도 품종인 리슬링의 재배 면적은 5,700헥타르로, 재배 비율은 25%정도를 차지하며 2008년 이후 모젤 지방과 더불어 전 세계 리슬링의 최대 산지로 자리잡게 되었습니다. 이곳에서 생산되는 최고 품질의 와인 역시 리슬링으로, 드라이 타입의 파워풀한 스타일이 특징입니다. 1960년대까지 1/3정도의 비율을 차지했던 실바너는 이제 4% 미만으로 점차 사라지고 있고, 최근에는 쏘비뇽 블랑이 선풍적인 인기를 끌고 있습니다.

적포도 품종의 재배 비율이 40%까지 상승한 가운데 돈펠더의 생산 면적이 크게 늘어났습니다. 하지만 우수한 품질의 레드 와인은 슈패트부르군더로 만들어지고 있으며, 국제 품종인 까베르네 쏘비뇽과 까베르네 프랑, 메를로 품종 등도 많이 생산되고 있는 추세입니다.

팔츠 지방은 노이슈타트Neustadt 지구를 중심으로 북쪽의 미텔하르트Mittelhaardt와 남쪽의 남부 팔츠로 나뉘며, 북부의 바트 뒤르크하임Bad Dürkheim 마을을 중심으로 한 미텔하르트 지구가 고품질 와인의 중심지입니다. 이 지방은 한때 대규모 양조장에 납품하는 방식의 와인 생산에 주력하다가, 1980년대 중반부터 남부 팔츠를 중심으로 미텔하르트 지구의 유서 깊은 포도원들이 적극적으로 이미지 변신에 나서기 시작했습니다. 팔츠 지방의 뛰어난 포도밭은 다이데스하임Deidesheim, 바헨하임Wachenheim, 포르스트Forst, 루퍼츠베르크Ruppertsberg 마을 등에 다수 존재합니다.

더불어 팔츠 지방에는 '3B'라고 불리는 유명한 생산자가 있어 오랜 세월 이 산지를 이끌어 왔는데, 뷔르클린 볼프Bürklin-Wolf, 폰 바세르만 요르단Von Bassermann-Jordan, 폰 불Von Buhl 세 명의 생산자가 그 주인공입니다. 그와 더불어 최근 유명세를 타게 된 생산자가 뮐러 카투아르Müller-Catoir로, 이 포도원은 팔츠 지방이 드라이 타입의 리슬링 산지로 인식되는데 결정적인 역할을 했습니다.

팔츠 지방의 버라이히는 2곳이며, 그로쓰 라게 25개, 아인즐라게 323개의 포도밭이 존재합니다. 우수한 생산자로는 바인구트 오코노미하르트 레브홀츠Weingut Ökonomierat Rebholz가 있습니다.

TIP!

스위트 와인은 어느 정도 달까?

귀부 와인과 아이스바인의 단맛은 천차만별입니다. 유럽연합에서는 리터당 잔당이 45g 이상이 되면 스위트 타입으로 분류하고 있지만, 귀부 와인과 아이스바인의 잔당은 가볍게 100g을 초과하고, 개중에는 잔당이 300g 이상인 것도 있습니다. 특히, 팔츠 지방에서 1971년에 수확한 포도로 만든 와인의 잔당이 무려 480g이라는 믿을 수 없는 스위트 와인을 제조했는데, 과즙의 당도가 너무 높아서 알코올 발효가 거의 진행되지 않았고, 20년이 지난 후에야 비로소 알코올 도수가 4.5%가 되었다고 합니다.

PFALZ
팔츠

RHEINHESSEN

RIESLING   SAUVIGNON BLANC
DORNFELDER   SPÄTBURGUNDER

Kirchheimbolanden

Grünstadt

MITTELHAARDT

팔츠 지방의 고품질 와인
생산의 중심 지역

Bad Dürkheim
Wachenheim
Forst
Deidesheim
Ruppertsberg

Neustadt

Sankt Martin

SÜDLICHE WEINSTRASSE

Lustadt

Siebeldingen

Insheim   Herxheim

Bad Bergzabern

kandel

Schweigen-Rechtenbach

팔츠 지방은 노이슈타트 지구를 중심으로
북쪽의 미텔하르트와 남쪽의 남부 팔츠로
나뉩니다. 북부의 바트 뒤르크하임 마을을
중심으로 미텔하르트 지구가 고품질 와인
생산의 중심지로, 이곳의 우수한 포도밭은
루퍼츠베르크, 바헨하임, 다이데스하임,
포르스트 마을 등에 다수 존재합니다.

라인헤센(Rheinhessen): 26,500헥타르

빙엔과 마인츠, 보름스Worms 마을을 삼각형으로 잇는 라인헤센 지방은 라인 강을 사이에 두고 라인가우 지방과 서로 마주 보고 있습니다. 또한 독일 최대의 와인 산지로, 재배 면적은 26,500헥타르에 달합니다. '천 개의 구릉지'로 알려진 이 지방은 지형이 완만하고 평탄해 기계 수확을 할 수 있는 높은 수확량의 포도밭들이 펼쳐져 있으며, 뮐러 투르가우와 실바너 품종을 대량으로 재배하고 있습니다.

과거 라인헤센 지방은 립프라우밀히Liebfraumilch 와인의 본거지로 명성이 높은 지역이었습니다. '브랜드 와인'의 대표격으로 잘 알려진 립프라우밀히는 라인헤센, 팔츠, 나에, 라인가우 중 단일 지방에서 지정된 포도 품종을 사용해 만든 화이트 와인으로 리터당 18g 이상의 잔당의 기준을 충족하면 표기가 가능합니다. 포도 품종은 리슬링, 뮐러-투르가우, 실바너, 케르너의 사용이 허가되고 있지만, 보통 혼합되는 대부분의 품종을 차지하고 있는 것은 뮐러-투르가우입니다.

'성모의 우유'를 뜻하는 립프라우밀히는 원래 라인헤센 지방의 보름스Worms 마을 안에 있는 립프라우엔Liebfrauen 교회 인근의 단일 포도밭에서 생산된 와인에서 시작되었습니다. 하지만 '성모의 우유'라는 브랜드 이름에 높은 구매력이 있었기 때문에 넓은 범위의 산지까지 사용할 수 있게 되었습니다. 현재 라인헤센 지방은 립프라우밀히 와인의 최대 산지로, 세미-스위트 와인의 전성기 당시 세계 시장을 석권했으며, 1980년대에 수출되었던 독일 와인의 무려 60%가 이 상표를 라벨에 달고 출하되었을 정도입니다.

라인헤센 지방을 대표하는 립프라우밀히 와인은 과거의 영광과는 달리 오늘날 '대량 생산되는 밋밋한 설탕 물'이라는 부정적인 평가를 받으며 라인헤센 와인의 이미지를 실추시키는 주범으로 지목되고 있습니다. 하지만 최근 십여 년 동안 켈러Keller와 같은 젊은 생산자들이 주축이 되어 이 지방의 뛰어난 포도밭을 선택해 고품질 와인 생산에 힘쓰면서 라인헤센 와인의 낡은 이미지를 개선하는데 노력하고 있습니다.

라인헤센 지방의 기후는 포도 재배에 이상적인 기후를 갖추고 있습니다. 훈스뤼크, 타우누스, 오덴발트Odenwald 등의 산맥이 보호하고 있어 연간 일조량은 1,700시간, 연 평균 기온은 11도로 따뜻한 편입니다. 또한 유럽에서 가장 건조한 지역 중 하나로 강우량도 적은 편입니다. 토양은 주로 황토와 모래로 구성되어 있으며 규암, 반암, 점판암, 점토, 화산성 토양도 이 지방에서 볼 수 있습니다.

포도 품종은 청포도 품종과 적포도 품종이 7:3 비율을 차지하고 있습니다. 주요 포도 품종으로는 실바너이며, 세계 최대의 실바너 산지답게 재배 면적이 2,400헥타르에 달합니다. 한때 1/3 이상을 차지했던 뮐러-투르가우의 재배 비율은 약 16%로 줄었고, 전통적인 품종으로의 회귀로 인해 리슬링 품종이 계속 늘어나고 있는 추세입니다. 적포도 품종은 돈펠더를 가장 많이 재배하고 있지만, 고품질 와인은 슈페트부르군더로 만들어지고 있습니다.

라인헤센 지방에서 주목할만한 와인은 오르츠바인Ortswein과 같은 마을 명칭 와인입니다. 또한, 라인 강 인근의 니어슈타인 지구에 있는 니어슈타인Nierstein, 오펜하임Oppenheim, 나켄하임Nackenheim 마을 등의 뛰어난 포도밭에서 훌륭한 리슬링 와인이 생산되고 있습니다.

라인헤센 지방의 버라이히는 3곳이며, 그로쓰 라게 24개, 아인즐라게 432개의 포도밭이 존재합니다. 우수한 생산자로는 바인구트 켈러Weingut Keller가 있습니다.

TIP!

자이트사(社)

무균 여과 기술을 세계 최초로 개발한 곳은 유럽 최대의 필터 회사인 독일의 자이트사 입니다. 이 회사의 전신(前身)은 나에 지방의 바트 크로이츠나흐Bad Kreuznach 마을에 위치한 와인 브로커로, 이 회사가 개발한 최초의 석면 필터는 와인의 혼탁을 막는 것을 목적으로 한 것이었습니다. 그 후, 자이트사는 1914년에 무균 여과 기술의 확립에 성공해 독일 와인의 양조 혁신을 불러 일으켰습니다. 자이트사의 필터는 오늘날에도 와인 산업에 활발히 사용되고 있으며 제약, 바이오 테크놀로지 분야에까지 널리 이용되고 있습니다.

RHEINHESSEN
라인헤센

BINGEN

NIERSTEIN

WONNEGAU

- ● SILVANER
- ● RIESLING
- ● DORNFELDER
- ● SPÄTBURGUNDER

Bad Dürkheim ○

PFALZ

FRANCE

라인헤센 지방에서 주목할 만한 와인은
오르츠바인과 같은 마을 명칭 와인으로
라인 강 인근의 니어슈타인 지구에 있는
니어슈타인, 오펜하임, 나켄하임 마을
등의 뛰어난 포도밭에서 훌륭한 리슬링
와인이 생산되고 있습니다.

'성모의 우유'를 뜻하는 립프라우밀히는 원래 라인헤센 지방의 보름스 마을에 있는 립프라우엔 교회 인근의 단일 포도밭에서 생산된 와인에서 시작되었습니다. 브랜드 와인의 대표격으로 잘 알려진 립프라우밀히는 라인헤센, 팔츠, 나에, 라인가우 중 단일 지방에서 지정된 포도 품종을 사용해 만든 화이트 와인으로 리터당 18g 이상의 잔당의 기준을 충족하면 표기가 가능합니다. 포도 품종은 리슬링, 뮐러-투르가우, 실바너, 케르너의 사용이 허가되고 있지만, 보통 혼합되는 대부분의 품종을 차지하고 있는 것은 뮐러-투르가우입니다.

나에(Nahe): 4,200헥타르

나에 지방은 라인헤센 지방의 서쪽, 모젤 강과 라인 강 사이에 위치한 비교적 작은 규모의 산지입니다. 라인 강에 흘러 드는 나에 강의 이름을 딴 이 지방은 로마인에 의해 첫 포도 재배가 시작되었지만, 독자적인 와인 산지로 지정된 것은 1971년 와인 법이 개정되면서부터입니다. 1980년대까지만 해도 나에 지방에서 생산되는 와인은 인지도와 품질 면에서 뒤떨어진다는 평가를 받아왔지만, 지난 20년간 눈부신 발전을 거듭해 현재는 드라이 화이트 와인과 스위트 와인에 관한 한 독일의 어느 지역과 견주어도 뒤지지 않을 정도의 품질을 자랑하고 있습니다.

나에 지방은 훈스뤼크 산맥이 차가운 바람을 막아주고 있어 비가 적으며, 풍부한 일조량과 온난한 기후를 띠고 있습니다. 토양은 점판암, 반암, 사암, 황토와 점토질 등 180종류가 넘으며, 독일 와인 산지 중에서 가장 다양하게 구성되어 있습니다. 이러한 토양은 나에 지방의 와인에 다양성을 제공하게 됩니다.

나에 지방에서 재배되고 있는 포도 품종은 다양합니다. 청포도 품종의 재배 비율이 75% 정도로, 그 중에서 리슬링이 27%의 비율로 이 지방을 대표하는 품종으로 자리잡았습니다. 특히 가파른 경사지의 점판암 토양에서 만든 리슬링 와인은 모젤과 라인가우 지방의 장점을 고루 갖춘 고품질 와인으로 평가 받고 있습니다. 최근 들어 뮐러-투르가우와 같은 저품질 품종은 급격히 줄어든 대신, 그라우어 부르군더와 바이쓰부르군더 품종이 증가 추세로 리슬링의 뒤를 잇고 있습니다.

적포도 품종의 재배 비율도 25%로 늘어나고 있습니다. 돈펠더, 포르투기저와 같은 품종이 주요 품종으로 자리잡고 있지만, 슈패트부르군더의 비율도 증가하고 있는 추세입니다.

나에 강의 중류에 위치한 바트 크로이츠나흐Bad Kreuznach 마을이 와인 산업의 중심지이며 그 남쪽에 있는 노르하임Norheim, 니더하우젠Niederhausen, 오버하우젠Oberhausen, 슐로스 뵈켈하임Schloss böckelheim 마을 등에 유명한 포도밭이 있습니다.

나에 지방의 버라이히는 1곳이며, 그로쓰 라게 6개, 아인즐라게 284개의 포도밭이 존재합니다. 우수한 생산자로는 바인구트 된호프Weingut Dönnhoff, 바인구트 엠리흐 쇤레버Weingut Emrich Schönleber가 있습니다.

잘레-운슈트루트(Saale-Unstrut): 760헥타르

북위 51도의 포도 재배 북방 한계선에 위치한 잘레-운슈트루트 지방은 독일 최북단의 와인 산지로 잘레 강과 운슈트루트 강의 명칭에서 따온 이름입니다. 라이프치히Leipzig와 할레Halle 남서부에서 잘레 강과 운슈트루트 강이 만나는 접점에 형성된 이 지방은 천년 이상의 와인 역사를 자랑하고 있습니다.

대륙성 기후로 겨울과 봄에는 서리의 위험이 높고 기온차도 심하기 때문에 수확량이 낮은 편입니다. 전반적으로 기온이 낮아 기후적으로 보호받고 있는 강 연안의 계곡, 따뜻한 미세 기후를 형성하고 있는 포도밭에서만 와인 생산이 가능하며, 주로 조생종 품종을 재배하고 있습니다. 토양은 잘레 강과 운슈트루트 강 유역에서 자주 볼 수 있는 사암이 주를 이루고 있으며, 이 토양은 수분을 유지하는 보수성이 뛰어납니다.

잘레-운슈트루트 지방은 독일 통일 전인 1990년대에 재배 면적이 340헥타르까지 줄었다가 현재 760헥타르까지 늘어났습니다. 대략 30종 정도의 포도 품종이 재배되고 있지만 대표적인 품종은 뮐러-투르가우입니다. 이 품종은 잘레-운슈트루트 지방의 차가운 기후로 인해 자연적으로 수확량은 적지만 신맛이 살아있는 섬세한 와인이 만들어지고 있습니다. 최근 재배 비율이 늘어나고 있는 바이쓰부르군더와 실바너도 이 지방의 주요 포도 품종으로 떠오르고 있으며, 적포도 품종도 전체 재배 비율의 1/4를 차지하고 있습니다. 주요 적포도 품종으로는 돈펠더, 포르투기저, 슈패트부르군더, 츠바이겔트 등이 있으며, 내수 시장에서 주로 소비되고 있습니다. 잘레-운슈트루트 지방의 버라이히는 3곳이며, 그로쓰 라게 4개, 아인즐라게 39개의 포도밭이 존재합니다.

● WEIßER BURGUNDER   ◐ GRAUER BURGUNDER

● DORNFELDER   ● SPÄTBURGUNDER

RHEIN

BINGEN

○ Munster-Sarmsheim

Burg Layen ○

Laubenheim ○

Windesheim ○

○ Wallhausen

Roxheim ○

○ Bad Kreuznach

Bockenau ○

○ Schloss böckelheim

Norheim ○

○ Niederhausen

○ Oberhausen

N
W   E
S

■ Vineyard

나에 강의 중류에 위치한 바트 크로이츠나흐 마을이 와인 산업의 중심지이며, 그 남쪽에 있는
노르하임, 니더하우젠, 오버하우젠, 슐로스 뵈켈하임 마을 등에 유명한 포도밭이 있습니다.

프랑켄(Franken): 6,100헥타르

바이에른 주의 북단에 위치한 프랑켄 지방은 구 서독 권내의 포도 재배 지역 중 가장 동쪽에 있는 와인 산지입니다. W형태로 흐르는 마인 강 유역을 따라 남향의 경사지에 포도밭이 자리잡고 있으며 재배 면적은 6,100헥타르입니다. 이 지역은 전형적인 대륙성 기후로 여름은 건조하고 겨울은 춥습니다. 연간 일조량은 1,600~1,750시간, 연 평균 기온은 8.5~9도 정도이고, 연간 강우량은 500~600mm로 적은 편입니다. 포도 생육 기간 중 서리가 내리지 않은 날은 160~190일 정도로, 기후적으로 만생종인 리슬링 품종의 재배에 적합하지 않기 때문에 꽃이 일찍 피고 익는 조생종인 실바너 품종이 널리 재배되고 있습니다.

프랑켄 지방은 전형적인 화이트 와인 산지로서 생산되는 와인의 80% 이상을 화이트 와인이 차지하고 있습니다. 가장 많이 재배되고 있는 품종은 섬세한 향을 가진 뮐러-투르가우로, 젊은 생산자들이 지금의 소비자 기호에 맞게 만들어 조금씩 인기를 얻고 있는 중입니다. 뮐러-투르가우의 재배 비율이 30%로 가장 높지만 프랑켄 지방의 와인 특징을 가장 잘 보여주는 품종은 두 번째로 많이 재배되는 실바너입니다. 실바너는 가장 오래된 품종 중 하나로 독일에서는 프랑켄 지방에서 최초로 재배된 것으로 알려져 있습니다. 이곳에서 생산된 실바너 와인은 토양의 개성을 잘 보여주며 풍부한 미네랄 향과 함께 드라이 타입의 강건한 맛이 특징입니다. 독일을 대표하는 리슬링과 슈페트부르군더의 재배 비율은 매우 낮지만 품질은 그래도 괜찮은 편입니다.

프랑켄 지방은 트레이드마크인 복스보이텔Bocksbeutel 병으로 유명합니다. 숫양의 고환을 본 따서 만든 둥근 모양의 얇고 평평한 이 병은 14세기경에 처음 제작되어 프랑켄과 바덴 지방의 일부 지역에서만 사용이 허가되고 있습니다. 현지에서는 복스보이텔과 함께 '돌의 와인'을 의미하는 슈타인바인Steinwein이라 불리기도 하며, 현재 약 40%의 와인이 이 병에 담겨 판매되고 있습니다.

프랑켄 지방의 버라이히는 3곳이며, 그로쓰 라게 23개, 아인즐라게 216개의 포도밭이 존재합니다. 그 중 뷔르츠부르크Würzburg 마을의 슈타인Stein과 라이스테Leiste 두 개의 포도밭이 유명하며, 슈타인바인 이름은 슈타인 포도밭 명칭에서 유래된 것입니다.

헤쉬쉐 베르크슈트라세(Hessische Bergstraße): 450헥타르

헤쉬세 베르크슈트라세 지방은 독일에서 가장 작은 와인 산지입니다. 지리적으로 라인 강과 마인 강 네카Neckar 강에 둘러 쌓여 있으며, 1971년 와인법이 개정되면서 헤센Hessen 지방에 속한 부분이 독립되어 지금의 원산지를 이루게 되었습니다. 이 지역은 로마 시대에 중요한 무역 교역로로서, 당시 비아 스트라타 몬타나Via Strata Montana, Bergstraße, 산길로 불렸으며, 1766년 요셉 2세1741-1790 황제가 프랑크푸르트에서 베르크슈트라세를 여행했을 당시 이곳을 '독일은 여기서부터 이탈리아가 된다'라고 언급했을 정도로 천혜의 기후를 지닌 지역입니다.

헤쉬쉐 베르크슈트라세 지방은 오덴발트Odenwald 산이 차가운 북풍과 동풍을 막아주고 3개의 강이 열 축전지와 같은 기후 조절 역할을 하기 때문에 온난한 기후를 띠고 있습니다. 연간 일조량은 1,600시간 정도, 연 평균 기온은 10도 정도이고, 연간 강우량은 720mm로 생육 기간이 긴 편이라 포도 재배에 적합합니다.

토양은 주로 모래와 황토로 구성되어 있으며, 헤펜하임Heppenheim 마을 근교의 경사지에서는 라인 강에서 유래한 사암 토양도 볼 수 있습니다. 특히 황토에서 생산되는 와인은 미네랄과 아로마가 풍부하고 힘있는 것이 특징입니다.

이 지방에서 생산되는 와인의 80%는 화이트 와인으로 주요 리슬링 품종이 절반 정도의 비율을 차지하고 있으며, 뮐러-투르가우와 그라우어 부르군더가 그 뒤를 잇고 있습니다. 독일 전체 와인 생산량의 0.5%를 차지하는 헤쉬쉐 베르크슈트라세 와인은 드라이 타입으로 생산되는 대다수의 와인이 지역 내에서 직접 판매, 또는 소비되고 있습니다.

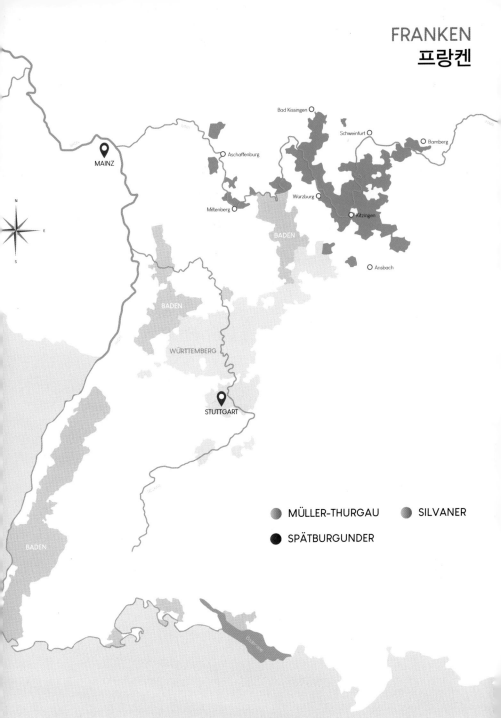

FRANKEN
프랑켄

MÜLLER-THURGAU   **SILVANER**

SPÄTBURGUNDER

프랑켄 지방은 뷔르츠부르크 마을의 슈타인과 라이스테 두 개의 포도밭이 유명하며, 슈타인바인
이름은 슈타인 포도밭 명칭에서 유래된 것입니다.

프랑켄 지방은 트레이드마크인 복스보이텔 병으로 유명합니다. 숫양의 고환을 본 따서 만든 둥근 모양의 얇고 평평한 이 병은 14세기경에 처음 제작되어 프랑켄과 바덴 지방의 일부 지역에서 사용이 허가되고 있습니다. 현지에서는 복스보이텔과 함께 '돌 와인'을 의미하는 슈타인바인이라 불리기도 하며, 현재 약 40%의 와인이 이 병에 담겨 판매되고 있습니다.

미텔라인(Mittelrhein): 460헥타르

라인 강 중부에 위치한 미텔라인 지방은 잔트 고아르스하우젠Sankt Goarshausen 마을 인근 기슭에 솟아 있는 커다란 바위인 로렐라이Lorelei, 요정의 바위를 의미로 유명합니다. 빙엔Bingen에서 본 남부까지 라인 강을 따라 120km에 포도밭이 펼쳐져 있으며, 헤쉬세 베르크슈트라세 지방과 함께 독일에서 가장 작은 와인 산지 중 하나입니다. 대부분의 포도밭은 험한 바위의 폭이 좁은 라인 계곡의 가파른 경사지에 위치하고 있어 재배에 큰 어려움을 겪고 있는데, 수작업이 필요한 문제로 지난 30년 동안 이곳의 재배 면적은 40% 이상 줄어들었습니다.

남쪽에서 따뜻한 공기가 라인 계곡을 통해 미텔라인 지방으로 유입되고 인근의 라인 강이 열 축전지로써의 역할을 하기 때문에 서리 피해가 거의 없습니다. 봄이 빨리 찾아오고 여름 기온도 안정적이며, 강우량도 포도 생육 조건에 충분합니다. 또한 가파른 포도밭도 기후에 플러스로 작용해 차가운 공기를 빠르게 계곡의 하부 쪽으로 내려 보냅니다. 연 평균 기온은 9.3도로, 늦은 가을까지 포도 생육이 가능하기 때문에 만생종인 리슬링 재배에 이상적인 조건을 가지고 있습니다. 주요 포도 품종 역시 리슬링으로 67%정도 재배하고 있습니다.

토양은 모젤, 아르 지방과 더불어 리슬링에 적합한 점판암 토양이 주를 이루고 있습니다. 이곳에서 생산된 리슬링 와인은 고유의 미네랄 향과 섬세한 신맛이 특징입니다. 반면 북쪽의 코블렌츠Koblenz 마을은 화산성 토양으로 파워풀한 스타일의 와인을 생산하고 있습니다.

미텔라인 지방은 라인 강변의 가파른 포도밭과 중세의 고성, 낭만적인 마을이 어우러진 곳으로, 거의 전 지역이 2002년에 유네스코 세계문화유산으로 지정될 정도로 아름다운 풍경을 자랑합니다. 한때 관광객을 겨냥한 저가 와인 생산으로 부정적인 이미지를 갖게 되었지만, 1990년대 초반 보파드Boppard 마을의 열정적인 생산자들과 바하라흐Bacharach 마을의 전통적인 생산자들의 노력을 통해 미텔라인 지방의 와인은 점차적으로 인정을 받아가고 있습니다.

미텔라인 지방의 버라이히는 2곳이며, 그로쓰 라게 10개, 아인즐라게 111개의 포도밭이 존재합니다.

바덴(Baden): 15,800헥타르

바덴 지방은 독일 최남단의 와인 산지로, 라인 강의 동쪽에 위치해 있습니다. 이곳은 라인 강을 따라 서쪽에는 프랑스의 알자스 지방이 자리잡고 있으며, 강의 최남단 지역은 스위스와 국경을 접하고 있습니다. 북쪽의 하이델베르크Heidelberg에서 남쪽의 보덴제Bodensse 호수까지 약 300km에 걸쳐 포도밭이 넓게 펼쳐져 있으며, 독일에서 세 번째로 큰 산지입니다.

독일에서 가장 온난한 기후를 보이는 바덴 지방은 유럽연합의 기후에 따른 와인 산지 구분에서도 독일에서 유일하게 B존에 분류될 정도의 따뜻한 지역입니다. 연간 일조량은 1,700시간이 넘고, 연 평균 기온이 11도 정도로 태양의 혜택을 많이 받습니다. 특히 카이져슈툴Kaiserstuhl 지구는 독일의 와인 생산 지역 중 평균 기온이 가장 높은 지역이기도 합니다.

바덴 지방은 재배 면적이 넓고 남북으로 길게 형성되어 있어 토양도 다양하게 구성되어 있습니다. 북쪽의 크라이히가우Kraichgau 지구는 석회암 토양이 주를 이루고 있으며, 카이져슈툴 지구는 화산암 토양이 특징입니다.

포도 품종 역시 토양 못지않게 다양합니다. 가장 많이 재배되고 있는 품종은 슈패트부르군더로 37%정도 차지하고 있으며, 그라우어 부르군더와 바이쓰부르군더, 리슬링의 재배도 지속적으로 늘어나고 있는 추세입니다. 남쪽의 카이져슈툴과 투니베르크Tuniberg 지구는 온난한 기후를 바탕으로 힘있는 스타일의 바이쓰부르군더, 그라우어 부르군더 화이트 와인과 슈패트부르군더 레드 와인을 생산하고 있습니다. 그리고 바로 아래쪽에 위치한 막그래플러란트Markgräflerland 지구에서는 프랑스에서 샤쓸라Chasselas로 잘 알려진 구테델Gutedel 청포도 품종이 재배 면적의 1/3을 차지하고 있습니다. 이곳에서 만들어진 화이트 와인은 신선한 과일 향이 특징이지만 신맛이 적어 비교적 빨리 마셔야 합니다. 반면 북쪽의 크라이히가우, 오르테나우 Ortenau 지구에서는 신맛이 적고 부드러운 스타일의 리슬링 화이트 와인이 생산되고 있습니다.

바덴 지방에서 생산되는 화이트 와인은 온난한 기후로 인해 비교적 알코올 도수가 높고 풍미가 진한 것이 특징입니다. 또한 진한 색상의 오크 숙성을 거친 슈패트부르군더의 인상적인 레드 와인도 볼 수 있지만, 전체 생산량의 70%정도가 협동조합에서 생산되기 때문에 아직까지 유명한 생산자는 그다지 많지 않습니다.

바덴 지방의 버라이히는 9곳이며, 그로쓰 라게 16개, 아인즐라게 306개의 포도밭이 존재합니다. 우수한 생산자로는 바인구트 닥터 헤거Weingut Dr. Heger, 바인구트 베른하르트 후버 Weingut Bernhard Huber, 바인구트 안드레아스 라이블에Weingut Andreas Laible 등이 있습니다.

FRANKEN

MAINZ

N
W   E
S

Badische Bergstrasse

Tauberfranken

Kraichgau

WÜRTTEMBERG

STUTTGART

Ortenau

Breisgau

Kaiserstuhl

Tuniberg

Markgräflerland

Bodensee

● SPÄTBURGUNDER

● WEIßER BURGUNDER   ● GRAUER BURGUNDER

● GUTEDEL

바덴 지방 남쪽의 카이저슈툴, 투니베르크 지구는 온난한 기후를 바탕으로 힘있는 스타일의
바이쓰부르군더 및 그라우어 부르군더 화이트 와인과 슈패트부르군더 레드 와인을 생산하고
있습니다. 반면 북쪽의 크라이히가우, 오르테나우 지구에서는 신맛이 적고 부드러운 리슬링
와인이 생산되고 있습니다.

뷔르템베르크(Württemberg): 11,500헥타르

뷔르템베르크 지방은 독일에서 네 번째로 큰 산지로, 라인헤센과 함께 독일 최남단에 위치해 있습니다. 슈투트가르트Stuttgart와 하일브론Heilbronn 지역을 중심으로 네카Neckar 강 주변에 포도밭이 펼쳐져 있습니다.

지리적으로 슈발츠발트Schwarzwald 산맥이 강풍과 많은 비로부터 보호하고 있으며, 네카 강을 따라 나타나는 미세 기후와 토양에 의해 온난한 기후를 형성하고 있어 적포도 품종 재배에 적합한 환경을 지니고 있습니다. 토양은 네카 강 상류쪽은 적색 이회토로 구성되어 있고, 그 지류 유역에는 석회암과 바위가 많은 경사 지역입니다. 이 외에 모래, 점토, 이회토 등의 퇴적 토양도 볼 수 있습니다.

뷔르템베르크 지방은 아르 지방과 더불어 적포도 품종의 재배 비율이 70% 이상을 차지하고 있습니다. 렘베르거, 슈바르츠리슬링, 슈패트부르군더 등을 주로 재배하고 있으며, 최근 들어 츠바일겔트와 프랑스계 품종인 메를로도 이 지방에서 자리를 잡아가고 있습니다.

청포도 품종으로는 트롤링어가 여전히 20% 이상을 차지하고 있지만, 리슬링이 18%로 비교적 높은 비율을 보이고 있는 가운데 샤르도네, 쏘비뇽 블랑 등과 같은 품종도 늘어나고 있는 추세입니다. 그 중 렘베르거는 트롤링어Trollinger와 함께 이 곳을 대표하는 특산품입니다. 뷔르템베르크 지방의 버라이히는 9곳이며, 그로쓰 라게 17개, 아인즐라게 210개의 포도밭이 존재합니다.

작센(Sachsen): 490헥타르

잘레-운슈트루트 지방과 함께 북위 51도에 위치하고 있는 작센 지방은 독일 재배 지역 중에서 가장 북동쪽에 자리잡고 있는 와인 산지입니다. 2011년에 와인 생산 850주년을 맞은 작센 지방은 드레스덴Dresden 지역을 중심으로 엘베Elbe 강변 연안에 포도밭이 위치하고 있습니다.

재배 면적은 490헥타르 정도의 규모로, 독일에서 가장 작은 산지 중의 하나입니다.

작센 지방은 대륙성 기후로, 겨울에는 서리의 위험이 매우 높고 포도 생육 기간 동안 비가 자주 내리곤 합니다. 연간 일조량은 1,600시간 정도이고 연 평균 기온은 9도로 추운 기후를 띠고 있습니다. 이러한 기후 조건으로 인해 추위에 보호되는 돌담과 계단식 포도밭에서만 포도 재배가 가능하고, 엘베 강 북동쪽 연안의 경사지 테라스에 포도밭이 집중되어 있습니다. 토양은 화강암, 반암, 풍화토, 황토, 사암까지 다양하게 구성되어 있으며 이 지방 와인에 독특한 개성을 제공하고 있습니다.

청포도 품종의 재배 비율은 80%정도로, 뮐러-투르가우, 리슬링, 바이쓰부르군더 등을 주로 재배하고 있습니다. 이 지방만의 독특한 품종으로는 골트리슬링Goldriesling이 있습니다. 골트리슬링은 프랑스 알자스 지방의 꼴마르Colmar 마을에서 크리스티앙 오베르랭Christian Oberlin이 리슬링과 꾸르틸리에Courtillier를 교배해 만든 청포도 품종으로, 독일에서는 작센 지방에서만 유일하게 재배를 허가하고 있습니다. 이 품종은 뮈스까Muscat와 같은 화려한 방향성과 함께 높은 신맛이 특징이며, 아주 빨리 익는 편입니다. 작센 지방에서 생산되는 와인은 독일 전체 생산량의 1%도 미치지 않기 때문에, 지역 내에서 주로 소비가 이루어져 시장에서 찾기 힘든 와인 중의 하나입니다. 작센 지방의 버라이히는 2곳이며, 그로쓰 라게 4개, 아인즐라게 17개의 포도밭이 존재합니다.

독일의 레드 와인 생산은 바람직한 것인가?

소비자들의 취향이 세미-스위트 와인에서 멀어지자 독일의 생산자들은 드라이 화이트 와인 생산에 힘을 쏟는 동시에 드라이 레드 와인으로의 전환도 진행하고 있습니다. 그러나 전반적으로 추운 기후를 띠고 있는 독일에서는 적포도 품종의 발색이 안 좋고, 강한 신맛이 타닌을 더욱 거칠게 만들기 때문에 기후적인 측면만 가지고 본다면 레드 와인 생산에 적합하다고는 말할 수 없습니다. 따라서 완숙한 포도를 얻기 위해서는 포도밭의 입지 조건이 좋은 남향의 경사지를 선택할 수 밖에 없는데, 그 곳에는 적포도 품종이 아닌 리슬링을 재배해야 한다는 논의도 일어나고 있습니다. 이러한 상황 속에서 현재, 독일은 바덴 지방을 제외한 일부 온난한 재배 지역에서 슈패트브루군더 품종으로 뛰어난 레드 와인을 생산하고 있으며, 향후 긍정적인 결과를 가져올 것이라 기대하고 있습니다.

3일차

오명을 벗고 새롭게
탄생한 와인, 오스트리아

AUSTRIA

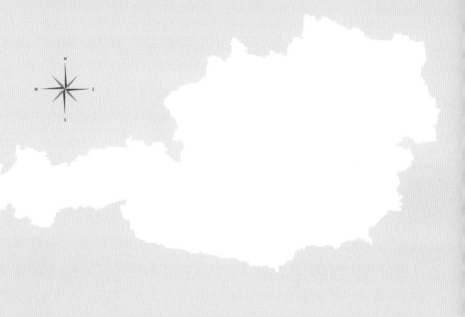

오스트리아는 서쪽과 남쪽에 알프스 산맥이 위치하고 있어 와인 산지는 국토의 동쪽에 집중되어 있으며, 위도는 북위 47~48도로, 부르고뉴 지방과 거의 비슷한 위도에 위치하고 있습니다. 또한 포도 재배에서 양조까지 직접 하는 소규모 생산자가 많은 점도 부르고뉴 지방과 유사합니다.

포도밭의 대략 70%는 청포도이 차지하고 있고, 화이트 와인은 드라이 타입에서 스위트 타입까지 폭넓게, 어떤 타입이든 높은 품질의 와인이 많이 생산되고 있습니다. 레드 와인은 현재 계속 발전 중에 있으며 츠바이겔트, 블라우프랭키쉬 토착 품종으로 만든 레드 와인은 주목할 만한 것이 늘고 있습니다.

01

오스트리아 와인의 개요

◆ 북위 46~48도에 와인 산지가 분포

◆ 재배면적 : 44,000헥타르

◆ 생산량 : 2,300,000헥토리터

[International Organisation of Vine and Wine 2015년 자료 인용]

독일의 남쪽에 위치한 중부 유럽의 작은 나라인 오스트리아는 21세기에 들어서 국제 시장에서 일약 주목 받는 존재가 되었습니다. 특히 오스트리아에서 생산되는 화이트 와인은 런던, 뉴욕, 샌프란시스코와 같은 세계적인 와인 소비 도시에서 호평을 받고 있으며, 그 선두에 서있는 품종이 그뤼너 펠트리너Grüner Veltliner로, 샤르도네를 대체할 수 있는 품종으로 각광을 받고 있습니다. 또한 오스트리아는 리슬링의 산지로서도 독일, 프랑스의 알자스 지방과 어깨를 나란히 하는 우수한 산지로 평가 받고 있습니다. 영국을 대표하는 와인 평론가인 잰시스 로빈슨Jancis Robinson은 오스트리아 와인을 '와인의 세계에서 최대의 비밀'이라 평하고 그 높은 품질에 아낌없는 찬사를 보내기도 했습니다.

오스트리아는 서쪽과 남쪽에 알프스 산맥이 위치하고 있어 와인 산지는 국토의 동쪽에 집중되어 있으며 북위 47~48도로 부르고뉴 지방과 거의 같은 위도에 위치하고 있습니다. 또한 포도 재배에서 양조까지 직접 하는 소규모 생산자가 많은 점도 부르고뉴 지방과 유사합니다.

포도밭의 약 70%는 청포도 품종이 차지하고 있고, 화이트 와인은 드라이 타입에서 스위트 타입까지 폭넓게, 어떤 타입이든 높은 품질의 와인이 많이 생산되고 있습니다. 레드 와인은 지금도 계속 발전 중에 있으며 츠바이겔트Zweigelt, 블라우프랭키쉬Blaufränkisch와 같은 개성 있는 토착 품종으로 만든 레드 와인은 주목할 만한 것이 늘고 있습니다.

Jancis Robinson

" 오스트리아는 와인의 세계에서 최대의 비밀이다. "

AUSTRIAN WINE

오스트리아 와인의 역사

오스트리아에 포도가 전파된 시기는 대략 기원전 1만년부터 5천년 전이라 전해지고 있으며, 와인 양조가 발전한 것은 로마제국의 지배를 받았던 시대부터입니다. 다른 유럽 와인 산지와 같이 중세 시대에는 수도원이 와인 생산의 중심이 되어 기술이 발전되었고, 그 후에도 강한 국력을 바탕으로 19세기 중반까지 와인 산업은 성장을 지속했습니다.

1867년의 오스트리아·헝가리 제국의 해체 이후, 혁명, 전쟁 등의 정치적 혼란에 의해 국력이 쇠퇴해지면서 오스트리아 와인도 유럽의 그림자에 가려진 존재가 되었습니다. 그리고 1985년 전 세계적으로 경악을 금치 못했던 디에틸렌 글리콜 스캔들Diethylene Glycol Scandal이 터지면서 오스트리아 와인의 평판은 바닥까지 떨어지게 되었습니다.

1985년에 일어난 디에틸렌 글리콜 스캔들은 오스트리아의 몰지각한 몇몇 생산자들이 스위트 와인의 점성을 높이기 위해 자동차에 사용하는 부동액의 주성분인 디에틸렌 글리콜을 와인에 섞었던 사건입니다. 이 사건이 독일 생산자에 의해 발각되면서 하룻밤 사이에 오스트리아에서 생산되던 모든 와인은 전 세계 국가에서 보이콧하는 상태가 되었고, 수출량은 1년 만에 1/5분 이하로 줄어들게 되었습니다. 하지만, 이러한 역경 속에서도 오스트리아의 생산자들은 스스로 엄격한 기준을 만들어 대처했으며, 고품질 와인 생산을 지향하며 국제 시장에서 점차적으로 신뢰를 회복하게 되었습니다. 1985년에 일어난 디에틸렌 글리콜 스캔들은 엄격한 와인법을 제정하는 계기를 만들었습니다. 현재 오스트리아의 와인법은 세계적으로도 가장 엄격하다고 평가 받고 있으며, 그로 인해 지금 고품질 와인 생산으로 이어지고 있습니다.

오스트리아 생산자들의 이러한 노력이 빛을 발하게 된 것은 2002년에 개최된 '런던 테이스팅' 덕분입니다. 2002년 마스터 오브 와인의 젠시스 로빈슨과 팀 앳킨Tim Atkin이 주관한 '런던 테이스팅'에서 오스트리아의 샤르도네, 그뤼너 펠트리너의 화이트 와인은 다른 국가의 쟁쟁한 화이트 와인을 제치고 10위권에 4개 타이틀을 석권하였습니다. 그 결과 오스트리아 와인은 과거에 있었던 불미스러운 스캔들을 지우고 국제 와인 시장에서 명성을 쌓아가며, 현재 좋은 평가를 받고 있습니다.

DIETHYLENE GLYCOL
SCANDAL

부동액 스캔들

1985년에 일어난 디에틸렌 글리콜 스캔들은 오스트리아의 일부 몰지각한 생산자들이 스위트 와인의 점성을 높이기 위해 자동차에 사용하는 부동액의 주성분인 디에틸렌 글리콜을 와인에 섞었던 사건입니다. 이 사건이 독일 생산자에 의해 발각되면서 하룻밤 사이에 오스트리아에서 생산되던 모든 와인은 전 세계 국가에서 보이콧하는 상태가 되었고, 수출량은 1년 만에 1/5분 이하로 줄어들게 되었습니다. 하지만, 이러한 역경 속에서도 오스트리아의 생산자들은 스스로 엄격한 기준을 만들어 대처했으며, 고품질 와인 생산을 지향하며 국제 시장에서 점차 신뢰를 회복하게 되었습니다.

AUSTRIAN WINE

오스트리아는 대륙성 기후이지만 전반적으로 온난한 편입니다. 또한 강우량이 적어 포도가 잘 익을 수 있는 조건을 갖추고 있기 때문에 인근 국가인 독일에 비해서는 알코올 도수가 높고 볼륨감 있는 와인이 만들어지고 있습니다. 지리적으로 서부와 남부에 알프스 산맥이 덮고 있어 와인 산지는 주로 동부에 집중되어 있으며, 지형에 따라 서로 다른 미세 기후를 형성하고 있습니다. 이러한 기후와 지형은 오스트리아 와인의 독특함에 기여하는 중요한 요소이기도 합니다.

기후는 크게 도나우Danube 강, 바인피에텔Weinviertel, 판노니아 분지Pannonia, 슈타이어마르크Steiermark의 4개 지역으로 구분하며, 이 중 3개의 기후가 수도 비엔나를 교차하고 있습니다. 동쪽 대륙의 판노니아 분지의 영향을 받은 따뜻한 판노니아성 기후, 서쪽의 온화한 대서양 기후, 북쪽에서 유입되는 서늘한 바람과 남쪽의 지중해성 기후를 바탕으로 생산되는 화이트 와인은 드라이 타입에서 스위트 타입까지 다양하지만, 드라이 타입이 주를 이루고 있습니다.

오스트리아는 프랑스 부르고뉴 지방과 같은 위도에 위치하고 있으나 일교차는 훨씬 큰 편입니다. 무더운 낮과 시원한 밤이 지속되는 여름 기후로 인해 산뜻한 향과 묵직한 무게감을 지닌 와인을 만들 수 있고, 가을에는 포도의 성숙 기간이 길어 충분한 습기가 공급될 경우 귀부 와인의 생산도 가능합니다. 강우량은 지역에 따라 다르며 가장 건조한 지역은 관개가 필요합니다.

토양은 각 지역마다 다양하게 구성되어 있습니다. 도나우 강은 돌이 많고 니더외스터라이히 주는 대규모 황토층으로 이루어져 있으며, 부르겐란트, 쥐드슈타이어마크 주는 석회질 토양, 그리고 캄프탈과 쥐드-오스트 슈타이어마크에서는 화산성 현무암 토양을 볼 수 있습니다. 이러한 각양각색의 토양은 오스트리아 와인의 다양성을 만들어주고 있습니다.

GERMANY

REIMS ○

47°

WIEN ○

48°

BEAUNE ○

FRANCE

ITALY

1. 북쪽에서 불어오는 차가운 공기의 대륙성 기후
2. 도나우강 중류 분지 지역에 영향을 받은 따뜻한 판노니아성 기후
3. 온화한 지중해성 기후

기후는 크게 도나우 강, 바인피에탈, 판노니아 분지, 슈타이어마르크 4개 지역으로 구분하며 이 중 3개의 기후가 수도 비엔나를 교차하고 있습니다. 동쪽 대륙의 판노니아 분지의 영향을 받은 따뜻한 판노니아성 기후, 서쪽의 온화한 대서양 기후, 북쪽에서 유입되는 서늘한 바람과 남쪽의 지중해성 기후를 바탕으로 생산되는 화이트 와인은 드라이 타입에서 스위트 타입까지 다양하지만, 드라이 타입이 주를 이루고 있습니다.

오스트리아는 프랑스 부르고뉴 지방과 같은 위도에 위치하고 있으나 일교차는 훨씬 큰 편입니다. 무더운 낮과 시원한 밤이 지속되는 여름 기후로 인해 산뜻한 향과 묵직한 무게감을 지닌 와인을 만들 수 있고, 가을에는 포도의 성숙 기간이 길어 충분한 습기가 공급될 경우 귀부 와인의 생산도 가능합니다. 강우량은 지역에 따라 다르며 가장 건조한 지역은 관개가 필요합니다.

토양은 각 지역마다 다양하게 구성되어 있습니다. 도나우 강은 돌이 많고 니더외스터라이히 주는 대규모 황토층으로 이루어져 있으며, 부르겐란트, 쥐드슈타이어마크 주는 석회질 토양, 캄프탈과 쥐드-오스트 슈타이어마크에서는 화산성 현무암 토양을 볼 수 있습니다. 이러한 다양한 토양은 오스트리아 와인의 다양성을 만들어주고 있습니다.

04

오스트리아의 와인법

유럽연합 가입국인 오스트리아는 4단계의 피라미드 형태로 와인을 분류하고 있으며, 명칭과 규제 내용 모두 인접국인 독일과 상당히 비슷한 시스템을 도입하고 있습니다. 1985년 디에틸렌 글리콜 스캔들을 겪은 후, 1986년 와인법을 개정해 다음과 같이 등급 체계로 분류하고 있습니다.

- 프래디카츠바인Prädikatswein
- 크발리테츠바인Qualitätswein
- 란트바인Landwein
- 타펠바인Tafelwein

*KMWKlosterneuburg Must Weight Scale는 오스트리아에서 과즙의 당도를 측정할 때 사용하는 단위로, 클로스터노이부르크Klosterneuburg에 위치한 양조학 학교 설립자인 아우구스트 빌헬름 폰 바보 남작Baron August Wilhelm von Babo에 의해 개발되었습니다. 포도 과즙의 중량 비중을 나타내며, 1° KMW는 포도 과즙 1kg당 10g의 당분에 해당됩니다.

오스트리아 와인법의 가장 상위 등급은 프래디카츠바인Prädikatswein입니다. 프래디카츠바인과 크발리테츠바인 등급은 독일과 같이 수확 시기에 포도 과즙의 당도에 따라 등급의 상하가 결정되게 됩니다. 두 등급 모두 인가 받은 산지의 허가된 35종류의 포도 품종 중에서 만들어야 합니다. 오스트리아의 프래디카츠바인 등급 역시, 독일처럼 품질에 관한 카테고리를 사용하며, 다음과 같습니다.

- 트로켄베렌아우스레제(Trockenbeerenauslese)
100% 귀부화가 진행된 작은 건포도 모양의 포도 알갱이만을 선별해 만든 최상급 스위트 와인입니다.

포도 과즙의 최소 중량 30° KMW

- 아우스브루흐(Ausbruch)

귀부화가 진행된 포도 또는 자연 상태에서 얻은 건포도로 만든 전통적인 스위트 와인입니다. 다만, 부르겐라트의 루스트Rust 마을의 트로켄베렌아우스레제 와인은 루스터 아우스브루흐Ruster Ausbruch 명칭을 사용하고 있습니다.

포도 과즙의 최소 중량 30° KMW

- 스트로바인(Strohwein or Schilfwein)

잘 익은 포도를 압착하기 전, 최소 3개월 동안 짚이나 갈대 매트에 건조시켜 만든 스위트 와인입니다.

포도 과즙의 최소 중량 25° KMW

- 아이스바인(Eiswein)

아이스바인은 동결 와인을 의미하며, 한파로 동결된 포도 송이를 수확해, 그 농축된 과즙을 사용해 만든 달콤한 스위트 와인입니다.

포도 과즙의 최소 중량 25° KMW

- 베렌아우스레제(Beerenauslese)

베렌아우스레제는 '낱알 고르기'를 의미하며, 성숙도가 높은 포도와 귀부 병에 걸린 포도 알갱이를 선별해 만든 스위트 와인입니다.

포도 과즙의 최소 중량 25° KMW

- 아우스레제(Auslese)

아우스레제는 '송이 고르기'를 의미하며, 잘 익지 않거나 상한 포도를 제거하고 성숙도가 높은 포도 송이만을 선별 수확해 만든 스위트 와인입니다.

포도 과즙의 최소 중량 21° KMW

- 슈패트레제(Spätlese)
슈패트레제는 '늦 수확'을 의미하며, 일반적인 수확 시기보다 최소 일주일 정도 늦게 수확해 숙성도가 높아진 포도로 만든 와인입니다. 포도 과즙의 최소 중량 19° KMW

프래디카츠바인 등급 중 오스트리아에만 있는 독자적인 카테고리로는 스트로바인과 아우스브루흐가 있습니다. 트로켄베렌아우스레제 아래 등급인 아우스브루흐는 일반적으로 귀부 포도를 사용해 만들지만 자연 상태에서 나무 가지에 걸린 채 말라버린 건포도를 사용해 만든 전통적인 스위트 와인이기도 합니다. 아우스브루흐는 오스트리아와 헝가리에만 존재하는 범주로 베렌아우스레제와 트로켄베렌아우스레제 사이에 해당되는 카테고리입니다.
스트로바인은 수확한 포도를 최소 3개월 동안 그늘에 말려 당도를 높여 만드는 스위트 와인으로, 베렌아우스레제 및 아이스바인과 당도 규정이 동일합니다.

프래디카츠바인의 아래 등급은 크발리테츠바인Qualitätswein 등급입니다. 프래디카츠바인 등급과 동일한 산지에서 생산되어야 하지만, 세부 규정에 차이가 있습니다. 포도 과즙의 최소 중량 15° KMW이상이어야 하며, 최대 수확량은 9,000 kg 또는 6,750리터입니다. 최소 알코올 도수는 9%로 가당은 허가하고 있습니다. 하지만 오스트리아에서는 카비네트가 프래디카츠바인이 아닌 크발리테츠바인 등급의 카테고리로 분류되어 있습니다. 카비네트는 포도 과즙의 최소 중량 17° KMW이상으로, 크발리테츠 바인 등급과 달리 가당을 금하고 있습니다.

- 카비네트(Kabinett)
크발리테츠바인 등급에 표기할 수 카테고리로, 카비네트 명칭을 사용할 경우 가당을 금하고 있습니다.
포도 과즙의 최소 중량 17° KMW, 최대 알코올 도수 13%

세 번째 등급인 란트바인Landwein은 포도 과즙의 최소 중량 14° KMW, 최저 알코올 도수 8.5%이고, 단일 포도 재배 지역에서 수확한 포도만 사용해야 합니다. 가장 하위 등급은 타펠바인Tafelwein으로 포도 과즙의 최소 중량 10.7° KMW, 최저 알코올 도수 8.5%이고, 현재 오스트리아에서 거의 사용되지 않으며 바인Wein이라 표기하고 있습니다.

2003년 오스트리아에서는 기존의 포도 과즙의 당도에 의한 와인법뿐만 아니라 프랑스의 AOC, 이탈리아의 DOCG와 유사한 DAC 시스템을 적용하기 시작했습니다. DACDistrictus Austriae Controllatus는 '보호된 원산지 명칭의 선언' 이란 의미로, 농림부에서 16곳의 지역을 인정하고 있습니다.

니더외스터라이히Niederösterreich: DAC 6곳

1. 바카우Wachau DAC

2. 크렘스탈Kremstal DAC

3. 캄프탈Kamptal DAC

4. 바인피어텔Weinviertel DAC

5. 트라이젠탈Traisental DAC

6. 카르눈툼Carnuntum DAC

부르겐란트Burgenland: DAC 6곳

7. 노이지들러제Neusiedlersee DAC

8. 라이타베르크Leithaberg DAC

9. 미텔부르겐란트Mittelburgenland DAC

10. 아이젠베르크Eisenberg DAC

11. 로잘리아Rosalia DAC

12. 루스터 아우스부르흐Ruster Ausbruch DAC

빈Wien: DAC 1곳

13. 비너 제미슈터 자츠Wiener Gemischter Satz DAC

슈타이어마르크Steiermark: DAC 3곳

14. 불칸란트 슈타이어마르크Vulkanland Steiermark DAC

15. 쥐드슈타이어마르크Südsteiermark DAC

16. 베스트슈타이어마르크Weststeiermark DAC

오스트리아 와인 등급

프래디카츠바인
(Prädikatswein)

크발리테츠바인
(Qualitätswein)

란트바인
(Landwein)

타펠바인
(Tafelwein)

오스트리아 와인의 등급 체계 _____

유럽연합 가입국인 오스트리아는 4단계의 피라미드 형태로 와인을 분류하고 있으며, 명칭과 규제 내용 모두 인접국인 독일과 비슷한 시스템을 도입하고 있습니다. 또한 프래디카츠바인, 크발리테츠바인 등급의 경우 독일처럼 수확 시기에 포도 과즙의 당도에 따라 등급의 상하가 결정되게 됩니다. 두 등급 모두 인가받은 산지의 허가된 35종류 포도 품종 중에서 만들어야 합니다.

오스트리아의 프래디카츠바인 등급은 독일처럼 품질에 관한 카테고리를 사용하고 있습니다.

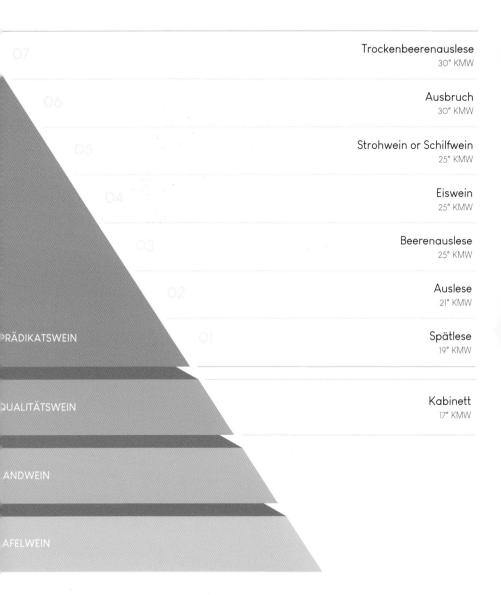

CLASSIFICATION
프래디카츠바인의 등급

07	**Trockenbeerenauslese** 30° KMW
06	**Ausbruch** 30° KMW
05	**Strohwein or Schilfwein** 25° KMW
04	**Eiswein** 25° KMW
03	**Beerenauslese** 25° KMW
02	**Auslese** 21° KMW
01	**Spätlese** 19° KMW
	Kabinett 17° KMW

PRÄDIKATSWEIN

QUALITÄTSWEIN

ANDWEIN

AFELWEIN

프래디카츠바인 등급 중 오스트리아에만 있는 독자적인 카테고리로는 스트로바인, 아우스브루흐가 있습니다. 아우스브루흐는 보통 귀부 포도를 사용해 만들지만 자연 상태에서 나무 가지에 매달린 채 말라버린 건포도를 사용해 만든 전통적인 스위트 와인이며, 스트로바인은 수확한 포도를 최소 3개월 동안 그늘에 말려 당도를 높여 만드는 스위트 와인입니다.

오스트리아의 포도 품종

- 주요 청포도 품종

44,000헥타르의 재배 면적을 가진 오스트리아는 기후적인 영향으로 2/3이상 청포도 품종을 재배하고 있습니다. 그 중에서도 오스트리아를 상징하는 포도 품종은 그뤼너 펠트리너Grüner Veltliner로 재배 면적은 14,423헥타르이고 전체 생산량의 31%를 차지하고 있습니다. 트라미너Traminer와 생 게오르겐St. Georgen의 자연 교배에 의해 탄생한 그뤼너 펠트리너는 고급 품종으로 평가 받고 있으며 1999년에서 2020년 사이 자국 내에서 재배가 감소했지만, 여전히 국제 시장에서 오스트리아 와인의 차별성을 주도하고 있습니다.

그뤼너 펠트리너는 오스트리아의 니더외스터라이히Niederösterreich와 부르겐란트Burgenland 주 북부에서 주로 재배되고 있는데, 영할 때 백후추를 연상시키는 독특한 향과 샐러드 등의 향이 특징이며, 비교적 적은 신맛과 무게감 있는 드라이 와인으로 생산되고 있습니다. 주로 오크통 숙성을 거치지 않은 스타일이 일반적이지만, 작은 오크통에서 숙성시켜 바닐라 향을 갖는 탁월한 품질의 와인도 존재합니다. 그뤼너 펠트리너는 오스트리아에서 재배되고 있는 청포도 품종인 로터 펠트리너Roter Veltliner와 프뤼로터 펠트리너Frühroter Veltliner와는 관련이 없습니다.

청포도 품종 중 재배 면적의 2위를 차지하고 있는 것이 벨쉬리슬링Welschriesling 품종입니다. 이름 때문에 리슬링과 연관성이 있어 보이지만 전혀 상관이 없으며, 이탈리아 북부를 원산지로 추정하고 있습니다. 벨쉬리슬링을 드라이 타입으로 만들면 우수한 품질의 와인이 되고, 부르겐란트 주에서는 훌륭한 스위트 와인의 원료로 사용되기도 합니다.

리슬링은 재배 면적이 불과 4%정도 밖에 되지 않지만 국제적으로 높은 품질 평가를 받고 있습니다. 니더외스터라이히 주의 바카우Wachau, 크렘스탈Kremstal, 캄프탈Kamptal과 같은 산지에서 아주 뛰어난 드라이 와인이 다수 생산되고 있습니다.

- 주요 적포도 품종

적포도 품종 중에 재배 면적이 가장 넓은 것은 츠바이겔트Zweigelt로 12% 이상을 차지하고 있습니다. 이 품종은 1922년에 츠바이겔트 박사가 블라우프랭키쉬Blaufränkisch와 잔트 라우렌트Sankt Laurent를 교배해 만든 교배종으로, 비교적 무게감이 가벼운 와인에서 중후한 스타일까지 폭넓게 만들어지고 있습니다.

적포도 품종 중, 츠바이겔트의 면적 다음을 차지하는 것이 블라우프랭키쉬Blaufränkisch로, 독일의 렘베르거Lemberger, 헝가리의 케크프랑코쉬Kékfrankos와 동일한 품종입니다. 블라우프랭키쉬는 신맛과 타닌이 모두 강한 것이 특징입니다.

오스트리아 최고의 청포도 품종

그뤼너 펠트리너는 오스트리아의 니더외스터라이히와 부르겐란트 주 북부에서 주로 재배되고 있습니다. 영할 때 백후추를 연상시키는 독특한 향과 샐러드 등의 향이 특징이며, 비교적 적은 산맛과 무게감 있는 드라이 와인으로 생산되고 있습니다. 그뤼너 펠트리너 와인은 주로 오크통 숙성을 거치지 않은 스타일이 일반적이지만, 작은 오크통에서 숙성시켜 바닐라, 버터 향을 갖는 탁월한 품질의 와인도 존재합니다.

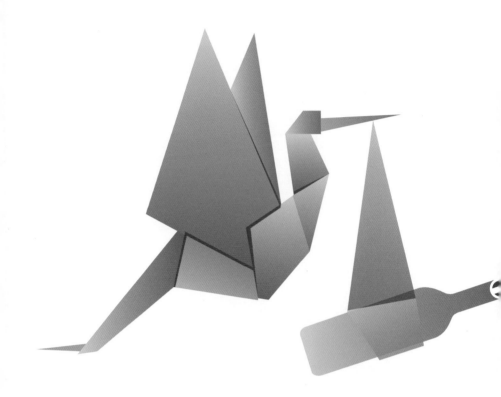

AUSTRIAN WINE

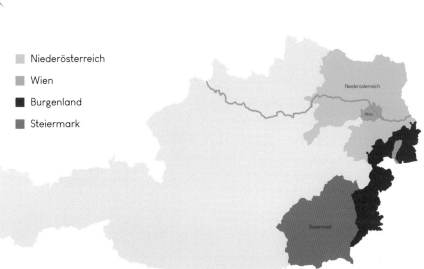

Niederösterreich

Wien

Burgenland

Steiermark

Niederösterreich: DAC 6
1. Wachau
2. Kremstal
3. Kamptal
4. Weinviertel
5. Traisental
6. Carnuntum

Wien: DAC 1
13. Wiener Gemischter Satz

Burgenland: DAC 6
7. Neusiedlersee
8. Leithaberg
9. Mittelburgenland
10. Eisenberg
11. Rosalia
12. Ruster Ausbruch

Steiermark: DAC 3
14. Vulkanland Steiermark
15. Südsteiermark
16. Weststeiermark

오스트리아의 와인 산지는 니더외스터라이히, 부르겐란트, 빈, 슈타이어마르크 4개 주로 크게 구분하고 있으며, 2020년 기준으로 16곳의 DAC 지역을 인정하고 있습니다.

Weinviertel DAC

Kamptal DAC

Kremstal DAC

Wachau DAC

Wagram

Traisental DAC

Carnuntum DAC

Thermenregion

GRÜNER VELTLINER   RIESLING

ZWEIGELT   BLAUER PORTUGIESER

BLAUFRÄNKISCH

오스트리아의 북동부에 위치한 니더외스터라이히 주는 최대의 산지로, 전체 와인 생산량의 60%를 차지하고 있습니다. 생산 지구는 8곳으로 나뉘어져 있고 바카우, 크렘스탈, 캄프탈, 바인피어텔, 트라이젠탈, 카르눈툼 6곳이 DAC로 인정받고 있습니다. 그 중 2020년 DAC로 인정받은 바카우는 오스트리아 최고의 드라이 타입 와인 산지로 평가 받고 있습니다.

06

오스트리아의 와인 산지는 니더외스터라이히, 부르겐란트, 빈, 슈타이어마르크 4개 주로 크게 구분하고 있으며, 2020년 기준으로 16곳의 DAC 지역을 인정하고 있습니다.

니더외스터라이히(Niederösterreich): 27,160헥타르

오스트리아의 북동부에 위치한 니더외스터라이히 주는 최대의 산지로, 전체 와인 생산량의 60%를 차지하고 있습니다. 포도밭의 대부분은 도나우 강변과 북동쪽의 슬로바키아 국경 근처를 향해 자리잡고 있으며, 이곳에서 생산되는 드라이 타입의 그뤼너 펠트리너와 리슬링의 화이트 와인이 아주 높은 평가를 받고 있습니다.

니더외스터라이히 주는 기후의 차이에 의해 북쪽의 바인피어텔Weinviertel과 빈 서쪽의 도나우 강 연안 및 그 근처의 계곡, 그리고 남동쪽의 판노니아 분지 3개 구역으로 나뉩니다. 생산 지구는 8곳으로 나뉘어져 있고 바카우, 크렘스탈, 캄프탈, 바인피어텔, 트라이젠탈, 카르눈툼 6곳이 DAC로 인정받고 있습니다. 그 중 2020년 DAC로 인정받은 바카우는 오스트리아 최고의 드라이 타입 와인 산지로 평가 받고 있으며, 역사가 긴 명문 포도원이 많이 모여 있습니다. 다만, 바카우 지구는 오스트리아에서 시행되고 있는 와인법과는 별도의 독자적인 등급을 적용하고 있습니다.

- 바카우(Wachau DAC)

멜크Melk와 크렘스Krems 사이, 도나우 계곡에 옆으로 누워있는 바카우 지구는 유네스코가 세계 문화유산으로 지정한 아름다운 지역입니다. 재배 면적은 1,291헥타르로 그 중 그뤼너 펠트리너와 리슬링 품종이 대부분을 차지하고 있으며, 2020년 DAC로 인정받았습니다.

포도밭의 대부분은 가파른 바위 경사지에 위치해 있으며, 계단식 형태입니다. 서쪽의 대서양과 동쪽의 판노니아 분지, 그리고 태양열을 흡수하는 돌 절벽의 영향을 받아 여름은 덥고 건조하며 겨울 추위가 혹독합니다. 또한 도나우 강에 의한 보온 효과와 북쪽의 발트피에텔Waldviertel 지역에서 불어오는 서늘한 밤 바람은 수확 직전에 낮과 밤의 기온 차이를 만들어줘 최상의 그뤼너 펠트리너, 리슬링 와인을 생산할 수 있는 조건을 만들어 줍니다. 특히, 그뤼너 펠트리너는 황토와 모래 토양의 낮은 강변에서도 잘 자라며, 이곳에서 생산되는 최고급 그뤼너 펠트리너 와인은 부르고뉴 지방의 화이트 와인과 견줄 정도로 품질이 뛰어나고 장기 숙성도 가능합니다. 반면 편마암 토양의 가파른 비탈 상층부에서는 만생종인 리슬링을 주로 재배하고 있습니다. 이곳에서 생산된 최고급 리슬링 와인은 독일 모젤 지방의 날카로운 신맛과 알자스 지방의 견고한 구조감 등의 장점을 지니고 있는 것이 특징입니다.

바카우 지구의 최고 생산자로는 2002 런던 테이스팅에서 1위를 차지한 에머리히 크놀Emmerich Knoll과 오스트리아의 로마네-꽁띠로 불리는 FX 피흘러FX Pichler, 프라거Prager 등이 있습니다.

바카우의 독자적인 등급

바카우 지구의 생산자들은 높은 품질의 드라이 화이트 와인을 보호·육성하기 위해 1983년 민간 생산자협회인 비네아 바카우Vinea Wachau를 설립했습니다. 이 협회에 가입된 회원들은 바카우 규범Codex Wachau을 이행해야 하며 타 지역의 포도를 매입해 생산하는 것을 금하고 있습니다. 또한 오스트리아 와인법과 별개의 독자적인 품질 기준을 제정해 자연적인 알코올 도수를 기반으로 3단계의 등급 체계를 시행하고 있으며, 매년 와인 시음을 통해 지역에서 통용되는 풍미를 체계화하고 있습니다.

최상위 등급은 스마라트Smaragd로, 이 지역에서 볼 수 있는 에메랄드 색의 도마뱀 이름에서 유래되었습니다. 최소 알코올 도수 12.5% 이상, 과실 풍미가 풍부하고 신맛의 밸런스가 조화로운 와인만이 이 등급의 명칭을 사용할 수 있습니다. 오스트리아 와인법의 슈패트레제, 또는 그 이상에 해당합니다.

가운데 등급은 페더슈필Federspiel로, 매 사냥의 고대 언어에서 유래되었습니다. 알코올 도수 11.5~12.5%, 하위 등급인 슈타인패더에 비해 더 잘 익은 포도로 만들어야 합니다. 오스트리아 와 인법의 카비네트에 해당합니다.

하위 등급은 슈타인페더Steinfeder로, 현지에서 생식하고 있는 들풀의 이름에서 유래되었습 니다. 최대 알코올 도수 11.5%의 영할 때 소비되는 가장 가벼운 화이트 와인입니다. 오스트리아 와인법의 크발리테츠바인 등급과 동등합니다.

TIP!

DAC 제도의 3단계 시스템

오스트리아는 2003년에 프랑스의 AOC와 같은 DAC Districtus Austriae Controllatus 시스템을 도입해, 현 재 16곳의 산지가 DAC로 인정되고 있습니다. 기존의 DAC 시스템은 단순한 구조였으나, 2018년 슈타이 어마르크 주의 3개 생산 지구가 DAC로 인정되면서 세분화되기 시작했습니다. 젊은 생산자가 많은 슈타 이어마르크 주는 세대간의 의견 조절을 통해 부르고뉴 지방과 유사한 피라미드 형태의 3단계 시스템을 도 입하기로 결정했으며, 리덴바인Riedenwein, 오르츠바인Ortswein, 게비츠바인Gebietswein 체계로 생산 구역 을 세분화하였습니다. 이후 이러한 움직임은 다른 지역까지 영향을 미쳤으며, DAC 산지에 따라 규정의 차 이가 있지만, 개념은 동일합니다.

최상위 등급인 리덴바인은 포도밭 명칭 와인입니다. 리트Ried는 단일 포도밭Single Vineyard에서 만든 와인 을 의미하며 라벨에는 마을과 함께 포도밭 명칭을 표기할 수 있습니다. 두 번째 등급인 오르츠바인은 마을 명칭 와인으로, 특정 마을에서 수확한 포도로 만든 와인을 의미하며 라벨에는 마을 명칭을 표기합니다. 하 위 등급인 게비츠와인은 지방 명칭 와인으로 특정 DAC 생산 지구에서 수확한 포도로 만든 와인을 의미하 며 라벨에는 DAC 명칭만 표기합니다. 3단계 등급 모두 포도 품종, 연방 검사 번호를 제출하는 날짜와 최소 알코올 도수, 그리고 당도 타입에 대해 규제하고 있습니다.

그러나 모든 DAC 산지가 이러한 명칭을 사용하는 것은 아닙니다. 예외적으로 바인피어텔, 라이타베르크 등의 DAC산지에서는 독자적인 명칭을 사용해 등급 분류를 하고 있습니다. 이러한 변화는 각각의 DAC 산 지의 떼루아에 따라 생산되는 와인의 개성을 어필할 수는 있지만, 여러 명칭들이 통합되지 않은 채 사용되 고 있어 소비자에게 혼동을 야기할 수도 있습니다.

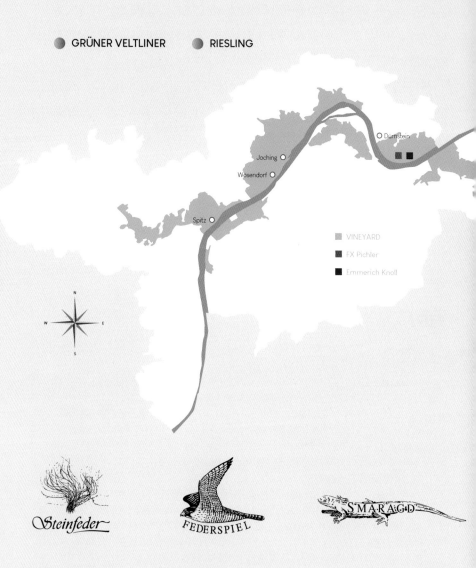

● GRÜNER VELTLINER   ● RIESLING

Dürnstein

Joching

Wosendorf

Spitz

■ VINEYARD
■ FX Pichler
■ Emmerich Knoll

Steinfeder   FEDERSPIEL   SMARAGD

바카우 지구 포도밭의 대부분은 가파른 바위 경사지에 위치해 있으며, 계단식 형태입니다. 서쪽의 대서양과 동쪽의 판노니아 분지, 그리고 태양열을 흡수하는 돌 절벽의 영향을 받아 여름은 덥고 건조하며 겨울 추위가 혹독합니다. 또한 도나우 강에 의한 보온 효과와 북쪽의 발트피에텔 지역에서 불어오는 서늘한 밤 바람은 수확철에 낮과 밤의 기온 차이를 만들어줘 최상의 그뤼너 펠트리너, 리슬링 와인을 생산할 수 있는 조건을 만들어 줍니다.

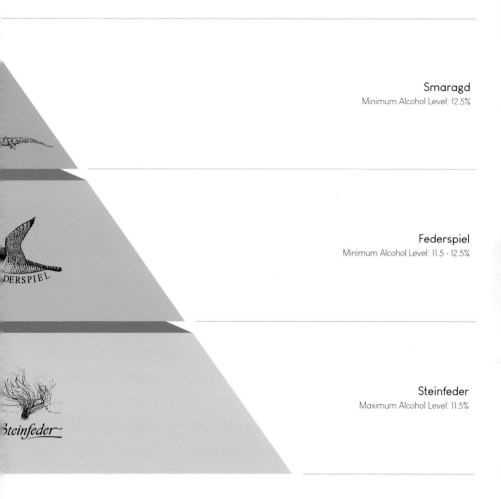

Smaragd
Minimum Alcohol Level: 12.5%

Federspiel
Minimum Alcohol Level: 11.5 - 12.5%

Steinfeder
Maximum Alcohol Level: 11.5%

바카우 지구의 생산자들은 높은 품질의 드라이 화이트 와인을 보호 및 육성하기 위해 1983년 민간 생산자 협회인 비네아 바카우를 설립했습니다. 이 협회에 가입된 회원들은 바카우 규범을 이행해야 하며 타 지역의 포도를 매입해 생산하는 것을 금지하고 있습니다. 또한 오스트리아 와인법과 별개의 독자적인 품질 기준을 제정해 알코올 도수를 기반으로 3단계의 등급 체계를 시행하고 있으며, 매년 와인 시음을 통해 지역에서 통용되는 풍미를 체계화하고 있습니다.

- 크렘스탈(Kremstal DAC)

재배 면적 2,256헥타르의 크렘스탈 지구는 2007년 DAC로 인정받은 산지입니다. 주요 포도 품종은 그뤼너 펠트리너와 리슬링으로, 기후는 바카우 지구에 비해 따뜻한 편입니다. 포도밭은 크게, 크렘스Krems 강의 크렘스탈 계곡과 동쪽에 위치한 황토 지대, 그리고 도나우Donau 강의 남쪽에 위치한 작은 마을의 3개 구역으로 분류하고 있습니다.

크렘스탈 계곡의 점토와 석회암 토양에서는 풍부한 방향성의 농후한 리슬링과 그뤼너 펠트리너 와인이 생산되고 있으며, 동쪽에 위치한 황토 지대의 게더스도르프Gedersdorf와 로렌도르프 Rohrendorf 등의 마을에서는 향신료 향을 지닌 그뤼너 펠트리너 와인과 함께 무게감을 지닌 레드 와인도 생산되고 있습니다. 도나우 강의 남쪽에 위치한 슈타인Stein 등의 마을에서는 화강암과 편마암 토양을 기반으로 섬세하고 우아한 캐릭터의 리슬링을 생산하고 있습니다. 3개 구역 모두 DAC에 속하며, 우수한 품질의 그뤼너 펠트리너, 리슬링 와인을 만들고 있습니다.

- 캄프탈(Kamptal DAC)

캄프탈의 지명은 도시 한 가운데를 흐리고 있는 150km 길이의 캄프Kamp 강에서 유래되었습니다. 2008년 DAC로 인정받았으며, 재배 면적은 3,582헥타르에 달합니다. 고품질 와인을 만드는 수많은 포도원을 거느린 캄프탈 지구는 바카우와 함께 오스트리아에서 가장 성공한 산지 중 하나로 평가 받고 있으며, 관광 산업에 있어서도 중요한 역할을 하고 있습니다.

포도밭의 대부분이 남향의 가파른 경사지에 위치하고 있어 북쪽에서 유입되는 차가운 바람을 막아주고 있습니다. 기후는 크렘스탈과 바카우와 유사하며 토양은 주로 황토와 원생 암석으로 구성되어 있지만, 최빙Zöbing 마을에 위치한 하일리겐슈타인Heiligenstein 포도밭에서는 화산에 근원을 둔 토양도 발견되고 있습니다. 캄프탈의 주요 포도 품종은 그뤼너 펠트리너와 리슬링으로 이곳에서 생산되는 와인은 미네랄 향과 풍미를 지닌 파워풀한 스타일로 장기 숙성도 가능합니다.

- 트라이젠탈(Traisental DAC)

1995년 새롭게 등장한 트라이젠탈 지구는 오스트리아 와인 산지 중 역사가 가장 짧습니다. 2006년 DAC로 인정받았으며, 재배 면적은 851헥타르로 규모도 작은 편입니다. 주요 포도 품종은 그뤼너 펠트리너와 리슬링이지만, 그뤼너 펠트리너의 재배 비율이 60%를 차지할 정도로 다른 산지에 비해 높은 것이 특징입니다.

동쪽의 판노니아 분지에 영향을 받은 따뜻한 기후와 알프스 산에서 내려온 차가운 공기가 공존해 낮은 따뜻하고 밤은 서늘합니다. 이러한 기후 조건은 트라이젠탈 와인의 섬세한 방향성과 향신료 풍미, 그리고 우아함을 만들어 주고 있습니다. 개성적인 트라이젠탈 와인은 오스트리아 국경을 넘어서 새로운 수출 시장에서 중요한 역할을 하고 있으며, 이 생산 지구의 대다수 마을에는 전통적인 특색을 지닌 선술집인 호이리겐Heurigen이 즐비해있습니다.

- 바인피어텔(Weinviertel DAC)

2003년 오스트리아의 첫 DAC로 인정된 바인피어텔 지구는 14,100헥타르의 재배 면적을 지닌 오스트리아 최대의 산지입니다. 다양한 품종들이 재배되고 있지만 가장 성공적인 품종은 그뤼너 펠트리너로, 이곳에서 생산되는 와인은 후추 풍미를 잘 나타내고 있습니다.

바인피어텔 지구는 지질학적 측면과 기후 조건에 의해서 3개의 구역으로 나뉘고 있습니다. 바인피어텔 서쪽에 위치한 마을에서는 건조한 미세 기후로 인해 레드 와인 생산에 적합하며, 츠바이겔트, 블라우어 포르투기저Blauer Portugieser 등의 적포도 품종을 주로 재배하고 있습니다. 서쪽의 섬 모양의 뢰쉬츠Röschitz 마을은 화강암 토양을 기반으로 그뤼너 펠트리너와 리슬링을 주로 재배하며, 이곳에서는 향이 풍부하고 섬세한 와인이 만들어지고 있습니다.

북동쪽에 위치한 마을은 그뤼너 펠트리너를 중심으로 벨쉬리슬링, 삐노 계열 등의 청포도 품종을 재배하고 있으며, 슈타츠Staatz와 팔켄슈타인Falkenstein 마을의 석회암 절벽에서는 풍부한 과일 향과 미네랄 풍미를 지닌 와인이 생산되고 있습니다. 반면 헤른바움가르텐Herrnbaumgarten과 슈라텐베르크Schrattenberg 마을은 분지와 유사한 지형 덕분에 레드 와인 생산에 적합합니다. 남동쪽 마을은 판노니아성 기후의 영향을 받아 그뤼너 펠트리너, 리슬링, 트라미너 등의 청포도 품종을 주로 재배하고 있으며, 프래디카츠바인 등급의 방향성이 풍부한 와인을 만들고 있습니다.

바인피어텔 지구는 다양한 와인을 생산하고 있지만, 그래도 주요 포도 품종은 그뤼너 펠트리너입니다. 이 품종은 바인피어텔 재배 면적의 약 7,000헥타르를 차지하며, 이곳에서 생산되는 그뤼너 펠트리너 와인은 전반적으로 과일, 후추 향이 풍부하고 산뜻한 신맛과 가벼운 무게감, 그리고 오크 풍미가 없는 것이 특징입니다. 반면 그뤼너 펠트리너 품종을 사용하지 않은 와인은 니더외스터라이히로 표기하고 있습니다.

2009년부터 바인피어텔의 그뤼너 펠트리너 와인은 품질 수준에 따라 바인피어텔Weinviertel DAC, 바인피어텔 레저브Weinviertel DAC Reserve, 바인피어텔 그로쓰 레저브Weinviertel DAC Grosse Reserve 3개의 카테고리를 사용하고 있습니다. 바인피어텔만 표기할 경우, 최소 알코올 도수 12%, 잔여 당분은 리터당 최대 6g의 기준을 충족시켜야 하며, 완성된 와인에는 과일, 후추, 향신료 향과 귀부 병의 영향 또는 오크 풍미가 없어야 합니다. 바인피어텔 레저브, 바인피어텔 그로쓰 레저브로 표기할 경우, 최소 알코올 도수 13%, 드라이 타입으로만 만들어야 하며, 완성된 와인에는 향신료 향과 강건함, 약간의 귀부병의 영향 또는 오크 풍미를 허용하고 있습니다. 레저브와 그로쓰 레저브의 규제는 동일하며, 연방 검사 번호를 제출하는 날짜에 따라 분류하고 있습니다.

- 카르눈툼(Carnuntum DAC)
오스트리아에서 가장 바람이 많이 부는 곳으로 유명한 카르눈툼 지구는 836헥타르의 재배 면적을 지니고 있습니다. 이 생산 지구는 과거 화이트 와인을 주로 생산했지만, 지금은 떼루아에 맞춰 레드 와인 생산에 더 집중하고 있습니다.
카르눈툼 지구는 따뜻한 판노니아성 기후로 연간 일조량 1,800시간 정도입니다. 토양은 석회암, 양토Loam, 황토, 모래, 자갈로 구성되어 있어 적포도 품종을 재배하는데 적합한 산지입니다. 황토 토양에서는 주로 지역적 특성이 잘 반영된 츠바이겔트 품종을 재배해 우수한 품질의 레드 와인을 만들고 있으며, 석회질과 모래 토양에서는 블라우프랭키쉬 품종을 재배하고 있습니다. 이곳에서 생산되는 레드 와인은 과일 향이 풍부하며 생기감이 넘치는 것이 특징으로, 특히 츠바이겔트 100%로 만든 루빈 카르눈툼Rubin Carnuntum 와인이 유명합니다.

니더외스터라이히 주에는 아직 DAC로 인정받지 못한 바그람Wagram과 테르멘레기온Thermenregion 2개의 지역이 있습니다. 재배 면적 2,439헥타르의 바그람은 황토가 풍부한 산지로, 도나우 강에 의해 양분되어있습니다. 주요 포도 품종은 그뤼너 펠트리너, 리슬링, 그리고 토착 품종인 로터 펠트리너Roter Veltliner이며, 도나우강 북쪽의 바그람 지역은 황토질 토양에서 세련된 스타일의 그뤼너 펠트리너 와인이 생산되고 있습니다.

재배 면적 1,901헥타르의 테르멘레기온은 빈 주변에 인접한 와인 산지로, 1985년 북쪽과 남쪽의 2개 지역이 합병되었습니다. 이 지역의 북쪽에서는 치어판들러Zierfandler or Spätrot, 로트기플러Rotgipfler와 같은 토착 품종으로 진한 과일 향을 지닌 풀-바디 화이트 와인을 주로 만들고 있으며, 남쪽에서는 블랙 체리 향의 잔트 라우렌트와 함께 우아한 스타일의 삐노 누아 와인도 만들고 있습니다.

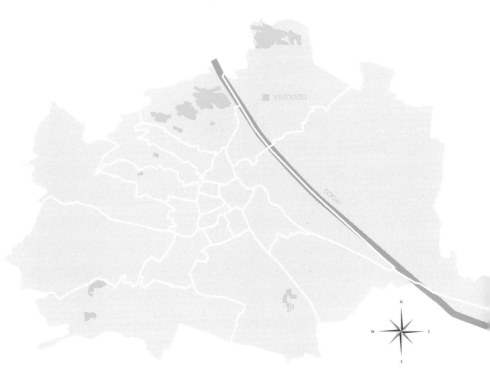

- GRÜNER VELTLINER
- RIESLING
- WEIßER BURGUNDER
- CHARDONNAY

Wiener Gemischter Satz DAC

오스트리아의 수도인 빈 주는 도시 경계선 안에 포도밭이 펼쳐져 있으며 경제적으로도 중요한 역할을 담당하고 있습니다. 이곳에서는 그뤼너 펠트리너, 리슬링, 바이쓰 부르군더와 샤르도네 품종을 주로 재배하고 있으며, 부동산 투기로부터 포도원의 부지를 보호하기 위해서 포도밭의 소유주는 반드시 경작을 해야만 합니다.

빈 주를 찾는 관광객들은 물론 시민들에게 호이리거는 자랑거리입니다. 도심에서 조금 떨어진 지역에서 호이리거라고 불리는 전통적인 선술집이 성행하고 있는데, 이곳에서는 매년 가을이 되면 그 해에 만들어진 햇 와인을 제공하는 것이 명물이 되어 있습니다.

빈(Wien or Vienna): 580헥타르

오스트리아의 수도인 빈 주는 도시 경계선 안에 포도밭이 펼쳐져 있으며 경제적으로도 중요한 역할을 담당하고 있습니다. 이곳의 포도밭에는 그뤼너 펠트리너, 리슬링, 바이쓰 부르군더Weißer Burgunder와 샤르도네 품종이 주로 재배되고 있으며, 부동산 투기로부터 포도원의 부지를 보호하기 위해 포도밭 소유주는 반드시 경작을 해야만 합니다.

빈 주를 찾는 관광객들은 물론 시민들에게 호이리거Heuriger는 자랑거리입니다. 도심에서 조금 떨어진 지역에서 호이리거라고 불리는 전통적인 선술집이 성행하고 있는데, 이곳에서는 매년 가을이 되면 그 해에 만들어진 햇 와인을 제공하는 것이 명물이 되어 있습니다.

오스트리아에서는 보졸레 누보와 같은 햇 와인을 호이리게Heurige라 부르고 있으며, 오스트리아의 호이리겐 문화는 2019년에 유네스코 세계문화유산으로 지정되기도 하였습니다. 빈 주에서는 호이리게 외에 비너 제미슈터 자츠Wiener Gemischter Satz라는 여러 청포도 품종을 혼합해 발효시킨 화이트 와인이 유명하며, 비너 제미슈터 자츠 1개만 DAC로 인정받고 있습니다.

- 비너 제미슈터 자츠(Wiener Gemischter Satz DAC)

제미슈터 자츠는 독일의 와인 용어로 필드 블렌드Filed Blend or Mixed Planting, 즉 다양한 포도 품종을 함께 심고, 수확해 양조한다는 의미를 지니고 있습니다. 조생종 또는 만생종 관계없이 여러 포도 품종들을 같은 시기에 수확해 동시해 양조하는 방식은 과거 재배상의 위험 요소를 분산시키기 위한 목적이었으나, 최근에는 포도 품종의 개성에 얽매이지 않고 떼루아를 표현하는 방법으로 주목 받고 있습니다. 이러한 전통적인 방식으로 생산되는 빈 주의 대표적인 화이트 와인인 비너 제미슈터 자츠는 그뤼너 펠트리너, 벨쉬리슬링, 바이쓰 부르군더, 리슬링, 트라미너 등의 다양한 청포도 품종을 사용해 만들고 있으며 2013년 DAC로 인정받았습니다. 비너 제미슈터 자츠 DAC 인정을 받기 위해서는 최소 3가지 포도 품종을 사용해야 하며, 핵심 품종의 비율은 최대 50%를 초과해서는 안됩니다.

TIP!

오스트리안 젝트(Austrian Sekt)

또는 오스트리안 크발리테츠샤움바인(Austrian Qualitätsschaumwein)에 관해

2016년 오스트리아 젝트 위원회Austrian Sekt Committee는 자국에서 생산되는 스파클링 와인의 원산지를 보호하기 위해 새로운 규칙이 적용된 오스트리안 젝트 쥐.유Austrian Sekt g.U.를 제정해 발표했습니다. 새 등급 기준에 의해 오스트리안 젝트는 최소 3.5기압을 가지고 있어야 하며, 포도의 원산지와 제조 방식, 그리고 효모의 최소 숙성 기간의 표기를 의무화하고 있습니다. 또한 클라식Klassik, 레저브Reserve, 그로쓰 레저브Grosse Reserve의 3단계 등급 체계로 분류하고 있습니다.

최상위 등급인 그로쓰 레저브는 단일 지구의 포도를 반드시 손으로 수확해야 하며, 최소 30개월 이상 효모 숙성을 의무화하고 있습니다. 반드시 병내 2차 탄산가스 발효를 진행하는 전통 방식을 사용해야 하고, 도자주의 잔여 당분은 리터당 최소 12g까지 허용하고 있습니다.

두 번째 등급인 레저브는 단일 주의 포도를 반드시 손으로 수확해야 하며, 최소 18개월 이상 효모 숙성을 의무화하고 있습니다. 반드시 병내 2차 탄산가스 발효를 진행하는 전통 방식을 사용해야 하고, 도자주의 잔여 당분은 리터당 최소 12g까지 허용하고 있습니다.

하위 등급인 클라식은 주의 포도를 사용해야 하며, 최소 9개월 이상 효모 숙성을 의무화하고 있습니다. 제조 방법은 별도의 제한이 없이 모든 방법이 허용되고 있으며, 화이트, 로제, 레드 생산과 도자주에 관한 규제가 없습니다.

오스트리아 와인 협회에서는 그로쓰 레저브의 젝트가 세계 수준의 샹빠뉴 또는 프란치아코르타Francia-corta와 품질이 동일하거나, 그 이상의 수준이 될 것이라고 예측하고 있으며, 특히 오스트리안 젝트의 주요 산지인 캄프탈 지구에서 브륀들마이어Bründlmayer, 로이머Loimer 등과 같은 포도원이 훌륭한 품질의 젝트를 생산하고 있습니다.

BURGENLAND
부르겐란트

▨ Neusiedlersee DAC

▨ Leithaberg DAC

▨ Rosalia DAC

▨ Mittelburgenland DAC

▨ Eisenberg DAC

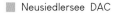

● BLAUFRÄNKISCH   ● ZWEIGELT

◐ WELSCHRIESLING   ◐ FURMINT

판노니아 분지의 따뜻한 기후를 띠고 있는 부르겐란트 주는 다양한 스타일의 스위트 와인과 블라우프랭키쉬 품종을 중심으로 풀–바디 레드 와인을 생산하고 있습니다. 생산 지구는 크게 4개 지역으로 나뉘어져 있는데 노이지들러제, 라이타베르크, 미텔부르겐란트, 아이젠베르크, 로잘리아, 루스터 아우스부르흐 6곳이 DAC로 인정받고 있습니다.

부르겐란트(Burgenland): 11,904헥타르

오스트리아의 가장 동쪽에 위치한 부르겐란트 주는 헝가리와 긴 국경선을 공유하고 있습니다. 판노니아 분지의 따뜻한 기후를 띠고 있는 부르겐란트 주는 다양한 스타일의 스위트 와인과 블라우프랭키쉬 품종을 중심으로 풀-바디 레드 와인을 생산하고 있습니다.

생산 지구는 크게 4개 지역으로 나뉘어져 있고, 노이지들러제, 레이타베르크, 미텔부르겐란트, 아이젠베르크, 로잘리아, 루스터 아우스부르흐 6곳이 DAC로 인정받고 있습니다. 특히 노이지들 호수 주변은 귀부 포도의 번식에 적합한 조건을 갖추고 있으며, 이곳에서 생산되는 귀부 와인은 놀랄만한 수준의 품질을 자랑하고 있습니다.

- 노이지들러제(Neusiedlersee DAC)

노이지들러제 지구는 수심이 얕고 드넓은 노이지들Neusiedl 호수의 동쪽에 위치한 와인 산지입니다. 재배 면적은 6,239헥타르로 그 중 츠바이겔트가 1,501헥타르를 차지하고 있으며 우수한 품질의 레드 와인을 생산하고 있습니다. 또한 벨쉬리슬링 품종을 사용해 베렌아우스레제와 트로켄베렌아우스레제 등급의 스위트 와인을 생산하기에도 최적의 떼루아를 갖추고 있습니다.

노이지들러제 지구는 판노니아성 기후 중심부에 위치하고 있어 덥고 건조한 여름에 비가 적당하게 내리며 겨울에는 눈이 거의 내리지 않습니다. 또한, 노이지들 호수가 여름의 태양열을 저장해 야간에 서서히 방출해줘 포도의 생장 촉진과 산도 유지에 도움을 주고 있으며, 가을에는 안개로 습기를 제공해 귀부 포도를 만들어줍니다. 이러한 조건은 슈패트레제부터 트로켄베렌아우스레제 등급까지 다채로운 스위트 와인과 견고한 구조감의 장기 숙성용 레드 와인의 생산을 가능하게 해줍니다. 특히 크라허Kracher 포도원은 노이지들러제의 스위트 와인을 세계 시장에 알리는 데 큰 역할을 했습니다.

- 라이타베르크(Leithaberg DAC)

노이지들 호수의 서쪽에 위치한 라이타베르크는 재배 면적이 2,878 헥타르로 레드 와인과 화이트 와인 생산이 모두 가능한 산지입니다. 기후는 노이지들러제와 유사하지만 호수 서쪽 근처에 있는 해발 484미터의 라이타Leitha Range 산맥의 영향을 받아 서늘한 공기가 유입되는 것이 특징입니다. 토양은 주로 석회암과 편암으로 구성되어 있는데, 석회암 토양에서는 약간의 미네랄 풍미와 우아한 스타일의 와인이, 편암 토양에서는 견고한 구조감을 지닌 화이트 와인이 생산되고 있습니다. 또한 블라우프랭키쉬 품종의 레드 와인과 스위트 와인인 루스터 아우스브루흐Ruster Ausbruch 도 수 세기 전부터 이 지역을 대표하는 와인으로 유명합니다.

루스터 아우스브루흐는 노이지들 호수 서쪽의 루스트Rust 마을에서 만들어지는 트로켄베렌아우스레제 와인입니다. 지질학적으로 유사한 라이타베르크 DAC에 속하지만, 루스트 명칭으로 판매하는 것을 선택했으며, 2020년 마침내 루스터 아우스브루흐 DAC 인정을 받았습니다. 루스터 마을의 트로켄베렌아우스레제 와인은 루스터 아우스브루흐 명칭으로 표기하며, 푸르민트Furmint 품종을 주로 사용하고 있습니다. 그리고 귀부병에 걸린 포도나 자연 상태에서 건조된 건포도로만 만들어야 하고 최소 잔여 당분은 리터당 45g 이상으로 규제하고 있습니다.

- 미텔부르겐란트(Mittelburgenland DAC)

미텔부르겐란트 지구는 2005년 DAC로 인정받았으며, 재배 면적 2,041헥타르입니다. 이 생산 지구는 호수 남서부의 완만한 구릉지에 자리잡고 있으며, 가장 중요한 역할을 담당하고 있는 품종은 블라우프랭키쉬로, 블라우프랭키쉬란트Blaufränkischland, 블라우프랭키쉬의 땅로 불릴 정도입니다. 이곳에서 생산되는 블라우프랭키쉬 레드 와인은 산딸기, 향신료 향이 특징이며, 병 숙성을 통해 복합적인 향과 풍미를 선사합니다.

- 아이젠베르크(Eisenberg DAC)

아이젠베르크 지구는 부르겐란트 주에서 가장 작은 산지입니다. 550헥타르의 포도밭은 북쪽에서 남쪽 방향으로 펼쳐져 있으며 대부분 블라우프랭키쉬 품종을 재배하고 있습니다. 이곳의 와인은 미텔부르겐란트 와인에 비해 무게감이 가볍지만 토양에 철분 성분이 풍부해 향신료, 미네랄 향과 풍미가 강하게 나타나는 것이 특징입니다.

- 로잘리아(Rosalia DAC)

로잘리아는 니더외스터라이히와 부르겐란트 주 사이의 로잘리아 산맥의 동쪽 경사지에 위치하고 있는 와인 산지입니다. 재배 면적은 241헥타르로 2018년에 DAC로 인정을 받았습니다. 판노니아성 기후와 양토Loam에서 블라우프랭키쉬와 츠바이겔트 품종을 사용해 스파이시한 레드 와인과 과실 풍미를 지닌 로제 와인을 생산하고 있습니다.

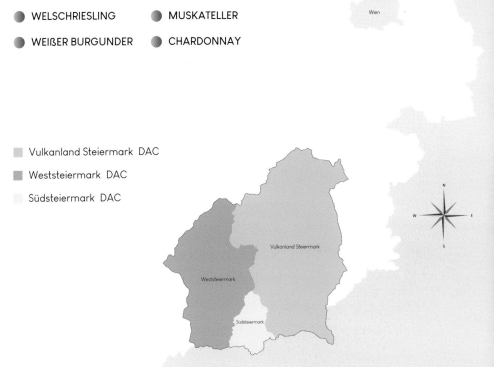

WELSCHRIESLING

MUSKATELLER

WEIßER BURGUNDER

CHARDONNAY

Wien

Vulkanland Steiermark DAC

Weststeiermark DAC

Südsteiermark DAC

Vulkanland Steiermark

Weststeiermark

Südsteiermark

슈타이어마르크 주는 전체 생산량의 90%가 화이트 와인이 차지하고 있으며, 수십 년 동안 드라이 타입의 와인만 생산하고 있습니다. 생산 지구는 3개로 나뉘어져 있는데, 모두 남쪽에 위치하고 있습니다. 불칸란트 슈타이어마르크, 쥐드슈타이어마르크, 베스트슈타이어마르크 3곳 모두 DAC로 인정받고 있습니다.

슈타이어마르크(Steiermark): 5,054헥타르

슈타이어마르크 주는 오스트리아의 남동부, 슬로베니아의 국경을 따라 위치해 있는 와인 산지입니다. 전체 생산량의 90%가 화이트 와인이 차지하고 있으며, 수십 년 동안 드라이 타입의 와인만 생산하고 있습니다. 매우 가파른 경사지에 자리잡고 있는 포도밭 전경은 유럽에서 가장 아름다운 와인 산지 중 하나로 꼽히고 있습니다. 와인 생산 지구는 3개로 나뉘어져 있는데, 모두 남쪽에 위치하고 있습니다. 불칸란트 슈타이어마르크, 쥐드슈타이어마르크, 베스트슈타이어마르크 3곳 모두 DAC로 인정받고 있습니다.

가장 널리 재배되고 있는 품종은 벨쉬리슬링으로 청사과 향의 개성적인 와인입니다. 또한 향이 풍부한 무스카텔러Muskateller 와인과 석회암이 풍부한 토양에서 만든 바이쓰 부르군더 와인은 미네랄 향과 풍미가 인상적입니다. 그리고 이 지역에서는 모릴론Morillion이라고 불리는 샤르도네 품종으로 묵직한 바디감을 지닌 와인도 만들고 있지만, 무엇보다도 슈타이어마르크 주에서 세계적인 품질을 자랑하는 것은 쏘비뇽 블랑 와인입니다.

- 불칸란트 슈타이어마르크(Vulkanland Steiermark DAC)

슈타이어마르크 주의 남동부에 위치한 불칸란트 슈타이어마르크 지구는 재배 면적 1,671 헥타르의 작은 산지로, 2018년에 DAC 인정을 받았습니다. 포도밭은 남쪽의 클뢰흐Klöch, 잔트 아나 암 아이겐Sankt Anna am Aigen, 스트라덴Straden 마을에 집중되어 있으며, 사화산 주변의 둔덕에 나머지 마을들이 듬성듬성 흩어져 있습니다. 벨쉬리슬링, 바이쓰 부르군더, 쏘비뇽 블랑, 트라미너, 리슬링 등의 청포도 품종들을 다양하게 재배하고 있는데, 특히 클뢰흐 마을의 화산성 토양에서 만든 트라미너 와인이 전통적으로 유명합니다. 클뢰흐 마을의 트라미너 와인은 풍부한 향을 가진 특산품으로 이 마을의 전통 선술집인 부쉔샹크Buschenschank에서 대부분이 판매되고 있습니다. 불칸란트 슈타이어마르크 지구는 기후적으로도 특이한 산지입니다. 동쪽의 덥고 건조한 판노니아성 기후가 이곳에서 습하고 따뜻한 지중해성 기후로 바뀌어 낮과 밤의 온도 차이가 뚜렷하게 나타납니다. 이러한 기후는 포도를 조화롭게 성숙시키고 방향성을 풍부하게 만들어주는 역할을 하고 있습니다.

- 쥐드슈타이어마르크(Südsteiermark DAC)

슈타이어마르크 주의 남쪽 매우 가파른 경사 지대에 위치한 쥐드슈타이어마르크 지구는 아름다운 풍경을 자랑하는 와인 산지입니다. 재배 면적은 2,744 헥타르이지만 아직 토지가 많이 남아있기 때문에 쏘비뇽 블랑, 벨쉬리슬링, 모릴론, 트라미너 등 다양한 품종들이 재배되고 있습니다. 특히 쏘비뇽 블랑은 이 지역 재배 면적의 1/5를 차지하는 독보적인 품종으로, 작황이 좋은 해의 우수한 단일 포도밭Riedenwein, Single Vineyard에서 생산되는 와인은 장기 숙성도 가능합니다.

쥐드슈타이어마르크 지구는 온난한 지중해성 기후를 띠고 있으나 전반적으로 습하고 야간에 서늘하기 때문에 청포도 품종 재배에 적합합니다. 또한 서서히 포도를 익힐 수 있어 포도의 방향성 입자가 풍부하고 복합적인 향을 지닌 와인 생산이 가능합니다. 토양은 모래와 편암, 이회암, 석회암 등 다양하게 구성되어 있으며, 쏘비뇽 블랑과 함께 석회암이 풍부한 토양에서 생산되는 모릴론샤르도네 와인도 훌륭한 품질을 갖추고 있습니다.

- 베스트슈타이어마르크(Weststeiermark DAC)

2018년에 DAC 인정을 받은 베스트슈타이어마르크 지구는 슈타이어마르크 주의 남서쪽에 위치하고 있는 아주 작은 산지입니다. 재배 면적은 639헥타르로, 그 중 400헥타르에서 토착 적포도 품종인 블라우어 빌트바허Blauer Wildbacher를 재배하고 있으며, 이 희귀 품종은 쉴허Schilcher의 재료로 베스트슈타이어마르크 지구에서 매우 중요한 역할을 담당하고 있습니다. 쉴허는 블라우어 빌트바허로 만든 드라이 타입의 로제 와인으로, 이 지역을 쉴허란트Schilcherland, 쉴허의 땅로 불릴 정도로 유명합니다. 하지만 쉴허는 과거 과도한 신맛 때문에 촌스러운 특산품으로 여겨졌으나, 현재는 품질 개선을 통해 국제적으로 인정을 받고 있습니다.

베스트슈타이어마르크 지구는 따뜻한 지중해성 기후이지만 습도가 높은 편입니다. 토양은 편마암과 운모 편암으로 구성되어 있으며 포도밭은 코랄페Koralpe 산맥을 따라 좁은 띠 모양으로 흩어져 있어 서쪽의 강한 바람으로부터 포도 나무를 보호하고 있습니다. 블라우어 빌트바허의 재배에 적합한 떼루아를 지닌 베스트슈타이어마르크 지구는 쉴허 뿐만 아니라 스파클링 와인도 생산하고 있으며, 일부 마을에서 쏘비뇽 블랑과 바이쓰 부르군더 품종의 화이트 와인을 만들고 있습니다.

AUSTRIAN WINE

AUSTRIAN WINE

4일차   잠에서 깬 사자, 스페인

SPAIN

SPAIN

페인은 역사적으로 셰리, 말라가 등 뛰어난 주정 강화 와인의 산지로 유명했지만, 지금은 강력한
드 와인 생산국으로 더 알려져 있습니다. 현재 개편된 행정 구역에 따라 17개 자치 주 전역에서
인이 생산되고 있는데, 생산 비율은 레드 52%, 화이트 24%, 로제 17%, 스파클링 4.5%, 그리고
정 강화 2.5% 입니다.

히 레드 와인은 전통적인 명산지인 리오하와 함께 쁘리오라트, 리베라 델 두에로 지방에서 고품질
인이 생산되고 있으며, 화이트 와인은 리아스 바이사스 지방이 세계적으로 주목을 받고 있습니다.
한, 유명 산지에서 생산을 시작한 현대적인 스타일의 고급 와인들은 로버트 파커를 비롯한 유명
론가들에게 높은 평가를 받으면서 세계적인 고가 와인들과 어깨를 나란히 하고 있습니다. 스페인
인의 르네상스는 늦게 시작되었지만, 아직 시작에 불과합니다.

01   스페인 와인의 개요

◆ 북위 36~44도에 와인 산지가 분포

◆ 재배 면적 : 1,020,000헥타르

◆ 생산량 : 37,000,000헥토리터

[International Organisation of Vine and Wine 2015년 자료 인용]

　스페인은 유럽의 남서쪽 끝의 이베리아Iberia 반도에 위치한 나라입니다. 대서양과 지중해를 접한 와인 생산 국가로서 뛰어난 잠재력을 가졌음에도 불구하고 와인 산업의 근대화가 늦어져, 근래까지 품질 면에서는 높은 평가를 받지 못했습니다. 그러나 1986년 유럽연합의 가입과 함께 와인 산업은 많은 변화를 겪게 되었고, 1990년대 이후부터, 상황이 급격하게 바뀌면서 지금은 유럽에서 가장 성장이 기대되는 나라로 주목 받고 있습니다. 또한 스페인은 세계 2위의 와인 수출국으로 지난 몇 년 동안 미국, 영국, 독일을 중심으로 수출이 증가했으며, 최근에는 북미와 아시아 시장까지 진출하기도 했습니다.

　스페인의 포도 재배 면적은 약 102만 헥타르로 오랫동안 세계 1위의 자리를 유지하고 있습니다. 그러나 와인 생산량은 프랑스, 이탈리아에 이어 3위인데, 이유는 적은 강우량으로 토양이 건조해 단위 면적당 식재 밀도와 수확량이 매우 낮기 때문입니다. 그러나 1996년에 관개를 공식적으로 허가해 줌에 따라, 그 후로 10년 동안, 전국 20% 이상의 포도밭에서 관개를 하게 되었고 그 결과, 같은 재배 면적에서 생산량이 20% 이상 증가했습니다.

　스페인은 역사적으로 셰리, 말라가 등 뛰어난 주정 강화 와인의 산지로 유명했지만, 지금은 강력한 레드 와인 생산국으로 더 알려져 있습니다. 현재 개편된 행정 구역에 따라 17개의 자치주Comunidad Autónoma 전역에서 와인이 생산되고 있는데, 생산 비율은 레드 52%, 화이트 24%, 로제 17%, 스파클링 4.5%, 주정 강화 2.5% 입니다. 특히 레드 와인은 전통적인 명산지인 리오하

와 함께 쁘리오라트, 리베라 델 두에로 지방에서 고품질 와인이 생산되고 있으며, 화이트 와인은 리아스 바이사스 지방이 세계적으로 주목을 받고 있습니다. 또한, 유명 산지에서 생산을 시작한 현대적인 스타일의 고급 와인들은 로버트 파커를 비롯한 유명 평론가들에게 높은 평가를 받으면서 세계적인 고가 와인들과 어깨를 나란히 하고 있습니다. 스페인 와인의 르네상스는 늦게 시작되었지만, 아직 시작에 불과합니다.

고대 시대부터 중세 시대까지

야생 포도가 풍부한 스페인에서는 아주 오래 전부터 포도가 자생하고 있었습니다. 고고학자들은 스페인 국토에서 발견된 포도 씨를 통해 기원전 4000~3000년경 사이에 스페인에서 처음으로 포도가 재배되었다는 것을 밝혀냈습니다. 기원전 1100년경, 고대 페니키아인에 의해 스페인 남서부에 위치한 까디스Cádiz에 항구 도시가 건설되었습니다. 이곳에 교역소가 들어서자 포도 재배와 와인 양조가 시작되었고, 이후 카르타고인Carthago이 이주하면서 와인 제조가 서서히 발전하게 되었습니다. 그러나, 진정한 와인 역사와 문화가 시작된 것은 로마인들이 페니키아의 식민 도시 카르타고와의 포에니 전쟁Punic Wars에서 승리한 이후부터였습니다.

기원전 2세기, 로마 제국의 통치하에서 북쪽의 따라고나Tarragona 지역과 남쪽의 안달루시아 지역에서 만든 와인은 로마 제국 전역에 널리 수출되었고, 스페인 와인은 황금기를 맞이했습니다. 이후에도 발전은 계속되어 스페인에서 만든 저가 와인은 이탈리아, 프랑스 북부, 영국 등지에 대량으로 수출되었습니다.

로마 제국의 세력이 약해지자, 유럽 북부의 여러 야만인 부족들이 스페인을 침략했으며, 5세기 초에는 서쪽의 고트족이 스페인을 지배하게 되었습니다. 그리고 8세기 초반에는 이슬람 세력의 무어인Moors들이 지브롤터 해협Gibraltar을 건너 스페인을 침략해 서고트 왕국을 멸망시키고 국토 대부분을 지배하에 두었습니다. 이 기간 동안, 애석하게도 스페인의 포도 재배와 와인 양조에 관한 기록은 거의 존재하지 않았습니다. 이베리아 반도를 지배한 이슬람 세력의 무어인은 코란Koran 경전에 따라 음주를 금하였고, 대부분의 포도밭들은 파괴되었습니다. 이슬람교에서 금주를 강조한 이유는 술로 인해 빚어지는 폭력 행위 때문이었습니다. 코란에서 "사탄은 와인과 도박을 통해 너희들의 마음속에 원한과 증오를 불어넣고 알라와 기도문을 잊게 만든다."라고 부정적으로 소개되기도 했습니다. 그러나 무어인을 통치하는 총독Emir 및 통치자 Caliph들은 포도 재배와 와인 양조에 대해 모호한 입장을 취했기 때문에 다행히도 소수의 포도밭은 파괴를 면했습니다. 사실 이슬람 교도들은 포도를 좋아해서 말려서 건포도로 흔하게 먹었는데, 몇몇 통치자는 포도원을 소유하고 와인을 마시기도 했습니다. 심지어 와인 판매를 불법으로 규정하는 법률이 있음에도 불구하고 무어인이 통치하는 영토에서 와인을 과세 대상 목록에 포함시키기도 했습니다. 그렇지만 결과적으로 기독교 세력이 이베리아 반도를 되찾는 1492년까지 스페인의 포도 재배와 와인 양조는 침체기를 맞이하게 됩니다.

중세 시대 동안, 스페인에서는 이슬람 세력으로부터 국토를 되찾기 위해 레꽁키스타Reconquista, 재정복, 즉 국토회복 전쟁이 지속되었습니다. 기독교 세력이 주축이 되어 시작된 전쟁은 8세기 초부터 1492년까지 약 800년간 계속되었으며, 이슬람 세력은 차츰 밀려나기 시작했습니다. 북부의 산악 지대에서 시작된 국토회복 전쟁은 남쪽 지역까지 내려오면서 많은 지역이 기독교 세력 아래 놓이게 되었고 마침내 1492년, 기독교 연합군은 힘을 합쳐 이슬람 치하의 모든 스페인 영토를 재정복하는데 성공하였습니다. 이렇게 회복된 영토는 왕족 형태의 독립적인 기독교 국가들로 각각 발전해나갔으며, 포도밭도 다시 늘어나게 되었습니다. 특히 기독교 연합군으로 참여한 프랑스의 끌뤼니회Cluny 및 시토회Cistercian 등의 수도사들은 스페인의 주요 산지를 만드는데 견인차 역할을 했습니다. 또한 수도사들에 의해 스페인 토착 품종이 아닌 새로운 포도 품종과 양조 기술이 도입되기도 했습니다.

국토회복 전쟁 이후, 스페인은 와인 수출을 재개했습니다. 최북단에 있는 빌바오Bilbao 시는 큰 무역항으로 부상했으며, 와인 대부분은 영국으로 수출되었습니다. 당시 수출되던 와인 중 일부는 품질이 뛰어났는데, 프랑스 가스꼬뉴Gascogne 지방의 와인과 동일한 가격에 판매되기도 했습니다. 그렇지만 대다수의 와인은 프랑스, 독일과 같은 서늘한 기후에서 만들어지는 빈약한 와인의 무게감과 알코올 도수를 높이기 위해 블렌딩용으로 사용되었습니다.

대항해 시대의 번영에서 19세기까지

1492년, 크리스토퍼 콜럼버스는 스페인 왕실의 후원을 받아 신대륙을 발견했습니다. 이때부터 17세기 전반까지 스페인은 해상 교통을 장악하며 황금 시대를 맞이하게 됩니다. 스페인 정복자들은 새로운 식민지에서 와인을 생산하기 위해 본국에서 포도 나무를 가져갔으며, 그 결과 신세계 와인 산지가 탄생하게 되었습니다. 이 시기에 스페인 와인은 유명세로 인해 해적에게 약탈당하는 일이 빈번했습니다. 또한 식민지에서 와인이 과잉 생산됨에 따라 스페인 와인 생산자의 수익과 수출에도 악영향을 끼쳤고, 이에 필리프 3세Philip III와 후임 군주는 멕시코, 칠레, 아르헨티나 등 남미 식민지의 포도 나무 뿌리를 뽑고 와인 생산을 중단하라는 법령을 발표했습니다. 결국 이 법령으로 인해 아르헨티나는 스페인으로부터 독립할 때까지 와인 산업의 성장과 발전이 저해되었지만, 칠레와 같은 일부 국가에서는 이 법령을 대부분 무시했습니다.

17~18세기, 안달루시아 지역에서 생산되던 셰리와 말라가 와인은 영국으로 활발히 수출되었습니다. 또한 식민지인 남미 대륙에도 다량의 와인이 유입되었습니다. 스페인의 와인 수출은 19세기 초·중반까지 이어졌는데, 특히 남부 지역의 주정 강화 와인인 셰리, 말라가는 품질 면에서 높은 평가를 받으며 해외 시장의 수출을 주도했습니다. 그러나 자국 내에서 최고의 산지로 여기는 리오하 지방의 와인은 19세기 초반에 가까운 지역과 남미에 수출되었을 뿐 영국 및 다른 유럽 국가에는 수출되지 않았습니다. 당시 스페인의 양조 기술은 로마 시대와 비교해서 거의 변화가 없었고, 다른 유럽 국가에 비해 뒤쳐져 있었기 때문에 상대적으로 와인의 품질이 낮았습니다.

스페인 와인 산업에 변화가 일기 시작한 것은 19세기 후반으로, 프랑스와 유럽에 필록세라 병충해가 발생했을 때였습니다. 스페인 역시 1878년에 말라가 지역에서 처음으로 필록세라 해충이 발견되었지만, 다행스럽게도 북상하는 속도가 늦어서 리오하 지방이 피해를 본 것은 1901년의 일입니다. 스페인이 필록세라 피해가 늦어진 이유는 국토가 방대하고 중앙에 위치한 메세타 고원이 산지를 격리시켰기 때문입니다. 또한 필록세라 피해가 본격적으로 시작되었을 때,

이미 포도 나무를 접목하는 치료법이 발견되어 널리 활용되고 있었기에 스페인은 다행히도 최소한의 피해만 입었습니다.

필록세라 피해로 프랑스의 와인 공급량이 갑자기 급감하게 되자, 유럽 상인과 생산자들은 스페인으로 눈을 돌렸습니다. 스페인은 여전히 수출할 물량이 넉넉했고, 유럽의 심각한 위기를 극복하는 구원자가 되었습니다. 그 사이 먼저 피해를 입은 프랑스 보르도 지방의 생산자들은 삐레네 산맥을 넘어 리오하와 나바라 지역을 찾았습니다. 당시, 프랑스는 필록세라와 오이듐병, 노균병에 의해서 포도밭이 황폐해져 있었기 때문에 격감한 생산량을 보충하기 위해서 스페인에 와인을 사들이러 왔습니다. 또한 이들은 스페인에 프랑스계 품종의 도입 및 225리터 용량의 오크통 숙성 등의 선진 양조 기술을 전파해 주었으며, 그 결과, 리오하 지역은 와인의 품질이 급격하게 향상되어, 1926년에 스페인 최초로 원산지 명칭이란 개념이 만들어지게 되었습니다.

TIP!

작은 오크통 숙성의 도입

스페인에서는 19세기 후반부터 225리터 용량의 작은 프랑스 오크통Barrique, Barrica을 일반적으로 사용하기 시작했습니다. 이것은 보르도 지방에서 온 생산자들이 리오하 지역에 전파한 것으로, 이후 스페인 전 국토에 퍼졌습니다. 그러나 스페인 생산자들은 아메리카 대륙과 무역이 번성한 점과 상대적인 저렴한 가격을 이유로 프랑스 오크통보다 미국 오크통을 주로 사용했는데, 최근에 들어서는 고급 와인을 중심으로 프랑스 오크통을 사용하고 있는 추세입니다.

1492년, 크리스토퍼 콜럼버스는 스페인 왕실의 후원을 받아 신대륙을 발견했습니다. 이후 17세[기]
전반까지 스페인은 해상 교통을 장악하며 황금 시대를 맞이하게 됩니다. 스페인 정복자들은 새로[운]
식민지에서 와인을 생산하기 위해 본국에서 포도 나무를 가져갔으며, 그 결과 신세계 와인 산지[가]
탄생하게 되었습니다. 그렇지만 이 시기에 스페인 와인은 유명세로 인해 해적에게 약탈당하는 일[이]
빈번했습니다. 또한 식민지에서 와인이 과잉 생산됨에 따라 스페인 와인 생산자의 수익과 수출에[도]
악영향을 끼쳤고, 이에 필리프 3세와 후임 군주는 멕시코, 칠레, 아르헨티나 등 남미 식민지의 포[도]
나무를 뽑고 와인 생산을 중단하라는 법령을 발표했습니다. 결국 이 법령으로 인해 아르헨티나[는]
스페인으로부터 독립할 때까지 와인 산업의 성장과 발전이 저해되었지만, 칠레 및 일부 국가에서[는]
이 법령을 대부분 무시했습니다.

20세기 말의 약진

20세기에 접어들면서 스페인은 폭동과 테러의 빈발, 그리고 프랑코 장군에 의한 독재 정권 등 정치적인 이유로 불안정한 시기가 계속되었습니다. 제1차 세계대전은 유럽의 무역 시장을 마비시켜 수출을 거의 불가능하게 만들었습니다. 그리고 1936년에는 스페인 내전이 발생해 포도밭은 방치되고 포도원은 파괴되었습니다. 특히 까딸루냐Cataluña와 발렌시아Valencia 지역이 심각한 피해를 입었습니다. 이후 제2차 세계대전이 발생해 유럽 시장이 폐쇄되고 스페인 경제 및 와인 산업은 침체기를 맞이했습니다.

스페인은 1950년대가 되어서 가까스로 안정을 되찾았습니다. 1950~60년대에 걸쳐 내전으로 피폐된 농업을 일으키기 위해 대규모 협동조합이 설립되었고, 스페인 쏘떼른Spanish Sauternes, 스페인 샤블리Spanish Chablis란 이름의 벌크 와인을 대량으로 만들어 해외 시장에 판매했습니다. 당시에는 왕성한 수요를 충족시켜주기 위해 재배가 용이하고 수확량이 많은 품종을 선호해 보급되었습니다. 그러한 가운데 제2차 세계대전 이후부터 1970년대에 걸쳐 셰리 산업이 크게 발전하기 시작했고, 이와 병행해서 1960년대부터 1970년대에 걸쳐서는 리오하와 뻬네데스 산지가 해외 시장에서 주목 받기 시작했습니다.

1975년 독재 정권을 이끈 프란시스코 프랑코Francisco Franco 장군이 죽으면서 민주주의 정권이 다시 수립되었습니다. 그리고 1986년에 유럽연합의 가입도 이루어져 국가 경제 발전에 박차를 가하게 되었습니다. 갈리시아, 라 만차 등과 같은 낙후된 와인 산지에 경제적인 지원도 이루어지면서 더불어 와인 산업도 발전하게 되었습니다.

1990년대에는 해외에서 플라잉 와인 메이커들이 스페인에 모이면서 까베르네 쏘비뇽, 샤르도네 등과 같은 국제적인 품종들이 폭넓게 사용되기 시작했습니다. 또한 저품질의 와인밖에 없었던 무명 산지인 레반떼Levante와 라 만차 지역의 협동조합에서도 현대적이고 깔끔한 스타일의 와인이 생산되었습니다. 이 시기에 협동조합도 많이 민영화되었으며, 혹서에 시달리는 지역에서는 온도 조절 장치가 있는 스테인리스 스틸 탱크를 도입해 위생 관리 기술을 향상시켰습니다. 또한 1996년에는 법으로 금했던 관개를 공식적으로 허가해 주면서 수확량 증가와 함께 와인 산지가 확대되었으며, 와인 품질 향상에도 크게 이바지했습니다.

21세기 들어, 품질이 향상된 스페인 와인은 이전에 시장을 장악했던 저품질의 벌크 와인의 생산량을 추월하기 시작했습니다. 또한, 유명 산지에서 생산을 시작한 현대적인 스타일의 고품질 와인들은 미국인 평론가 로버트 파커의 격찬을 받게 되면서 세계적인 고가 와인들과 어깨를 나란히 하게 되었습니다. 이러한 와인을 슈퍼 스패니쉬Super Spainish라고 부릅니다. 슈퍼 스패니쉬 와인은 오크통에서 짧은 기간 숙성시켜 과실 풍미가 풍부한 스타일로 만든다는 점과 일부이긴 하지만 법률적으로는 가장 아래 등급인 비노 데 메사Vino de Mesa로 생산되고 있다는 점에서 이탈리아의 슈퍼 토스카나 와인과 매우 닮아있습니다.

스페인은 국제적인 품종의 도입이 이탈리아만큼은 진행되지 않았지만, 날이 갈수록 재배 면적은 증가하고 있는 추세입니다. 더불어 양조학을 전공한 젊은 양조가들이 전 세계를 누비며 경험을 쌓은 뒤, 본국으로 돌아와 와인을 만들고 있어 와인 산업은 장래가 희망적이라고 볼 수 있습니다. 현재 세계가 주목하고 있는 스페인은 저널리즘에서 높은 평가를 받는 와인이 다수 생산되고 있으며, 와인 산업은 국가 경제에 중요한 부분을 담당하고 있습니다. 스페인의 와인 산업은 또 다시 황금기를 맞이하고 있는데, 아직 시작에 불과하다고 말할 수 있습니다.

03   스페인의 떼루아

지리적으로 스페인은 서쪽으로 포르투갈, 북쪽으로 프랑스 국경, 남쪽은 지브롤터 해협을 사이에 두고 아프리카의 모로코와 마주하며 동쪽은 지중해, 북쪽은 비스케이만Bay of Biscay, 북서쪽으로 대서양을 접하고 있습니다. 스페인은 위도상 더운 기후에 속하지만, 포도밭의 90%가 프랑스의 주요 산지보다 높은 고도에 위치하고 있습니다. 국토는 전반적으로 지중해성 기후를 띄고 있지만, 지역에 따라 기후 조건의 차이가 있습니다.

북서부의 해안 지역은 대서양의 영향을 많이 받는 온난한 해양성 기후입니다. 하지만 위도적으로 높은 지역이기 때문에 비교적 기온이 낮고, 계절과 밤낮의 온도 차이가 적으며, 연간 강우량은 1,500mm를 초과하는 경우가 많습니다. 이러한 기후적 특성은 북서부 지역을 화이트 와인의 주요 산지로 자리매김하는데 일조했는데, 특히 갈리시아 주의 리아스 바이사스 지방은 알바리뇨 품종으로 만든 드라이 화이트 와인으로 유명합니다.

반면, 프랑스와 국경을 이루는 북동부와 북부 중앙은 해발 3,000미터가 넘는 삐레네 산맥이 자리잡고 있는 험준한 곳입니다. 이곳은 비스케이 만을 따라 동서로 뻗어 있는 깐따브리아 Cordillera Cantabria 산맥과 라 리오하와 까딸루냐 주를 가로질러 동쪽으로 흐르는 에브로Ebro 강이 기후에 영향을 주고 있습니다. 특히 깐따브리아 산은 비스케이 만에서 유입되는 비와 차가운 편서풍을 막아주는 역할을 하고 있습니다. 그 결과, 라 리오하 주의 서부는 서늘한 대륙성 기후를 띠는 반면, 동부는 지중해성 기후를 보이고 있습니다.

스페인 중부의 내륙 지역은 메세타Meseta라 불리는 중앙 고원이 펼쳐져 있습니다. 내륙 지역은 평균 표고 600미터 정도의 메세타 고원에 둘러싸여 있어 바다의 영향을 거의 받지 않기 때문에 뚜렷한 대륙성 기후를 띠고 있습니다. 이곳은 여름과 겨울, 그리고 밤낮의 온도 차가 심한 편으로, 여름에 최고 기온이 40도를 초과하는 경우가 자주 있습니다. 이러한 기후적 특성으로 인해 타닌과 신맛의 균형이 잘 잡힌 섬세하고 견고한 스타일의 레드 와인이 생산되고 있으며, 뗌쁘라니요, 가르나차 품종으로 만든 고품질 레드 와인도 종종 찾아볼 수 있습니다.

지중해를 접하고 있는 동부나 남부 지역은 지중해의 영향을 강하게 받습니다. 연중 따뜻하고 건조한 지중해성 기후로 여름은 덥고 겨울은 바다와 고도의 영향을 받아 온화한 편입니다. 연 평균 강우량은 300mm 미만으로 강우량이 적어 건조합니다. 기후는 남쪽으로 갈수록 점점 더워지는데, 가장 남쪽에 위치한 안달루시아 주는 지브롤터 해협에 의해 기온 차이가 발생합니다. 지브롤터 해협의 동쪽은 여름철에 온도가 매우 높아지는 반면, 대서양을 접한 서쪽 지역은 바다에서 부는 바람에 의해 기온이 낮아집니다.

스페인은 대서양에 인접한 북부 및 서부의 해안 지역을 제외하고는 강우량이 매우 적은 것이 특징입니다. 북부 및 서부 해안 지역은 연간 강우량이 1,000mm가 넘지만 스페인 중앙부 지역은 300mm 이하로 매우 적습니다. 이전에는 관개가 금지되고 있었기 때문에 얼마 안 되는 비로 포도를 재배하기 위해서는 포도 나무를 넓은 간격으로 심어야 했습니다. 일반적으로 품질이 뛰어난 포도를 얻기 위해서는 포도 나무를 빽빽하게 심어야 하지만 스페인과 같이 건조한 기후에서는 밀식으로 재배하게 되면 포도 나무들이 서로 수분을 빼앗아 결국 죽기 때문에 그렇게 하지 못했습니다. 따라서 생산 비율은 낮아지게 되는데, 스페인의 헥타르당 평균 수확량은 불과 30헥토리터 정도이고, 비가 특히 적은 지역은 20헥토리터에 불과합니다.

스페인에서는 1994년과 1995년, 연이은 가뭄이 계기가 되어 1996년에 결국 관개를 공식적으로 허가해 주었습니다. 그 후로 10년 동안, 전국 20% 이상의 포도밭에서 관개를 하게 되었고 그 결과, 동일한 재배 면적에서 와인 생산량이 20% 이상 증가하게 되었습니다. 다만, 비가 적게 내리는 지역에서는 곰팡이병의 피해가 거의 없기 때문에 관개를 통해 과도한 수분 스트레스에 걸리지 않게 해주면 포도 나무는 매우 견실한 과실을 맺을 수 있습니다.

스페인은 비가 적게 내리는 지역에서는 고블레Goblet 방식으로 수형을 관리하고 있으며, 포도 나무를 심을 때 헥타르당 900~1,600그루 정도로 간격을 넓게 심는 것이 전통적이었습니다. 그러나 관개 기술이 도입되면서 귀요Guyot 방식을 사용하는 포도밭이 급속히 증가해 헥타르당 5,000그루 정도까지 식재 밀도가 높아졌습니다. 반면 비가 많은 서부의 대서양 연안 지역에서는 곰팡이병의 피해를 방지하기 위해 페르골라Pergola 수형으로 포도를 재배하고 있습니다.

O Madrid

■ Oceanic
해양성 기후

■ Continental
대륙성 기후

■ Mediterranean
지중해성 기후

■ Mountain
산악 기후

스페인은 위도상 더운 기후에 속하지만, 포도밭의 90%가 프랑스의 주요 산지보다 높은 고도어
위치하고 있습니다. 국토는 전반적으로 지중해성 기후를 띠고 있지만, 지역에 따라 기후 조건으
차이가 있습니다.

북서부의 해안 지역은 대서양의 영향을 많이 받는 온난한 해양성 기후입니다. 하지만 위도적으로
높은 지역이기 때문에 비교적 기온이 낮고, 계절과 밤낮의 온도 차이가 적습니다. 반면 라 리오ㅎ
주의 서부는 서늘한 대륙성 기후를 띠는 반면, 동부는 지중해성 기후를 보이고 있습니다.

내륙 지역은 평균 표고 600미터 정도의 메세타 고원에 둘러싸여 있어 바다의 영향을 거의 받지
않기 때문에 뚜렷한 대륙성 기후를 띠고 있습니다.

GOBLET VINE

스페인은 비가 적게 내리는 지역에서 고블레 방식으로 수형을 관리하고 있으며, 포도 나무를 심을 때 헥타르당 900~1,600 그루 정도로 간격을 넓게 심는 것이 전통이었습니다. 그러나 관개 기술이 도입되면서 귀요(Guyot) 방식을 사용하는 포도밭이 급속히 증가해 헥타르당 5,000 그루 정도까지 식재 밀도가 높아졌습니다. 반면 비가 많이 내리는 서부의 대서양 연안에서는 곰팡이병의 피해를 방지하기 위해 페르골라 수형으로 포도를 재배하고 있습니다.

스페인에서 처음으로 원산지 명칭이란 개념이 만들어진 것은 1926년으로, 리오하 지방이 그 주인공이었습니다. 이후 스페인 정부는 1932년에 프랑스의 AOC법과 유사한 데노미나시온 데 오리헨Denominación de Origen DO 법을 제정해 스페인 전역의 원산지에 적용했습니다. 또한 1970년에는 마드리드 시에 국립 원산지 명칭 관리 위원회Instituto Nacional de Denominaciones de Origen, INDO를 설립하여 지역별 원산지 명칭을 총괄적으로 관리 감독을 하고 있습니다.

그 후, 스페인의 DO 법은 1970년, 1988년 두 차례에 걸쳐 개정을 진행했으며, 1986년 유럽연합에 가입과 함께 가맹국에서 공통으로 사용하는 4단계의 피라미드형 등급 체계를 채택했습니다. 그러나 또 다시 2003년에 개정되면서 3단계의 새로운 등급이 추가되었고, 2011년에는 비녜도스 데 에스빠냐Viñedos de España 등급이 폐지되면서 지금은 6단계의 등급 체계를 사용하고 있습니다. 현재, 스페인의 농림수산부Ministerio de Agricultura, Pesca y Alimentación에 의해 DO 법은 다음과 같이 6단계의 등급 체계가 인정되고 있습니다.

- 데노미나시온 데 오리헨 깔리피까다Denominación de Origen Calificada, DOCa
- 데노미나시온 데 오리헨Denominación de Origen, DO
- 비노 데 빠고Vino de Pago, VP
- 비노스 데 깔리다드 꼰 인디까시온 헤오그라피까Vinos de Calidad con Indicación Geográfica, VC
- 비노 데 라 띠에라Vino de la Tierra, VT
- 비노 데 메사Vino de Mesa

스페인 와인법의 가장 상위 등급은 데노미나시온 데 오리헨 깔리피까다DOCa입니다. DOCa 등급은 '특별 원산지 명칭 와인'을 의미하며, 1988년에 개정되면서 새롭게 만들어진 등급입니다. 1991년 리오하 지방이 최초로 DOCa 등급을 인정받아 유일한 산지였으나, 2009년에 쁘리오라트 지역이 인정되면서, 지금은 2개의 DOCa 등급의 산지가 존재합니다. DOCa 등급을 받기 위해서는 DO 등급의 요구 조건 외에 엄격한 자격 조건을 갖춰야 합니다. DO 등급으로 인정된 후 10년 이상 경과해야 DOCa 등급으로 승격 신청을 할 수 있으며, 모든 와인은 해당 산지에서 생산되어야 합니다. 쁘리오라트에서는 DOCa 대신 까딸루냐 용어인 DOQ^{Denominación de Origen Qualificada}로 사용되고 있습니다.

오랫동안 스페인 고급 와인의 핵심을 이루는 것이 데노미나시온 데 오리헨^{DO}로, '원산지 명칭 와인'을 의미합니다. 1988년 개정 전까지 스페인 와인법의 최상위 등급이었지만, 현재는 DOCa 등급의 하위에 해당합니다. DO 등급은 지정된 원산지에서 생산되어야 하고, 포도 품종 및 재배, 포도밭의 위치, 숙성, 와인 타입 등 품질에 관한 규정에 부합되어야 합니다. 모든 DO 등급의 산지에는 원산지 관리 위원회^{Consejo Regulador}라 불리는 자체 규제 기관이 있으며, 이곳에서 관리를 하고 있습니다. 2019년 기준으로 68개의 원산지가 DO등급으로 인정되고 있지만, 점차 늘어날 것으로 전망하고 있습니다.

2003년 스페인 의회는 비노 데 빠고^{Vino de Pago, VP}라는 등급을 새롭게 신설했습니다. 라틴어로 '국토'를 의미하는 파구스^{Pagus}에서 유래한 비노 데 빠고는 원래 DOCa보다 높은 최상위 등급을 위해 도입되었습니다. 개성적인 떼루아의 포도밭에서 만들어진 고품질 와인을 상표 단위로 인정하는 등급으로, '단일 포도원 와인^{Single Estate Wine}'을 지칭합니다.

이전까지 비노 데 빠고는 DO, DOCa 원산지가 아니더라도 승인 받을 수 있었지만, 지금은 DO 등급의 원산지 내에서 승인이 이뤄지고 있습니다. 또한 비노 데 빠고 승인을 받기 위해서는 포도원을 소유하고 있어야 하며, 자체 재배한 포도만을 사용해 자체 포도원에서 직접 양조와 숙성을 해야 합니다. 농림수산부에서 최종 승인을 거쳐 비노 데 빠고 등급을 받게 되면 해당 포도원에 대한 새로운 DO 등급의 원산지가 생성되기 때문에 현재 이 등급의 와인은 DO 등급 내에서 생산된다고 볼 수 있습니다.

최상위 등급으로 설계된 비노 데 빠고는 DO 등급에 포함되면서, 현재 DO 등급의 하위 개념으로 간주하고 있습니다. 하지만 여전히 많은 매체나 자료에서 비노 데 빠고를 최상위 등급으로 분류하고 있어 오해의 소지가 많은 것이 현실입니다. 그럼에도 불구하고, 포도원에서 비노 데 빠고 승인을 쫓는 이유는 DOCa 등급이 리오하, 쁘리오라트에 한정 짓고 있기 때문입니다. 최상위 등급처럼 보이는 비노 데 빠고를 라벨에 표기하면 DOCa 등급보다 높아 보여 판매에 도움이 될 수 있습니다.

2019년 기준으로, 19개 포도원을 비노 데 빠고 등급으로 승인해 주었는데, 아라곤Aragon, 까스띠야-라 만차Castilla-La Mancha, 까스띠야-이-레온Castilla y León, 나바라Navarra, 발렌시아Valencia 주에 한정되어 있지만, 이 숫자는 향후 늘어날 전망입니다.

2003년 비노 데 빠고와 함께 새롭게 신설된 것이 비노스 데 깔리다드 꼰 인디까시온 헤오그라피까Vinos de Calidad con Indicación Geográfica 등급입니다. 약칭으로 VC 등급이라고 하며, '지리적 표시를 갖는 고급 와인'을 의미합니다. DO 등급과 비노 데 라 띠에라Vino de la Tierra 등급의 디딤돌 역할을 하고 있으며, 특정 지역의 포도를 원료로 사용해 그 땅의 지역성을 표현한 와인으로 정의합니다. VC 등급은 DO, DOCa 등급에 비해 규제가 덜 엄격한 편입니다. VC 등급의 자격을 5년간 유지한 후에 DO 등급으로 승격 신청을 할 수 있으며, 2021년 기준으로 7개 원산지가 VC등급으로 인정되고 있습니다.

프랑스의 뱅 드 뻬이Vin de Pays에 해당하는 것이 비노 데 라 띠에라Vino de la Tierra 등급으로, '지방 명칭 와인'을 의미합니다. 이 등급은 VC 등급이나 DO 등급을 아직 받지 못한 지역의 와인을 수용하기 위한 것으로, 포도 품종, 수확량, 숙성 등에 관한 규제가 없습니다. 비노 데 라 띠에라 등급의 와인은 지정된 지역의 포도를 최소 85% 사용해서 만들어야 하며, 관리 당국의 유연한 운영에 따라 이 등급의 대부분이 향후 VC 등급 이상으로 승격할 것이라 예상하고 있습니다.

2021년 기준으로 42개 원산지가 비노 데 라 띠에라 등급으로 인정되고 있으며, 이 중에 비노 데 라 띠에라 데 까스띠야Vino de la Tierra de Castilla, 비노 데 라 띠에라 이 레온Vino de la Tierra y León이 상업적으로 성장하고 있는 중요한 지방입니다.

최하위 등급은 비노 데 메사Vino de Mesa로 '테이블 와인'을 의미합니다. 일상적으로 소비되는 저렴한 가격대의 와인으로 외국산 와인의 블렌딩이 가능하며, 지리적 표시를 갖고 있지 않습니다. 또한 다른 등급에 허용되지 않는 포도 품종의 블렌딩도 가능하기 때문에 생산자 중 일부는 이탈리아의 슈퍼 토스카나와 같이 의도적으로 비노 데 메사 등급으로 강등시켜 만드는 경우도 있습니다.

앞으로 비노 데 메사 등급은 단순하게 비노Vino라 표기하게 됩니다.

한때, 비노 데 메사 위에는 비녜도스 데 에스빠냐Viñedos de España 등급이 존재했습니다. 이 등급은 스페인에서 재배된 포도만을 사용해 만든 테이블 와인으로, 2011년에 폐지되어 지금은 존재하지 않습니다.

TIP!

비노 데 빠고에 관해

2003년 개정된 스페인 와인법에서는 비노 데 빠고를 최상위 등급으로 분류했지만, 지금의 평가는 그렇지 않습니다. 여전히 DOCa 등급이 비노 데 빠고 등급에 비해 품질과 가격, 그리고 평가에서 우위를 보이고 있습니다. 또한 DOCa 등급은 우수한 떼루아의 원산지를 인정하는 반면, 비노 데 빠고 등급은 개성적인 떼루아를 단독 소유한 포도밭 및 포도원을 승인하고 있어 포도원에 따라 품질 편차가 있는 것이 사실입니다. 아무리 떼루아가 우수한 포도밭을 가지고 있더라도 포도원에서 노력과 투자를 하지 않는다면 와인의 품질은 떨어질 수 밖에 없는데, 비노 데 빠고는 포도밭보다는 포도원에 무게가 실려 있어 포도원의 사정에 따라 품질이 변동될 여지가 있을 수 있습니다. 이러한 이유로 젠시스 로빈슨과 같은 일부 전문가들은 비노 데 빠고 등급을 신뢰하지 않고 있으며, 따라서 앞으로 조금 더 지켜볼 필요가 있다고 생각됩니다. 참고로 까딸루냐 주의 뻬네데스Penedès 지방에서는 비노 데 빠고와 유사한 비 데 핀까Vi de Finca라는 등급이 존재하고 있습니다.

스페인 와인 등급

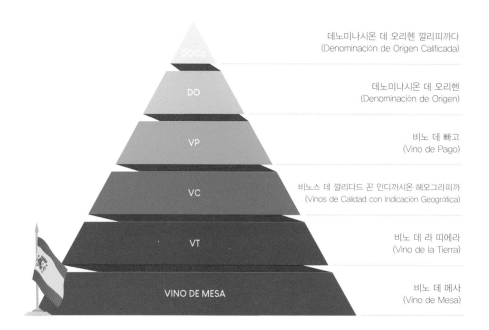

데노미나시온 데 오리헨 깔리피까다
(Denominación de Origen Calificada)

데노미나시온 데 오리헨
(Denominación de Origen)

비노 데 빠고
(Vino de Pago)

비노스 데 깔리다드 꼰 인디까시온 헤오그라피까
(Vinos de Calidad con Indicación Geográfica)

비노 데 라 띠에라
(Vino de la Tierra)

비노 데 메사
(Vino de Mesa)

스페인 와인의 등급 체계

스페인 정부는 1932년에 프랑스의 AOC법과 유사한 DO법을 제정해 스페인 전역의 원산지에 적용했습니다. 또한 1970년에 국립 원산지 명칭 관리 위원회를 설립해 지역별 원산지 명칭을 총괄적으로 관리 감독을 하고 있습니다.

이후, 스페인의 DO법은 1970년, 1988년 두 차례에 걸쳐 개정을 진행했으며, 1986년 유럽연합 가입과 함께 가맹국에서 공통으로 사용하는 4단계의 피라미드형 등급 체계를 채택했습니다. 그러나 다시 2003년에 개정되면서 3단계의 새로운 등급이 추가되었고, 2011년에는 비녜도스 데 에스빠냐 등급이 폐지되면서 지금은 6단계의 등급 체계를 사용하고 있습니다.

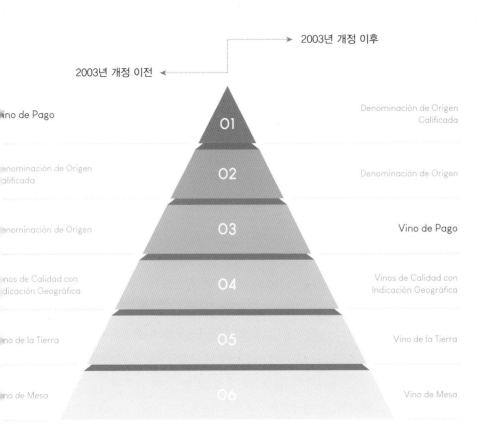

2003년 개정 이후

2003년 개정 이전

ino de Pago — O1 — Denominación de Origen Calificada

enominación de Origen alificada — O2 — Denominación de Origen

enominación de Origen — O3 — Vino de Pago

nos de Calidad con dicación Geográfica — O4 — Vinos de Calidad con Indicación Geográfica

no de la Tierra — O5 — Vino de la Tierra

no de Mesa — O6 — Vino de Mesa

니노 데 빠고

003년, 스페인 의회에 의해 새롭게 신설된 비노 데 빠고는 원래 DOCa보다 높은 최상위 등급을 해 도입되었습니다. 도입 초기에 비노 데 빠고는 DO, DOCa 원산지가 아니더라도 승인받을 수 었지만, 지금은 DO 등급의 원산지 내에서 승인이 이뤄지고 있습니다. 또한 비노 데 빠고 승인을 기 위해서는 포도원을 소유하고 있어야 하며, 직접 재배한 포도만을 사용해 직접 양조와 숙성을 야 합니다. 농림수산부의 최종 승인을 거쳐 비노 데 빠고 등급을 받게 되면 해당 포도원에 대한 로운 DO 등급의 원산지가 생성되기 때문에 현재 이 등급의 와인은 DO 등급 내에서 생산된다고 수 있습니다.

숙성 규정과 라벨 표기

데노미나시온 데 오리헨 깔리피까다DOCa, 데노미나시온 데 오리헨DO, 비노스 데 깔리다드 꼰 인디까시온 헤오그라피까VC 등급으로 생산되는 와인은 숙성 기간에 따라, 라벨에 호벤, 크리안사, 레세르바, 그란 레세르바라는 표기가 가능합니다. 또한 라벨에 빈티지를 표기하기 위해서는 해당 빈티지의 포도가 최소 85% 이상 사용해야 하며, 라벨에 스페인어로 빈티지를 의미하는 벤디미아Vendimia 또는 꼬세차Cosecha라는 단어를 종종 볼 수 있습니다.

스페인어로 '젊음'을 의미하는 호벤Joven은 수확 당해 년도 또는 이듬 해에 병입·판매되는 와인입니다. 최저 숙성 기간에 관한 규정은 없고 오크통 숙성의 의무도 없습니다. 신선한 과실 향을 지닌 단기 숙성용 와인으로, 레드, 화이트, 로제 와인 모두 생산 가능합니다. 과거 호벤이라는 용어를 라벨에 표기했지만, 지금은 단순하게 빈티지를 표기해 대신하고 있습니다.

크리안사Crianza는 스페인어로 '양육'을 의미합니다. 크리안사 표기를 위해서 레드 와인은 최소 24개월 이상 숙성시켜야 하며, 이 기간 중, 최소 6개월 동안은 오크통에서 의무적으로 숙성을 해야 합니다. 화이트 및 로제 와인은 최소 18개월 이상 숙성시켜야 하며, 오크통 숙성에 관한 규정은 없습니다. 크리안사에 사용되는 오크통의 용량은 330리터를 초과해서는 안됩니다.

다만, 리오하와 리베라 델 두에로 지방의 경우, 원산지 관리 위원회의 규정에 따라 레드 와인은 최소 12개월 이상 오크통에서 숙성을 해야 하며, 오크통의 용량은 225리터를 초과해서는 안됩니다. 리오하 지방의 화이트 및 로제 와인은 최소 숙성에 관한 규정이 없습니다.

레세르바Reserva는 크리안사에 비해 더 오래 숙성시킨 와인으로, 일반적으로 좋은 빈티지를 선별해서 만듭니다. 레세르바 표기를 위해서 레드 와인은 병 숙성을 포함해 최소 36개월 이상 숙성시켜야 하며, 이 기간 중, 최소 12개월 동안은 오크통에서 의무적으로 숙성을 해야 합니다. 화이트 및 로제 와인은 병 숙성을 포함해 최소 24개월 이상 숙성시켜야 하며, 이 기간 중, 최소 6개월 동안은 오크통에서 의무적으로 숙성을 해야 합니다. 레세르바에 사용되는 오크통의 용량은 330리터를 초과해서는 안됩니다.

그란 레세르바Gran Reserva는 일반적으로 뛰어난 빈티지에만 생산되는 와인입니다. 그란 레세르바를 표기하기 위해서 레드 와인은 병 숙성을 포함해 최소 60개월 이상 숙성시켜야 하며, 이 기간 중, 최소 18개월 동안은 오크통에서 의무적으로 숙성을 해야 합니다. 화이트 및 로제 와인은 병 숙성을 포함해 최소 48개월 이상 숙성시켜야 하며, 이 기간 중, 최소 6개월 동안은 오크통에서 의무적으로 숙성을 해야 합니다. 그란 레세르바에 사용되는 오크통의 용량은 330리터를 초과해서는 안됩니다.

다만, 리오하와 리베라 델 두에로 지방의 경우, 원산지 관리 위원회의 규정에 따라 레드 와인은 병 숙성을 포함해 최소 60개월 이상 숙성시켜야 하며, 이 기간 중, 최소 24개월 동안은 오크통에서 의무적으로 숙성을 해야 합니다. 화이트 및 로제 와인은 병 숙성을 포함해 최소 48개월 이상 숙성시켜야 하며, 이 기간 중, 최소 12개월 동안은 오크통에서 의무적으로 숙성을 해야 합니다. 오크통의 용량은 225리터를 초과해서는 안됩니다.

JÓVEN [호벤]	CRIANZA [크리안사]	RESERVA [레세르바]	GRAN RESERVA [그란 레세르바]
레드 와인 숙성 규정 당해 / 그 이듬해 출시 [오크통 숙성: 의무 없음]	레드 와인 숙성 규정 24개월 이상 숙성 의무화 [오크통 숙성: 6개월 이상]	레드 와인 숙성 규정 36개월 이상 숙성 의무화 [오크통 숙성: 12개월 이상]	레드 와인 숙성 규정 60개월 이상 숙성 의무화 [오크통 숙성: 18개월 이상]
	화이트 · 로제 숙성 규정 18개월 이상 숙성 의무화 [오크통 숙성: 의무 없음]	화이트 · 로제 숙성 규정 24개월 이상 숙성 의무화 [오크통 숙성: 6개월 이상]	화이트 · 로제 숙성 규정 48개월 이상 숙성 의무화 [오크통 숙성: 6개월 이상]

DOCa, DO, VC 등급으로 생산되는 와인은 숙성 기간에 따라, 라벨에 호벤, 크리안사, 레세르바, 그란 레세르바라는 표기가 가능합니다. 또한 라벨에 빈티지를 표기하기 위해서는 해당 빈티지의 포도가 최소 85% 이상 사용해야 하며, 라벨에는 스페인어로 빈티지를 의미하는 벤디미아 또는 꼬세차라는 단어를 종종 볼 수 있습니다.

스페인 와인의 양조 변화

스페인 와인 생산자들은 이탈리아와 마찬가지로 숙성 기간이 길면 길수록 고급 와인이라고 생각하는 전통이 있습니다. 오랫동안 유명 산지로 알려진 리오하 지방의 와인 중에서는 심지어 오크통에서 20년 이상 숙성을 진행한 것도 있습니다. 그러나 장기간 숙성을 거친 와인은 산화 숙성이 진행되어 촌스러운 풍미가 되어 버리기 때문에 현재 해외 시장에서는 별로 선호되지 않고 있습니다. 또한 유명 평론가들 역시 이러한 와인과 스페인의 전통적인 양조 방식에 대해 부정적인 견해를 가지고 있는데, 일부는 비과학적이고 부주의한 방식이라고 비하하거나, 와인에 무례한 대우를 하고 있다고까지 비판하는 글을 쓰기도 했습니다.

그러나 20세기 후반부터 스페인 와인의 양조 방식에 대대적인 변화가 일어났습니다. 재배업자들은 수확 시기에 포도가 손상되지 않도록 많은 노력을 쏟고 있으며, 포도의 자연 산도를 유지하기 위해서 수확은 서늘한 밤이나 이른 아침에 이루어지고 있습니다. 양조장에도 온도 조절이 가능한 스테인리스 스틸 발효조가 도입되어 까스띠야-라 만차, 안달루시아 주와 같이 무더운 산지의 와인 산업을 변화시켰습니다. 또한 오크통의 사용이 줄어들면서 특히, 화이트 와인은 보다 신선하고 과실 향과 풍미가 가득한 스타일로 탈바꿈하였는데, 이러한 변화는 스페인 화이트 와인의 명성에 아주 중요한 역할을 했습니다.

역사적으로 스페인은 아메리카 대륙과 무역이 번성한 점과 상대적으로 저렴한 가격에 강한 풍미를 지닌 이유로 미국 오크통을 주로 사용했습니다. 특히, 리오하 지방의 생산자들은 뗌쁘라니요 와인이 미국 오크통과 잘 반응한다는 것을 발견하고, 고품질 와인은 미국 오크통에서 숙성시키는 것이 전통이었습니다. 이러한 와인들은 전형적인 바닐라와 달콤한 향신료 풍미를 지녔지만, 전반적으로 향과 풍미가 단순했습니다. 그러나 19세기 후반에 225리터 용량의 작은 프랑스 오크통이 도입되면서 와인의 품질은 향상되기 시작했습니다. 전통적인 산지인 리오하 지방을 포함해 여러 산지에서 고품질 와인 생산에 프랑스 오크통을 사용하는 일이 점점 늘어났으며, 토스트, 향신료, 초콜릿, 커피 등의 향과 함께 부드러운 타닌을 갖추게 되었습니다. 또한 일부 포도원에서는 기존의 미국 오크통과 프랑스 오크통을 함께 사용해 블렌딩하는 경우도 있습니다.

최근 들어, 젊은 생산자들은 와인이 산화되는 것을 방지하기 위해서 의도적으로 숙성을 짧게 진행하기도 합니다. 그 결과, 와인은 촌스러운 풍미 대신 세련되고 현대적인 맛을 지니게 되었고, 이들이 만든 호벤이나 크리안사 카테고리로 출시되는 와인 중에도 가격이 매우 비싼 것들이 많이 있습니다.

05

3,000년 넘는 와인 역사를 자랑하는 스페인은 다양한 포도 품종들이 각각의 개성 넘치는 산지에서 재배되어 왔습니다. 스페인에는 600종이 넘는 토착 품종이 존재하지만, 대략 20여 종의 주요 품종들이 전체 와인 생산량의 80%를 차지합니다. 특히 적포도 품종은 스페인이 프리미엄 와인의 생산국이자 수출 국가로 자리매김하는데 큰 역할을 담당했습니다. 스페인의 국제적인 명성은 적포도 품종이 이끌었지만, 놀랍게도 온난한 기후의 이 나라에서는 청포도 품종이 포도밭의 대부분을 차지하고 있습니다. 그럼 스페인을 대표하는 포도 품종에 대해 알아보도록 하겠습니다.

주요 청포도 품종

- 아이렌(Airén)

스페인이 원산지인 아이렌은 스페인에서 가장 널리 재배되고 있는 청포도 품종입니다. 국가 전체 재배 면적의 약 40%를 차지하고 있으며, 대부분 라 만차 지방에서 재배되고 있습니다. 또한 세계에서 가장 많이 재배되고 있는 포도이기도 하지만, 거의 독점적으로 스페인서만 볼 수 있습니다. 이 품종으로 만든 와인은 알코올 도수가 높고 산화되기 쉬우며 품질이 낮은 편입니다. 대부분 브랜디를 만들 때 사용되고 있는데, 특히, 헤레스 지방에서 솔레라 방식으로 숙성시킨 브랜디 데 헤레스Brandy de Jerez가 유명합니다. 품질적으로 뛰어나지 않음에도 불구하고, 스페인에서 아이렌을 많이 재배하는 이유는 메세타 고원의 극심한 무더위와 가뭄을 견딜 수 있는 몇 안 되는 품종이기 때문입니다.

- 마까베오(Macabeo)

스페인이 원산지인 마까베오는 스페인에서 두 번째로 많이 재배되는 청포도 품종으로 까딸루냐 주에서 주로 재배되고 있습니다. 특히 뻬네데스 지방에서 스파클링 와인인 까바Cava를 만들 때, 사렐-로Xarel-lo, 빠레야다Parellada 청포도 품종과 함께 블렌딩되고 있으며, 일부는 단일 품종으로 드라이 화이트 와인을 만들기도 합니다.

더불어 마까베오는 리오하 지방에서 비우라Viura로 불리며, 화이트 와인의 주요 품종으로 사용되고 있습니다. 이곳에 마까베오가 도입된 것은 필록세라 피해 이후로, 산화에 잘 견디는 능력 때문에 기존의 말바시아Malvasía와 가르나차 블랑까Garnacha Blanca 품종을 대신하게 되었습니다. 이 품종으로 만든 전통적인 리오하 화이트 와인은 오크 풍미가 강했지만, 레세르바, 그란 레세르바라 같이 장기 숙성을 거친 화이트 와인은 허브, 향신료 등 방향성이 풍부하고 품질도 매우 뛰어난 편입니다. 리오하 지방에서는 일부 레드 와인을 만들 때 뗌쁘라니요, 가르나차와 함께 소량의 마까베오를 블렌딩하기도 합니다.

마까베오 품종은 산지에 따라 시트러스, 꽃, 미네랄 향을 지닌 캐릭터까지 다양하며, 중간 정도의 신맛을 지니고 있습니다. 또한 따뜻한 기후에서 내추럴 와인을 만들기에 가장 좋은 청포도 품종으로 인정 받고 있기도 합니다.

- 알바리뇨(Albariño)

갈리시아어로 '흰색'을 의미하는 알바리뇨는 스페인 북서부의 갈리시아 주에서 주로 재배되고 있는 청포도 품종입니다. 12세기 끌뤼니 수도사에 의해 이베리아 반도로 유입되었을 것이라고 추정했지만, 최근 연구에 따라 갈리시아-포르투갈Galicia-Portugal이 원산지로 밝혀졌습니다. 알바리뇨는 껍질이 두꺼워 곰팡이병에 강하기 때문에 강우량이 높은 갈리시아 주에서 재배하는데 문제가 되지 않습니다. 이 품종은 시트러스, 살구, 복숭아 등의 방향성이 풍부하고, 자연적으로 높은 산도에 의해 밸런스가 좋은 드라이 화이트 와인이 생산되고 있습니다. 또한 무게감이 가볍고 산뜻한 스타일에서 묵직한 스타일까지 다양하게 만들어지고 있습니다. 현재, 알바리뇨는 스페인에서 가장 고귀한 청포도 품종으로 평가 받으며, 포도의 거래 가격도 높아지고 있습니다. 특히 리아스 바이사스 지방 전역에서 재배되고 있는데, 향기로운 와인으로 인기가 점점 높아지고 있는 추세입니다.

최근 몇 년 동안, 호주 생산자들 사이에서 알바리뇨 품종의 관심이 높아졌습니다. 이들은 자신들이 만든 와인을 알바리뇨로 믿고 다양한 스타일로 생산했지만, 2008년 호주를 방문한 프랑스 전문가가 의문을 제기하면서 진실이 밝혀지게 되었습니다. 호주에서 재배되고 있는 알바리뇨 품종을 DNA 검사한 결과 프랑스의 싸바냉Savagnin 품종으로 밝혀졌고, 10년 넘게 호주에서 알바리뇨 라벨로 판매된 거의 모든 와인은 실제로 싸바냉 와인이었습니다.

- 베르데호(Verdejo)

베르데호는 아직까지 원산지가 밝혀지지 않았지만, 아마도 11세기경에 북아프리카를 거쳐 스페인의 루에다Rueda 지방으로 유입되었을 것이라고 추측하고 있습니다. 루에다 지방에서 오랫동안 재배된 대표적인 청포도 품종으로, 산화에 매우 약하기 때문에 전통적으로 셰리 스타일의 와인을 만드는데 사용되었습니다. 그러나 1970년대, 마르케스 데 리스깔Marques de Riscal 포도원에서 프랑스 양조학자인 에밀 뻬이노Émile Peynaud 교수의 컨설팅을 받아 보다 신선한 스타일의 베르데호 와인을 만들기 시작했습니다.

베르데호는 추위와 더위, 그리고 가뭄에도 잘 견디며 적응력이 뛰어난 품종입니다. 이 품종의 단점인 산화를 막기 위해 일반적으로 수확은 야간에 진행하고 있습니다. 양조 과정에서도 산소가 없는 혐기성 상태로 진행해 멜론, 복숭아 등의 향과 풍미를 지닌 산뜻하고 가벼운 스타일로 만들거나, 스킨 컨택트Skin Contact와 오크통에서 발효를 진행해 복합적인 향의 무게감을 지닌 스타일로 만들기도 합니다.

이 외에 청포도 품종으로는 모스까뗄Moscatel과 빨로미노Palomino, 뻬드로 시메네스Pedro Ximénez 등의 토착 품종과 샤르도네, 쏘비뇽 블랑 등의 프랑스계 품종도 재배되고 있습니다. 이 중에서 셰리의 주원료가 되는 빨로미노도 중요한 품종입니다.

주요 적포도 품종

- 뗌쁘라니요(Tempranillo)

뗌쁘라니요는 적포도 품종 중에서 최대 재배 면적을 자랑하며, 품질 면에서도 스페인을 대표하는 고급 품종입니다. 원산지는 스페인 북부 지역으로, 고대 페니키아인이 이베리아 반도에 정착했을 때부터 재배되었는데, 고고학자들은 그 이전부터 재배되었을 것이라고 추측하고 있습니다. 뗌쁘라니요의 이름은 스페인어로 '이른'을 의미하는 뗌프라노Temprano에서 유래되었고, 실제로 발아 시기가 빨라 스페인에서 재배되고 있는 다수의 적포도 품종에 비해 몇 주 더 빨리 익는 경향이 있습니다. 수확은 일반적으로 9월 중순부터 가능하며, 싹이 일찍 나기 때문에 봄 서리에 약하고 잘 썩는 편이지만, 우수한 와인은 세계적인 명성을 얻고 있습니다.

뗌쁘라니요는 세계에서 4번째로 많이 재배되고 있는 품종입니다. 2015년 기준, 세계 재배 면적은 232,561헥타르로, 그 중 87%가 스페인에서 재배되고 있고, 재배 면적은 201,051헥타르에 달합니다. 현재 스페인 전 국토에서 재배되고 있는 뗌쁘라니요는 리오하, 리베라 델 두에로 지방이 주요 산지이며, 뻬네데스, 나바라, 발데뻬냐스Valdepeñas 지방에서도 상당한 양이 재배되고 있습니다.

뗌쁘라니요는 비교적 높은 표고에서 잘 자라며, 무더위에도 잘 견디는 품종입니다. 또한 껍질이 두꺼워 타닌 성분은 풍부하지만, 포도의 자연 산도와 당도는 낮습니다. 이 품종을 완전히 성숙시키기 위해서는 충분한 태양, 즉 기후가 따뜻해야 하지만, 그 대신 열기로 인해 포도의 산도는 떨어질 수 있습니다. 뗌쁘라니요의 우아한 산도를 얻기 위해서는 기후가 서늘해야 하며, 결과적으로 두 개의 상반되는 기후가 조화를 이뤄야 합니다. 이러한 조건을 갖춘 곳이 리베라 델 두에로 지방으로, 이곳의 높은 표고와 극단적인 일교차, 그리고 백악질 토양에서 최상의 뗌쁘라니요 와인이 생산되고 있습니다.

리오하 지방에서는 전통적으로 뗌쁘라니요를 블렌딩해 와인을 만들고 있습니다. 이 품종은 당도와 산도가 낮기 때문에 전통적으로 가르나차 띤따, 까리냥Carignan으로 알려진 마수엘로

Mazuelo, 그라시아노Graciano 품종과 블렌딩해 만들며, 가르나차 띤따는 당도를, 마수엘로는 산도를 보완하는 목적으로 사용되고 있습니다. 일부 포도원에서는 까베르네 쏘비뇽, 메를로 등과 같은 프랑스계 품종과 블렌딩하는 경우도 있습니다.

반면 리베라 델 두에로 지방은 뗌쁘라니요 품종을 90~100% 사용해 와인을 만듭니다. 이 품종으로 만든 와인은 자두, 딸기, 베리, 허브, 담뱃잎, 가죽 등의 향과 함께 타닌과 산도의 밸런스가 좋고 오크통에서 숙성시킨 고품질의 와인은 장기 숙성도 가능합니다. 또한 최근에는 보졸레 누보를 생산하는 탄산가스 침용Carbonique Macération 기술을 적용해 뗌쁘라니요 단일 품종으로 만들기도 합니다. 바로 소비할 수 있는 호벤 스타일의 와인으로, 딸기 향과 풍미가 가득하며, 인기가 점점 높아지고 있습니다.

- 가르나차 띤따(Garnacha Tinta)

스페인의 아라곤 주가 원산지인 가르나차 띤따는 프랑스에서는 그르나슈 누아Grenache Noir로 잘 알려져 있습니다. 스페인에서 가르나차 띤따의 재배 면적은 57,907헥타르로, 뗌쁘라니요, 보발Bobal에 이어 세 번째로 많이 재배되고 있습니다.

가르나차 띤따는 가뭄이나 더위에 비교적 강한 품종이라 스페인과 같이 덥고 건조한 기후에서 잘 자랍니다. 그러나 발아가 비교적 빠르고 늦게 익기 때문에 긴 생육 기간을 요합니다. 따라서 풍미가 익을 때까지 기다렸다가 수확하게 되면 진한 과실 풍미와 알코올 도수가 매우 높은 와인이 되며, 신맛도 적어 약간의 단맛을 느끼는 경우도 있습니다. 또한 지중해성 품종이라 불리는 가르나차 띤따는 두꺼운 껍질을 지니고 있지만, 껍질 속에 색소 성분과 타닌 성분이 상대적으로 적어 단일 품종으로 생산된 와인은 색이 엷고 타닌도 적은 것이 보통입니다. 이러한 이유로 생산자의 대부분은 다른 품종과 블렌딩해 와인을 만들고 있는데, 일부 생산자의 경우 비가 적게 내려 수분 스트레스가 있는 포도밭에서 수확량을 인위적으로 감량해 만들고 있습니다. 이렇게 만든 와인은 색이 아주 진하고 타닌이 강한 것이 특징입니다.

스페인에서도 가르나차 띤따는 주로 블렌딩해 만들고 있으며, 쁘리오라트, 리오하, 아라곤, 나바라 등의 스페인 북부 지역에서 중앙부에 걸쳐 폭넓게 재배되고 있습니다. 특히 20세기 후반, 쁘리오라트 지역은 가르나차 띤따의 성공과 함께 세계적인 산지로 부상했으며, 수령이 오래된 가르나차 띤따에서 수확량을 낮춰 복합적인 향과 풍미를 지닌 파워풀한 레드 와인을 생산하고 있습니다.

- 모나스트렐(Monastrell)
프랑스의 무르베드르Mourvèdre와 동일한 품종인 모나스트렐은 스페인이 원산지라고 추정하고 있습니다. 이 품종은 껍질이 두껍고, 가뭄에 강한 품종으로, 포도를 잘 성숙하기 위해서는 충분한 일조량과 따뜻한 토양이 요구됩니다. 하지만 이러한 조건들이 충족되었다 하더라도 포도를 완숙시키는 것은 무척 어렵습니다. 또한 노균병과 오이듐병에 저항력이 약하며 이런 재배상의 어려움 때문에, 품질적인 면에서 우수한 품종임에도 불구하고 세계적으로 재배 면적은 그리 넓지 않습니다.

스페인은 모나스트렐의 주요 생산 국가입니다. 2015년 기준, 재배 면적은 43,049헥타르로, 뗌쁘라니요, 보발, 가르나차 띤따에 이어 네 번째로 많이 재배되고 있습니다. 스페인에서는 남동부의 레반떼 지역에서 주로 재배되고 있고, 라 리오하, 아라곤 주에서도 오래된 포도밭에서 일부 재배되고 있습니다. 특히, 이 품종을 쉽게 완숙시킬 수 있는 후미야Jumilla, 예끌라Yecla와 같은 남동부 산지에서 검은색 과실, 강한 향신료 풍미와 강건한 타닌과 높은 알코올, 그리고 부드러운 신맛을 가진 와인을 만들고 있습니다. 또한, 까딸루냐 주에서는 까바 생산에도 쓰이고 있을 뿐만 아니라, 주정 강화 와인과 로제 와인에도 사용되고 있습니다.

- 멘시아(Mencía)
멘시아는 이베리아 반도 서부가 원산지로, 중세 시대에 산띠아고 데 꼼뽀스텔라Santiago de Compostela로 향하는 유럽의 순례자들에 의해 이베리아 반도에 유입되었을 것이라고 추측하고 있습니다. 한때 이 품종은 까베르네 프랑의 클론으로 여겨졌으나, 마드리드 공과 대학의 식물 생물학과에서 DNA 검사를 통해 포르투갈의 자엔 두 다웅Jaen do Dão과 동일한 품종으로 밝혀졌습니다. 멘시아는 생육 및 포도 성숙 기간이 짧고 수세는 그다지 강하지 않은 품종입니다.

껍질은 두껍지 않은 편이며, 뗌쁘라니요에 비해 타닌과 신맛이 적지만, 풀내음과 신선한 과일 풍미가 특징입니다.

1990년대 이후로 두각을 나타내며 있는 멘시아는 점점 더 많은 스페인 생산자들에 의해 재배되고 있으며, 현재 재배 면적은 9,100헥타르가 조금 넘습니다. 서늘한 지역에서 잘 자라는데 특히, 비에르소Bierzo 지방이 이 품종으로 유명합니다. 필록세라 피해 이후, 비에르소 지방에서는 비옥한 평야 지대에서 멘시아 품종을 재배했습니다. 결국, 수확량은 높아지고 와인은 밋밋하고 희석되는 결과를 초래했습니다. 이곳에서 만든 멘시아 와인의 대부분은 전통적으로 향은 풍부하지만 맛은 옅고 수명이 길지 않아 빨리 마셔야 했습니다. 그러나 최근 몇 년 동안, 리까르도 뻬레스 빨라시오스Ricardo Pérez Palacios와 같은 젊은 양조가들에 의해 멘시아의 품질이 향상되기 시작했습니다. 이들은 비에르소 지방의 주요 토양인 점토를 대신해 척박한 편암 토양을 주목했고, 경사지에 계단식 포도밭을 개척해 오래된 수령의 멘시아를 가지고 와인을 만들었습니다. 또한 포도는 잠재 알코올 도수가 14% 정도가 될 때까지 성숙시켰으며, 와인은 신선한 과일 풍미와 함께 더 농축되고 복합적인 풍미를 가지게 되었습니다.

TIP!

뗌쁘라니요의 별명

스페인의 전 국토에서 재배되고 있는 뗌쁘라니요는 여러 개의 별칭이 있습니다. 까딸루냐 주에서는 율 데 예브레Ull de Llebre 또는 오호 데 예브레Ojo de Llebre, 중앙부의 라 만차 지방에서는 센시벨Cencibel이라고 부릅니다. 그리고 북쪽의 마드리드 부근에서는 띤또 데 마드리드Tinto de Madrid, 까스띠야-이-레온 주에서는 띤또 피노Tinto Fino 또는 띤또 델 빠이스Tinto del Pais, 그리고 또로 지방 인근에서는 띤따 데 또로Tinta de Toro 등으로 불리고 있습니다.

- 그라시아노(Graciano)

그라시아노는 최근에 다시 뜨고 있는 적포도 품종으로, 스페인이 원산지입니다. 18세기 후반, 리오하와 나바라 지역, 특히 리오하 알따Rioja Alta와 리오하 알라베사Rioja Alavesa 지구에서 가장 많이 재배되었다는 기록이 남아 있습니다.

그라이사노는 생육 기간이 긴 품종으로, 뗌쁘라니요에 비해 약 10일 정도 늦게 익습니다. 수확은 일반적으로 10월 말에 진행하고 있으며, 수확량은 낮은 편입니다. 포도 알의 크기는 중간 정도로 껍질과 과육의 비율이 균형 잡혀 있습니다. 이 품종은 따뜻하고 건조한 기후에서 잘 자라는데, 완숙되면 까베르네 쏘비뇽에 필적하는 농후한 색과 강한 과일 풍미, 그리고 숙성 능력이 탁월합니다.

오늘날 리오하, 나바라 지역에서 재배되고 있는 그라시아노는 특히, 리오하 지방이 주요 산지입니다. 리오하 지방의 재배 면적은 395헥타르로, 전체 재배되는 품종의 0.7% 정도밖에 되지 않지만 최상급 와인을 만들 때 사용되고 있습니다. 이때 그라시아노는 뗌쁘라니요에 소량 블렌딩되어, 와인의 구조감과 강렬한 검은 과일 풍미, 산도와 타닌을 더해주는 역할을 하고 있습니다.

이 외에 적포도 품종으로는 까리녜나Cariñena, 보발Bobal 등의 토착 품종과 까베르네 쏘비뇽, 메를로, 씨라 등의 프랑스계 품종도 재배되고 있습니다. 특히, 까리녜나는 프랑스의 까리냥과 동일한 품종으로, 리오하 지방에서는 마수엘로로 불리고 있으며, 뗌쁘라니요와 블렌딩되어 진한 색의 높은 타닌과 산도를 지닌 와인이 생산되고 있습니다.

Tempranillo

TEMPRANILLO

떔쁘라니요의
주요 아로마

- 체리
- 라즈베리
- 블랙베리
- 무화과

TANNIN
[떫은맛]   LOW   MEDIUM   HIGH

ACIDITY
[신맛]   LOW   MEDIUM   HIGH

ALCOHOL
[알코올]   LOW   MEDIUM   HIGH

GARNACHA TINTA

가르나차 띤따의
주요 아로마

- 딸기
- 서양 자두
- 로즈마리
- 감초

TANNIN
[떫은맛]   LOW   MEDIUM   HIGH

ACIDITY
[신맛]   LOW   MEDIUM   HIGH

ALCOHOL
[알코올]   LOW   MEDIUM   HIGH

MACABEO

마까베오의
주요 아로마

- 레몬
- 멜론
- 카모마일
- 밀랍

ACIDITY
[신맛]   LOW   MEDIUM   HIGH

ALCOHOL
[알코올]   LOW   MEDIUM   HIGH

SWEET
[단맛]   LOW   MEDIUM   HIGH

ALBARIÑO

알바리뇨의
주요 아로마

- 레몬
- 자몽
- 사과
- 복숭아

ACIDITY
[신맛]   LOW   MEDIUM   HIGH

ALCOHOL
[알코올]   LOW   MEDIUM   HIGH

SWEET
[단맛]   LOW   MEDIUM   HIGH

SPAIN

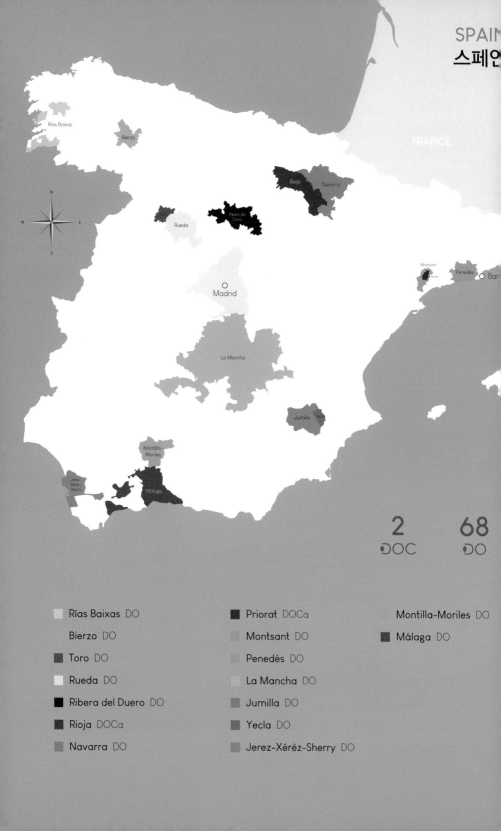

SPAIN
스페인

FRANCE

Rías Baixas

Bierzo

Rioja   Navarra

Rueda   Ribera del
            Duero

Montsant
                                    Penedès   Bar
                    Priorat

○
Madrid

La Mancha

Jumilla

Montilla
Moriles

Jerez-
Xérèz-
Sherry
        Málaga

2   68
ᗺOC   ᗺO

Rías Baixas DO   Priorat DOCa   Montilla-Moriles DO

Bierzo DO   Montsant DO   Málaga DO

Toro DO   Penedès DO

Rueda DO   La Mancha DO

Ribera del Duero DO   Jumilla DO

Rioja DOCa   Yecla DO

Navarra DO   Jerez-Xérèz-Sherry DO

GALICIA

Rías Baixas

Ribeiro Sacra

- Rías Baixas DO
- Ribeiro DO
- Ribeiro Sacra DO
- Valdeorras DO
- Monterrei DO

ALBARIÑO

리아스 바이사스 DO

스페인 북서부의 갈리시아 주에 위치한 리아스 바이사스 지방은 비교적 작은 산지로, 강 하구를 형성하는 다섯 개의 리아스에서 지명이 유래되었습니다. 이곳의 해안선은 매우 복잡한데, 실제로 리아스식 해안의 발상지이기도 합니다.

리아스 바이사스는 1988년에 DO 등급을 획득했으며, 원산지는 갈리시아 해안을 따라 5개 생산 지구로 이루어져 있습니다. 온난한 해양성 기후의 리아스 바이사스 지방은 대서양의 영향을 많이 받습니다. 그러나 위도적으로 높은 지역이기 때문에 비교적 기온은 낮고, 계절과 밤낮의 온도차가 적으며, 연간 강우량은 1,500mm를 초과하는 경우가 많습니다. 이러한 기후적 특성은 이 지방을 화이트 와인 산지로 자리매김하는데 일조했으며, 특히 알바리뇨 품종이 매우 유명합니다.

06

스페인의 와인 산지

스페인의 행정 구역은 17개의 자치 주Comunidad Autónoma와 세우타, 멜리야의 2개 해외 자치 시Ciudad Autónoma로 구성되어 있습니다. 현재 와인은 17개의 자치 주 전역에서 생산되고 있으며, 그 중 까스띠야-라 만차 주가 재배 면적이 가장 넓습니다. 우수한 품질의 와인은 라 리오하 주를 선두로 까딸루냐 주의 쁘리오라트와 뻬네데스, 갈리시아 주의 리아스 바이사스, 까스띠야-이-레온 주의 리베라 델 두에로와 또로, 안달루시아 주의 헤레즈-세레즈-셰리 지방에서 생산되고 있습니다.

스페인은 DO 법에 따라 데노미나시온 데 오리헨 깔리피까다DOCa는 2개, 데노미나시온 데 오리헨DO는 68개, 비노 데 빠고VP는 19개, 비노스 데 깔리다드 꼰 인디까시온 헤오그라피까VC는 7개, 비노 데 라 띠에라VT는 42개가 존재하며, 다음은 각 주를 대표하는DOCa 및 주요 DO 산지에 관해서만 다루도록 하겠습니다.

갈리시아 주(Galicia)

- 리아스 바이사스(Rías Baixas DO): 3,500헥타르

스페인 북서부의 갈리시아 주에 위치한 리아스 바이사스 지방은 비교적 작은 산지로, 강 하구를 형성하는 5개의 리아스에서 지명이 유래되었습니다. 이곳의 해안선은 매우 복잡한데, 실제로 리아스식 해안의 발상지이기도 합니다. DO등급은 1988년에 획득했으며, 원산지는 갈리시아 해안을 따라 48km 펼쳐진 5개의 생산 지구Sub-Zone로 이루어져 있습니다.

리아스 바이사스 지방은 온난한 해양성 기후로, 대서양의 영향을 많이 받습니다. 그러나 위도적으로 높은 지역이기 때문에 비교적 기온은 낮고, 계절과 밤낮의 온도 차이가 적으며, 연간 강우량은 1,500mm를 초과하는 경우가 많습니다. 이러한 기후적 특성은 리아스 바이사스 지방을 화이트 와인 산지로 자리매김하는데 일조했으며, 특히 알바리뇨 품종이 매우 유명합니다. 이 품종은 껍질이 두꺼워 노균병 등 곰팡이병에 강하기 때문에 강우량이 높은 리아스 바이사스 지방에서 재배하는데 문제가 되지 않습니다. 12세기 시토회 수도사에 의해 리아스 바이사스 지방에 알바리뇨가 유입되었을 것이라 추측하고 있으며, 현재 재배 면적의 90%를 차지하고 있습니다.

강우량이 많아 습한 리아스 바이사스 지방은 전통적으로 페르골라와 유사한 빠라스Parras라 불리는 수형 관리를 채택해 포도를 재배하고 있습니다. 사람보다 높게 세워진 선반형의 빠라스는 포도밭에 공기가 잘 통하게 해주어 곰팡이병의 피해를 방지하고 수세가 강한 알바리뇨의 나무 기세와 상태를 조절할 수 있게 해줍니다. 최근에는 젊은 생산자들에 의해서 다양한 포도 나무 수형 방식이 도입되고 있습니다.

리아스 바이사스 지방에는 5개의 생산 지구가 존재하는데, 그 중, 폰떼베드라Pontevedra 지방에 발 도 살네스Val do Salnés, 오 로살O Rosal, 꼰다도 도 떼아Condado do Tea, 수또마이오르Soutomaior 4개, 그리고 라 꼬루냐La Coruña 지방에 리베라 도 우이야Ribera do Ulla 1개가 속해 있습니다.

리아스 바이사스의 최초로 지정된 발 도 살네스는 가장 오래된 생산 지구로, 우미아Umia 강 하류에 위치해 있습니다. 이 생산 지구는 알바리뇨의 발상지로 여겨지며, 많은 포도원들이 밀집해 있습니다. 낮은 언덕 지형의 발 도 살네스는 대서양에 바로 붙어 있어 서늘하고 습한 바닷바람이 그대로 유입되기 때문에 가장 습도가 높고 서늘합니다. 포도밭은 경사면과 계곡 바닥에 자리잡고 있으며, 토양은 충적토와 화강암이 지배적입니다. 이곳에서는 미네랄 풍미를 지닌 생기 넘치는 화이트 와인이 생산되고 있습니다. 리아스 바이사스 발 도 살네스Rías Baixas Val do Salnés DO는 알바리뇨를 최소 70% 사용해야 하며, 법적 최저 알코올 도수는 11%로 규정하고 있습니다.

오 로살은 포르투갈 국경을 따라 남쪽에 위치하고 있는 생산 지구입니다. 언덕이 많은 지형으로 최고의 포도밭은 남향의 경사지에 위치하며, 충적토와 화강암 토양에서 신맛이 매우 약한 와인을 생산하고 있습니다. 리아스 바이사스 오 로살Rías Baixas O Rosal DO은 알바리뇨와 로우레이로Loureiro를 최소 70% 사용해야 하며, 법적 최저 알코올 도수는 11%로 규정하고 있습니다.

꼰다도 도 떼아는 포르투갈 국경을 따라 오 로살의 동쪽에 위치한 생산 지구입니다. 해안에서 가장 멀리 떨어져 있어 생산 지구 중 가장 따뜻하며, 이곳의 화강암과 점판암 토양의 계단식 포도밭에서는 힘있는 와인을 생산하고 있습니다. 리아스 바이사스 꼰다도 도 떼아Rías Baixas Condado de Tea DO는 알바리뇨와 뜨레이사두라Treixadura를 최소 70% 사용해야 하며, 법적 최저 알코올 도수는 11%로 규정하고 있습니다.

1996년에 생산 지구로 인정 받은 수또마이오르는 폰떼베드라 지방 남쪽에 위치해 있습니다. 가장 작은 생산 지구로, 재배 면적은 12헥타르, 포도원은 3곳에 불과하며 화강암 기반에 가벼운 모래 토양의 구릉지에서 미네랄 풍미를 지닌 와인이 생산되고 있습니다.

라 꼬루냐La Coruña 지방에 속한 리베라 도 우이야는 가장 북쪽에 위치한 생산 지구입니다. 비교적 최근인 2000년에 서브 지역으로 인정을 받았으며 토양은 주로 충적토로 구성되어 있습니다. 리아스 바이사스 리베라 도 우이야Rías Baixas Ribeira do Ulla DO는 알바리뇨를 최소 70% 사용해야 하며, 법적 최저 알코올 도수는 11%로 규정하고 있습니다.

리아스 바이사스의 원산지 관리 위원회는 화이트 와인 생산에 알바리뇨와 함께 로우레이로, 뜨레이사두라, 또론떼스Torrontés, 까이뇨 블랑꼬Caiño Blanco 등 12가지 청포도 품종을 허가해 주고 있습니다. 리아스 바이사스Rías Baixas DO는 최저 알코올 도수 11.3%로, 허가된 청포도 품종을 사용해 만들어야 하며, 리아스 바이사스 알바리뇨Rías Baixas Albariño DO로 표기된 경우, 최저 알코올 도수는 동일하지만, 알바리뇨 단일 품종으로만 만들어야 합니다. 반면, 오크통 숙성을 한 와인은 리아스 바이사스 바리까Rías Baixas Barrica DO로 표기됩니다. 법적 최저 알코올 도수 11.3%로, 리아스 바이사스 와인을 오크통에서 최소 3개월 동안 숙성시키면 표기가 가능합니다. 또한, 리아스 바이사스 에스뿌모소스Rías Baixas Espumosos의 스파클링 와인과 리아스 바이사스 띤또스Rías Baixas Tintos의 레드 와인도 소량 생산되고 있지만, 화이트 와인만큼 품질적으로 뛰어나지는 않습니다.

최근까지만 해도 아무도 거들떠보지 않았던 리아스 바이사스 지방은 1990년대부터 변화하기 시작했습니다. 특히, 온도 조절 장치가 있는 스테인리스 스틸 탱크를 도입해 알바리뇨의 섬세한 과일 향과 풍미를 최대한 이끌어낼 수 있게 되었습니다. 또한 이 품종이 지닌 높은 산도를 잘 살려 신선하고 방향성이 풍부한 화이트 와인을 만들고 있습니다. 그 결과, 리아스 바이사스 지방은 원산지와 함께 알바리뇨 품종도 전 세계적으로 주목을 받게 되었습니다.

TIP!

리아스 바이사스의 지명 유래

리아스Rías는 스페인어로 '범람한 강 계곡'을 뜻하며, 해안을 따라 강 하구를 형성하는 5개의 리아스에서 리아스 바이사스 지명이 유래되었습니다. 리아 데 꼰꾸비온Ría de Concubión, 리아 데 무로스 에 노이아Ría de Muros e Noia, 리아 데 아로우사Ría de Arousa, 리아 데 폰떼베드라Ría de Pontevedra, 리아 데 비고Ría de Vigo 5개를 합쳐 리아스라고 하며, 갈리시아어로 리아스 바이사스는 낮은 리아스Lower Rias를 의미합니다.

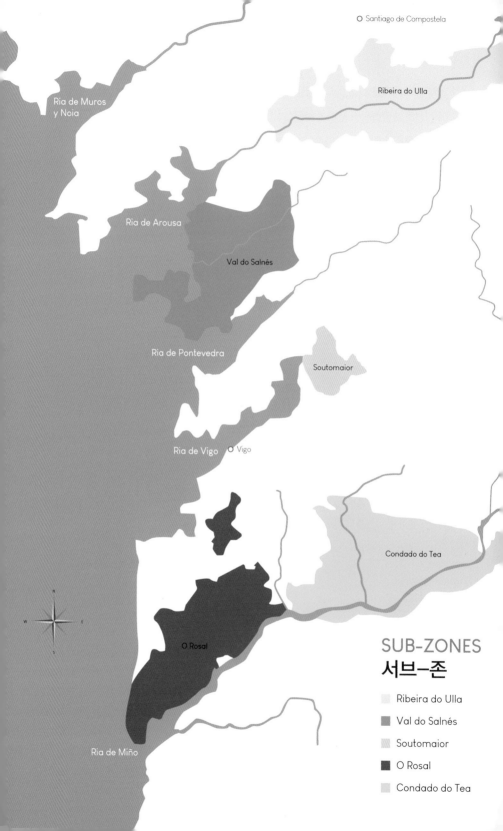

O Santiago de Compostela

Ria de Muros
y Noia

Ribeira do Ulla

Ria de Arousa

Val do Salnés

Ria de Pontevedra

Soutomaior

Ria de Vigo   O Vigo

Condado do Tea

O Rosal

Ria de Miño

SUB-ZONES
서브-존

Ribeira do Ulla

Val do Salnés

Soutomaior

O Rosal

Condado do Tea

FRANCE

Bierzo

CASTILLA-Y-LEÓN

Ribera del Duero

Rueda

O
Madrid

■ Bierzo DO   ▨ Rueda DO

▨ Toro DO   ■ Ribera del Duero DO

● MENCÍA   ● ALICANTE BOUSCHET

비에르소 DO

비에르소는 까스띠야-이-레온 주의 북서쪽에 위치한 와인 산지로, 멘시아 품종의 레드 와인을
지배적으로 많이 생산하고 있습니다. 1989년, DO 등급으로 인정받았으며, 산지는 수많은 작은
계곡으로 이뤄진 산악 지대인 알또 비에르소와 평야 지대인 바호 비에르소로 나뉘고 있습니다.
비에르소 지방은 행정 구역상 까스띠야-이-레온 주에 속하지만, 갈라시아 주와 메세타 고원의
경계를 짓는 산맥 사이에 위치해 있기 때문에 두 지역의 기후 특성을 모두 갖고 있습니다.

까스띠야-이-레온 주(Castilla-y-León)

- 비에르소(Bierzo DO): 3,000헥타르

비에르소는 까스띠야-이-레온 주의 북서쪽에 위치한 와인 산지로, 멘시아 품종의 레드 와인을 지배적으로 많이 생산하고 있습니다. 1989년, DO 등급으로 인정받았으며, 원산지는 수많은 작은 계곡으로 이뤄진 산악 지대인 알또 비에르소Alto Bierzo와 넓은 평야 지대인 바호 비에르소Bajo Bierzo로 나뉘고 있습니다. 비에르소 지방은 행정 구역상 까스띠야-이-레온 주에 속해있지만, 갈리시아 주와 메세타 고원의 경계를 짓는 산맥 사이에 위치해 있기 때문에 두 지역의 기후 특성을 모두 갖고 있습니다. 갈리시아 주보다는 따뜻하지만, 서늘한 해양성의 영향을 받아 까스띠야-이-레온 주에 비해서는 서늘한 편입니다. 연 평균 강우량은 700mm를 약간 넘고, 연간 일조량은 약 2,200시간 정도, 여름철 낮 최고 기온은 24도 정도입니다. 토양은 다소 차이가 있는데, 알또 비에르소는 점판암과 석영 혼합물로 구성되어 있는 반면, 바호 비에르소는 점토가 주를 이루고 있습니다.

비에르소의 와인 역사는 로마 시대 이전의 문헌에 기록될 정도로 오래되었으며, 중세 시대에는 시토회 수도사들에 의해 포도 재배가 확장되었습니다. 당시까지만 해도 비에르소 와인은 평판이 좋았으나, 필록세라 병충해의 출현과 함께 와인 산업은 심각한 타격을 입게 되었습니다. 필록세라 피해 이후, 비에르소 지방에서는 비옥한 평야 지대인 바호 비에르소에 멘시아 품종을 재배했는데, 그로 인해 수확량은 높아지고 와인은 희석되어 밋밋해졌습니다.

1990년대 후반까지 비에르소 지방은 빛을 못 보던 평범한 산지였으나, 2000년 이후, 젊은 생산자들의 시도에 의해 새로운 스타일의 멘시아가 탄생되었습니다. 리까르도 뻬레스 빨라시오스를 중심으로 라울 뻬레스Raúl Pérez, 알레한드로 루나Alejandro Luna, 아만시오 페르난데스Amancio Fernández 4명의 혁신적인 젊은 양조가들은 비에르소 지방의 주요 토양인 점토를 대신해 척박한 편암 토양에 주목했고, 알또 비에르소의 경사지에 계단식 포도밭을 개척해 100년이 넘는 오래된 수령의 멘시아를 가지고 와인을 만들었습니다. 또한 포도는 잠재 알코올 도수가 14% 정도가 될 때까지 최대한 성숙시켰고, 그 결과, 와인은 신선한 과일 향과 함께 더 농축되고 복합적인 풍미를 가지게 되었습니다. 이들이 만든 비에르소 와인은 여러 차례 쁘리오라트 와인과 유사성이 지적되었는데, 이것은 우연이 아닙니다. 리까르도 뻬레스 빨라시오스는 쁘리오라트 산지를 부흥시킨 5명 중 한 사람인, 알바로 빨라시오스Álvaro Palacios의 조카로, 삼촌인 알바로 빨라시오스의 영향을 강하게 받았습니다. 또한 비에르소 프로젝트에도 알바로 빨라시오스가 도움을 주고 있기 때문에 비에르소 와인에서 쁘리오라트가 연상되는 것은 당연한 결과라 할 수 있습니다.

원산지 관리 위원회의 규정에 따라 비에르소 레드 와인은 멘시아를 주체로 프랑스에서 알리깐떼 부쉐Alicante Bouschet로 알려진 가르나차 띤또레라Garnacha Tintorera를 사용하고 있으며, 화이트 와인은 도냐 블랑까Doña Blanca, 고데요Godello, 빨로미노를 사용해 만들고 있습니다.

- 또로(Toro DO): 6,000헥타르

또로는 사모라Zamora 지방에서 생산되는 와인의 원산지 명칭으로, 까스띠야-이-레온 주의 서쪽 끝에 위치하고 있습니다. 1987년 DO 등급으로 인정받았으며, 사모라 남동쪽 모서리에 위치한 띠에라 델 비노Tierra del Vino, 바예 델 구아레냐Valle del Guareña, 그리고 띠에라 데 또로 Tierra de Toro 3개 지역이 DO 산지로 적용 받고 있습니다.

또로는 1세기 말부터 와인을 만든 역사적인 산지였으나, 주목을 받은 것은 비교적 최근입니다. 1990년대 이웃 산지인 리베라 델 두에로 지방과 비슷한 변화를 겪으며, 지난 20년 간 와인 산업은 크게 발전해 1980년대 7개였던 포도원은 현재 62개로 크게 증가했습니다. 그 중에서도, 보데가 누만티아Bodega Numanthia와 베가 시실리아Vega Sicilia에서 설립한 삔띠아Pintia, 그리고 보데가스 마우로Bodegas Mauro에서 설립한 보데가스 산 로만Bodegas San Román, 깜포 엘리세오 Campo Elíseo 등의 포도원은 또로 와인의 잠재성을 세계적으로 증명했는데, 특히 스페인의 컬트 와인으로 불리는 누만티아 포도원은 2008년에 다국적 기업인 LVMH에서 최고가로 매입하면서 큰 이슈가 되었습니다. 또한 뽀므롤의 유명 양조 컨설턴트인 다니와 미셸 롤랑Dany & Michel Rolland 부부는 또로 와인에 깊은 감명을 받고, 프랑스의 유명 샤또의 소유주인 프랑수아 뤼똥

Francois Lurton과 합작 투자해 깜포 엘리세오 포도원을 설립했습니다. 이를 통해 또로 지역은 첨단 설비와 현대적인 양조 시설로 전환해 성공적인 레드 와인 산지로 탈바꿈하게 되었습니다.

또로 지역은 뗌쁘라니요의 클론으로 알려진 띤따 데 또로Tinta de Toro라는 적포도 품종이 유명합니다. 필록세라 피해를 겪는 동안, 또로 와인은 프랑스로 많은 양이 수출되었는데, 이는 필록세라 피해를 거의 입지 않았기 때문입니다. 이 지역은 필록세라 해충이 자생하기 힘든 모래 토양이 주를 이루고 있어, 여전히 포도밭의 60%는 접붙이기를 하지 않은 오래된 포도 나무가 자라고 있습니다. 게다가 50년 이상의 고령목의 재배 면적은 1,200헥타르 정도이고, 100년 넘은 고령목도 125헥타르나 됩니다.

또로는 스페인어로 '황소'를 의미합니다. 지명이 어떻게 생겨났는지는 정확하게 알 수 없지만, 확실한 것은 또로 와인이 황소처럼 견고하다는 것입니다. 13세기에 또로 와인은 왕족들에게 특히 인기가 많았는데, 1188~1230년까지 재위했던 레온 왕, 알폰소 9세Alfonso IX는 또로 와인을 마시면서 '나에게 황소 와인을 주었고, 그것을 마시는 사자가 있다'라고 말했다고 합니다. 1933년, 또로 지역은 스페인 최초로 DO 등급을 받은 산지 중 하나였으나, 스페인 내전 이후에 큰 피해를 입었습니다. 결국 이전에 받은 등급은 쓸모 없게 되었고, 1970년에 국립 원산지 명칭 관리 위원회 설립되고 난 이후, 1987년 새롭게 DO 등급으로 인정을 받게 되었습니다.

또로 지역은 극단적인 대륙성 기후로, 인근의 리베라 델 두에로와 유사한 기후 조건을 지니고 있습니다. 연간 일조량은 2,600~3,000시간 정도이고, 여름 최고 기온은 37도까지 올라갑니다. 연간 강우량은 350~400mm 정도로 건조하기 때문에 포도 나무의 식재 밀도는 헥타르당 1,000그루 정도로 매우 낮습니다.

토양은 모래와 점토, 그리고 석회가 함유된 역암Pudding Stone으로 구성되어 있고, 표토에는 모래와 석회질이 덮여 있습니다. 포도밭은 표고 580~760미터 사이에 위치해 있는데, 85% 정도가 띤따 데 또로 품종을 재배하고 있습니다. 뗌쁘라니요 클론답게 이 품종 역시 껍질이 두껍고, 또로 지역의 뜨거운 햇살 아래 완숙되면, 높은 알코올 도수와 타닌, 그리고 묵직한 무게감을 지니게 됩니다. 최근에는 탄산가스 침용 기술을 사용해 과실 맛의 신선한 스타일로 만들고 있지만, 오크통에서 숙성시킨 레세르바, 그란 레세르바의 경우, 견고한 구조감과 힘을 지닌 황소 같은 와인으로 장기 숙성에 적합합니다.

DO 규정에 따라 또로 지역은 원산지 관리 위원회에서 승인된 품종만을 사용해 와인을 만들고 있습니다. 레드 와인의 법적 최저 알코올 도수 12.5~15%로, 띤따 데 또로 단일 품종으로만 만들어야 하며, 로블레Roble로 표기된 와인은 가르나차를 10% 사용할 수 있습니다. 로블레는 호벤에 해당하는 레드 와인으로, 과실 맛이 풍부하고 가벼운 스타일입니다.

또한 화이트 와인과 로제 와인도 소량 생산되고 있습니다. 화이트 와인의 법적 최저 알코올 도수 11~13%로, 말바시아 100%, 또는 베르데호 100%로 만들어야 하고, 로제 와인은 법적 최저 알코올 도수가 11~14%로, 띤따 데 또로 50%, 가르나차 50%로 만들어야 합니다.

TORO
또로

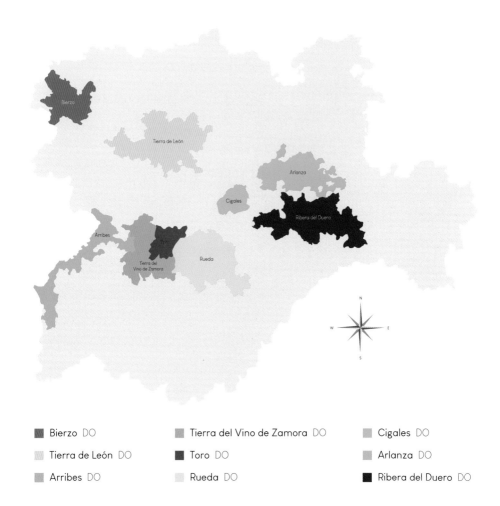

■ Bierzo DO

▨ Tierra de León DO

■ Arribes DO

▨ Tierra del Vino de Zamora DO

■ Toro DO

Rueda DO

Cigales DO

Arlanza DO

■ Ribera del Duero DO

또로 DO

또로는 사모라 지방에서 생산되는 와인의 원산지 명칭으로, 까스띠야-이-레온 주의 서쪽 끝에 위치하고 있습니다. 사모라 남동쪽 모서리에 위치한 띠에라 델 비노, 바예 델 구아레냐, 그리고 띠에라 데 또로 3개 지역이 DO산지로 적용 받고 있으며, 뗌쁘라니요의 클론으로 알려진 띤따 데 또로라는 적포도 품종이 유명합니다.

- 루에다(Rueda DO): 17,000헥타르

까스띠야-이-레온 주에 있는 루에다 지구는 또로와 리베라 델 두에로 사이에 위치한 와인 산지입니다. 까스띠야-이-레온 주 최초의 DO 산지로, 1980년 DO 지위를 획득했습니다. 현재 루에다의 원산지는 74개 마을로 이루어져 있으며, 53개 마을은 바야돌리드Valladolid 지방 남쪽에, 17개 마을은 세고비아Segovia 지방 북서쪽에, 나머지 4개는 아빌라Ávila 지방 북쪽에 각각 위치하고 있습니다.

루에다 지역의 와인 생산에 관해 처음으로 문헌상에 기록된 것은 11세기입니다. 알폰소 6세 Alfonso VI는 이 지역 정착민들에게 토지 소유권을 제안했고, 수많은 개인과 수도원들이 토지 소유권을 넘겨 받아 포도를 재배하기 시작했습니다. 18세기 동안에는 지금보다 더 많은 포도밭이 존재했지만, 토착 품종인 베르데호만 재배했습니다. 당시 생산자들은 지역에서 얻은 점토를 사용해 청징 작업을 진행했고, 깨끗하고 투명한 화이트 와인은 상업적으로 큰 성공을 거두었습니다. 하지만 1890~1922년 동안, 루에다 지역은 필록세라 해충으로 인해 포도밭의 2/3가 파괴되었습니다. 이후 접붙이기한 포도 나무로 옮겨 심었으며, 이때 품질보다는 생산성에 따라 수확량이 많은 품종을 선택해 재배했습니다. 그 결과, 와인의 품질은 떨어져서 오랫동안 벌크 와인으로 판매되었고, 루에다 와인의 명성은 내리막길을 걷게 되었습니다.

침체기를 겪고 있었던 루에다 와인 산업에 변화를 가져다 준 인물은 마르케스 데 리스깔입니다. 1972년 리오하 지방의 유명 생산자인 마르케스 데 리스깔은 루에다 지역에 포도원을 설립해 대대적으로 투자했으며, 혐기성 양조 방식 등의 현대적인 양조 기술을 도입해 과실 향이 풍부하고 상쾌한 드라이 타입의 베르데호 화이트 와인을 만들기 시작했습니다. 마르케스 데 리스깔의 고품질 베르데호 화이트 와인 덕분에 루에다 지역은 행운이 깃들기 시작했고, 결국 DO 산지로 거듭나게 되었습니다.

루에다 지구는 대륙성 기후로, 겨울은 춥고 여름은 덥고 건조합니다. 연간 일조량은 2,700시간 정도로, 여름 최고 기온은 30도까지 올라가기도 하지만, 일교차가 있어 서늘한 여름 밤이 지역의 장점으로 부각되고 있습니다. 연간 강우량은 400mm 정도로 봄과 가을에 집중적으로 비가 내리고 있습니다. 루에다 지구는 평탄한 고지대로, 700~790미터의 높은 표고에서 포도를 재배하고 있어 겨울 및 봄 서리와 강풍, 우박의 위험이 있습니다. 이곳에는 두에로Duero 강이 흐르고 있는데 강 근처는 석회질이 풍부한 백악질의 충적토로 이루어져 있고, 남쪽은 자갈과 점토 기반 위에 갈색토와 모래가 덮여 있어 배수가 좋고 철분이 풍부한 편입니다.

루에다 지구는 이웃의 또로, 리베라 델 두에로 산지와는 달리 화이트 와인 생산에 주력하고 있습니다. 실제로 DO 등급으로 인정받은 1980년부터 1994년까지 화이트 와인만 생산했으며, 특히 베르데호를 주체로 만든 화이트 와인이 유명했습니다. 역사적으로 셰리와 비슷한 주정 강화 와인인 루에다 도라도Rueda Dorado, 금 의미 또는 비노스 헤네로소스Vinos Generosos도 지금까지 생산되고 있지만, 점점 감소 추세로 이제는 존재감이 없습니다.

현재 17,000헥타르의 재배 면적 중, 적포도 품종은 500헥타르를 차지하고 있으며, 레드 와인의 대부분은 비노 데 라 띠에라 까스띠야-이-레온 VT 등급으로 판매되고 있습니다. 또한 2008년부터 레드 와인과 로제 와인도 루에다 DO 등급으로 생산 가능해졌는데, 규정에 따라 뗌쁘라니요, 까베르네 쏘비뇽, 가르나차, 메를로 품종을 사용해 만들고 있습니다.

루에다 지구는 원산지 관리 위원회의 규정에 따라, 화이트 와인 생산에 베르데호, 쏘비뇽 블랑, 비우라Viura/Macabeo, 빨로미노 피노Palomino Fino 품종을 승인해 주고 있습니다. 루에다 베르데호Rueda Verdejo DO는 법적 최저 알코올 도수가 11.5%로, 베르데호를 최소 85% 이상 사용해야 하며, 종종 단일 품종으로 만들기도 합니다.

루에다Rueda DO의 법적 최저 알코올 도수는 11%로, 베르데호를 최소 50% 이상 사용하며, 나머지는 허가된 품종의 블렌딩이 가능합니다. 루에다 쏘비뇽 블랑Rueda Sauvignon DO은 쏘비뇽 블랑을 최소 85% 이상 사용해 만들어야 하며, 법적 최저 알코올 도수는 11%입니다.

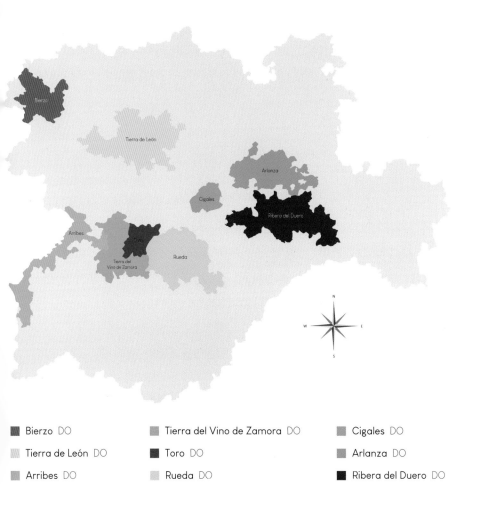

Bierzo DO

Tierra del Vino de Zamora DO

Cigales DO

Tierra de León DO

Toro DO

Arlanza DO

Arribes DO

Rueda DO

Ribera del Duero DO

에다 DO

에다 지구는 까스띠야-이-레온 주 최초의 DO 산지로, 1980년 DO 지위를 획득했습니다. 현재
에다 원산지는 74개 마을로 이루어져 있으며, 53개 마을은 바야돌리드 지방 남쪽, 17개 마을은
고비아 지방 북서쪽, 나머지 4개는 아빌라 지방 북쪽에 각각 위치하고 있습니다.
에다 지구는 원산지 관리 위원회의 규정에 따라, 화이트 와인은 베르데호, 쏘비뇽 블랑, 비우라,
로미노 피노 품종을 승인해 주고 있습니다. 루에다 DO는 베르데호를 최소 50% 이상 사용해야,
머지는 허가된 품종의 블렌딩이 가능합니다.

- 리베라 델 두에로(Ribera del Duero DO): 22,500헥타르

리베라 델 두에로 지방은 까스띠야-이-레온 주에서 가장 유명한 와인 산지로, 스페인 중앙 내륙에서 약간 북서쪽에 위치해 있습니다. '두에로 강변'을 의미하는 리베라 델 두에로 지방은 포르투갈을 거쳐 대서양으로 흘러나가는 두에로 강 유역에 포도밭이 펼쳐져 있으며, 1982년 DO 지위를 획득했습니다.

리베라 델 두에로 와인의 역사

기원전 1000년경, 페니키아인이 리베라 델 두에로 지역에서 와인을 만들었다는 기록이 남아 있습니다. 그러나 1972년 이 지방의 바뇨스 데 발데아라도스Baños de Valdearados 마을에서 4세기경에 만들어진 66미터 크기의 거대한 바쿠스 모자이크Mosaic of Bacchus가 발견됨에 따라 수세기 동안 와인 역사가 지속되었다는 것이 밝혀졌습니다.

기원전 2세기, 이베리아 반도가 로마 제국의 통치를 받았을 때, 로마인들에 의해 대량으로 와인을 만들기 시작했는데, 당시 리베라 델 두에로 와인은 로마 병사들에게 지급되었습니다. 이후 이슬람 세력의 무어인에 지배를 받게 되고, 국토회복 전쟁을 치르면서 이 지역은 황무지가 되었습니다. 12세기, 기독교 연합군으로 전쟁에 참여한 프랑스의 끌뤼니회 수도사들은 이곳에 수도원을 설립해 포도 재배와 와인 양조를 전파했고, 그로 인해 와인의 품질은 향상되었습니다. 15세기에는 까스띠야 와인의 생산, 품질 및 수출을 규제하는 까스띠야 조례Ordenanza de Castilla가 등장했는데, 이는 수세기 후에 DO 등급을 얻기 위한 첫걸음이 되었습니다.

리베라 델 두에로 지방은 DO 등급으로 인정받기 전까지, 재배업자 대다수가 와인을 직접 만들지 않고 협동조합에 포도를 팔아 생계를 유지했습니다. 그러던 중, 1864년에 보르도 지방에서 교육을 받은 스페인 양조가, 에로이 레깐다 이 차베스Eloy Lecanda y Chaves가 바야돌리드Valladolid 마을의 동쪽에 베가 시실리아Vega Sicilia 포도원을 설립했습니다. 레깐다와 그의 가족

들은 띤또 피노라 불리는 뗌쁘라니요와 함께 까베르네 쏘비뇽, 메를로, 말벡 등의 보르도 품종을 재배했으며, 이 품종들을 블렌딩해 우니꼬Unico란 이름의 와인을 만들어 상업적으로 큰 성공을 거두었습니다. 베가 시실리아는 리베라 델 두에로 지방에서도 빼어난 와인을 만들 수 있다는 것을 세계적으로 증명한 포도원으로, 오늘날 250헥타르에 달하는 거대한 포도밭을 소유하고 있습니다.

오랫동안, 리베라 델 두에로 지방에서는 유일하게 베가 시실리아만이 유명했지만, 알레한드로 페르난데스Alejandro Fernández가 등장하면서 현대적인 스타일의 와인으로 이름을 알리게 되었고 명산지로서의 지위가 확립되었습니다. 1970년대, 농학자인 알레한드로 페르난데스는 아내 에스뻬란사Esperanza와 함께 고향인 뻬스께라 데 두에로Pesquera de Duero 마을 근교에 뻬스께라 포도원을 설립했습니다. 부부는 고향에 대한 애정을 담아 띤또 뻬스께라Tinto Pesquera 이름으로 1975년 첫 빈티지를 출시했는데, 이 와인은 출시되자마자 전 세계 와인 애호가들을 깜짝 놀라게 만들었습니다. 뻬스께라의 성공이 시발점이 되어, 이후 도미니오 데 핑구스Dominio de Pingus와 보데가스 에밀리오 모로Bodegas Emilio Moro 등 의욕 넘치는 젊은 생산자들과 외부 투자가 이어져 품질은 급격하게 향상되었고, 리베라 델 두에로의 와인은 1990년대에 전 세계적으로 크게 유행하게 되었습니다. 특히 핑구스는 스페인 최고가 와인으로도 유명합니다.

1980년대 이후, 현대적인 와인 생산 방식을 도입한 리베라 델 두에로 지방은 우니꼬, 띤또 뻬스께라, 핑구스 등과 같은 최고급 와인을 생산하고 있으며, 슈퍼 스페니쉬 와인의 본고장이기도 합니다. 또한 스페인 최고의 명산지 중 하나로, 와인 엔써지아스트 매거진Wine Enthusiast Magazine에서 2012년 '올해의 와인 산지'로 선정되기도 했습니다. 역사적으로는 베가 시실리아가 산지로서의 가능성을 보여주었다면, 뻬스께라는 산지로서의 잠재력을 보여주었습니다. 그 결과, 이곳의 와인 산업은 빠르게 성장하고 있습니다. 1982년 DO 등급으로 인정받았을 때, 리베라 델 두에로 지방의 포도원은 24개에 불과했지만, 현재는 300개가 넘었고, 그 중, 100개는 10년 동안 설립된 역사가 짧은 포도원입니다.

TIP!

베가 시실리아의 와인들

리베라 델 두에로 지방에서도 아주 뛰어난 와인을 생산할 수 있다는 것을 증명한 베가 시실리아는 상징적인 우니꼬 와인을 비롯해 몇 가지 우수한 레드 와인을 생산하고 있습니다. 우니꼬는 아주 좋은 해에만 생산되는 와인으로, 베가 시실리아 전체 생산량의 1/3정도를 차지하고 있으며, 빈티지가 좋지 않은 해에는 생산을 포기하는 경우도 있습니다. 포도 품종은 고령목의 뗌쁘라니요 80%, 까베르네 쏘비뇽 20%를 블렌딩해 만들며, 블렌딩 비율은 빈티지에 따라서 다소 차이가 납니다. 또한 통상적으로 오크통 및 병입 숙성 기간을 포함해 10년이 지나야 출시되는데, 일부는 15년 이상 지난 후에 출시된 적도 있습니다.

반면, 우니꼬 레세르바 에스뻬시알^{Unico Reserva Especial}은 최소 10년 동안 숙성한 우니꼬 중 여러 빈티지를 블렌딩해서 만든 와인으로, 일반적으로 3개 빈티지를 블렌딩하며 라벨에 빈티지를 표기하지 않습니다. 발부에나 5도^{Valbuena 5°}는 5년 숙성시켜 출시한 와인으로, 뗌쁘라니요 주품종에 메를로, 까베르네 쏘비뇽을 블렌딩해 만들고 있습니다. 1998년까지 발부에나 3도 만들었지만, 지금은 생산하고 있지 있습니다. 또한, 1991년에는 베가 시실리아 옆에 알리온^{Alión} 포도원을 설립해 뗌쁘라니요 단일 품종으로도 와인을 만들고 있습니다. 알리온은 프랑스 오크통에서 더 짧게 숙성시켜 만든 현대적인 스타일의 와인입니다. 이 외에 1997년, 또로 지역에 설립한 뻰띠아 포도원 역시 훌륭한 품질의 와인을 생산하고 있습니다.

Vega-Sicilia

1864년, 보르도 지방에서 교육을 받은 스페인 양조가인 에로이 레깐다 이 차베스가 바야돌리드 마을 동쪽에 베가 시실리아 포도원을 설립했습니다. 레깐다는 띤또 피노라 불리는 뗌쁘라니요와 더불어 까베르네 쏘비뇽, 메를로, 말벡 등의 보르도 품종을 재배했으며, 이 품종들을 블렌딩하여 우니꼬란 이름의 와인을 만들어 상업적으로 큰 성공을 거두었습니다.

리베라 델 두에로의 떼루아, 와인에 관해

리베라 델 두에로 지방은 스페인의 북서쪽 고원에 위치하며, 원산지는 부르고스Burgos, 소리아Soria, 세고비아Segovia 마을 일부를 포함하고 있습니다. 베가 시실리아 포도원이 있는 곳으로 유명한 인근의 바야돌리드 마을이 공식적으로 포함되지 못한 것은 지리적 이유가 아니라 지역 간의 정치적인 문제 때문입니다.

리베라 델 두에로 지방은 이름에서 알 수 있듯이 두에로 강이 동서 방향으로 115km 정도 가로지르고 있습니다. 강의 최대 폭은 35km로, 두에로 강은 이 지방과 함께 인근의 또로, 루에다 지역을 지나 포르투갈의 도오루 밸리를 거쳐 대서양으로 흘러나갑니다.

이 지방은 반대륙성 기후로, 대륙성 기후와 지중해성 기후가 공존하고 있습니다. 겨울은 춥고 여름은 덥고 건조하며, 계절마다 온도 변화가 심한 편입니다. 평균 고도는 850미터 정도의 높은 고원으로, 산으로 둘러싸여 있어 해양성 기후의 영향을 받지 않습니다. 연간 일조량은 2,400시간을 초과하며, 연간 강우량은 450mm정도로 건조합니다. 7월 평균 기온은 21.4도, 한낮 최고 기온은 40도까지 올랐다가 밤에는 16도까지 떨어질 정도로 일교차가 극단적입니다. 연중 기온차도 극심한데, 2017년 4월 말에는 기온이 -7도까지 떨어진 적도 있습니다. 포도 수확은 일반적으로 10월말에 행하지만, 작황에 따라 11월 말에 하는 경우도 있습니다.

뗌쁘라니요는 리베라 델 두에로와 같은 극단적인 기후에 재배할 수 있는 몇 안 되는 품종으로, 이 지방에서는 띤또 피노Tinto Fino 또는 띤또 델 빠이스Tinto del Pais라고 불리며 주로 재배하고 있습니다. 이곳의 띤또 피노는 뗌쁘라니요의 클론으로, 리오하 지방의 뗌쁘라니요에 비해 껍질이 두껍습니다. 결과적으로 높은 고원의 건조하고 풍부한 햇살과 서늘한 밤 덕분에 이곳의 뗌쁘라니요 와인은 놀랍도록 강렬한 색과 농축된 과실 향과 풍미, 그리고 높은 타닌과 신맛을 지니고 있습니다. 현재 리베라 델 두에로 지방에서는 떼루아에 적합한 우수한 품질의 클론을 개발하기 위해 노력하고 있어, 향후 기대감이 증폭되고 있습니다.

중신세Miocene에 형성된 두에로 강의 계곡은 해발 720~1,100미터의 고지대로, 지형은 평탄하고 완만합니다. 토양은 다양하게 구성되어 있지만, 전반적으로 암석이 많습니다. 지질학적으로는 미사질Silty과 점토질의 모래가 렌즈 층을 이루고 있고, 석회암과 이회토 및 백악질 토양층이 번갈아 나타나고 있습니다. 그러나 와인의 영향을 주는 토양은 점토와 석회암, 그리고 암석으로 크게 구분하고 있습니다. 수분 보수성이 좋은 점토에서는 구조감이 좋은 와인이 생산되고, 석회암 토양에서는 방향성이 풍부한 와인이 생산됩니다. 그리고 배수가 잘 되는 건조한 암석 토양에서는 응축감과 달콤한 풍미를 지닌 와인이 생산되고 있습니다.

DO 규정에 따라 리베라 델 두에로 지방은 레드 와인과 로제 와인만 생산 가능하며, 뗌쁘라니요, 까베르네 쏘비뇽, 메를로, 말벡, 가르나차 띤따 적포도 품종과 예외적으로 청포도 품종인 알비요Albillo를 허가해주고 있습니다. 리베라 델 두에로Ribera del Duero DO의 법적 최저 알코올 도수 11.5%로, 뗌쁘라니요를 최소 75% 이상 사용해야 하며, 단일 품종으로도 생산 가능합니다. 블렌딩을 해서 만들 경우, 뗌쁘라니요와 까베르네 쏘비뇽, 메를로, 말벡의 블렌딩 비율이 최대 95% 미만이어야 하고, 가르나차 띤따, 알비요는 5% 이상 사용해서는 안됩니다. 또한 레드 와인은 숙성 기간에 따라 크리안사, 레세르바, 그란 레세르바 표기가 가능하지만, 스페인 정부의 와인법과는 다소 차이가 있습니다.

리베라 델 두에로 로제Ribera del Duero Rosado DO의 법적 최저 알코올 도수는 11%로, 허가된 품종을 사용해야 하며, 제조 과정에서 적포도 품종의 껍질을 제거하지 않고 만들어야 합니다.

초창기 리베라 델 두에로의 레드 와인은 뗌쁘라니요 단일 품종을 인정하지 않았는데, 당시 베가 시실리아가 기준이 되어 레드 와인은 뗌쁘라니요 주품종에 까베르네 쏘비뇽, 메를로 등을 블렌딩해서 만드는 것이 일반적이었기 때문입니다. 그러나 뻬스께라에서 뗌쁘라니요 단일 품종으로 띤또 뻬스께라를 출시한 후 논란이 일었고, 이후 뗌쁘라니요 단일 품종도 허가해 주었습니다.

오늘날 리베라 델 두에로의 생산자들은 긴 침용 과정을 거친 후, 와인을 새 오크통에서 비교적 짧게 숙성시키는 현대적인 양조 방식을 사용하고 있습니다. 이는 전통적으로 오래된 오크 캐스크 및 배럴에서 장기간 숙성시키는 베가 시실리아 양조 방식과 크게 다릅니다. 또한 역사적으로 주로 사용하던 미국 오크통 대신 프랑스 오크통을 점점 더 많이 사용하고 있으며, 와인도 검은 딸기, 자두, 오크 향과 함께 세련되고 복합적인 스타일로 진화하고 있습니다. 리베라 델 두에로의 원산지 관리 위원회도 화학 농약의 대체품과 컴퓨터화된 수확 정보 등 폭넓은 연구를 진행하며 와인 산업을 뒷받침해 주고 있어, 세계로 수출되는 와인의 품질 향상에 큰 영향을 주고 있습니다.

● TEMPRANILLO　　　**● CABERNET SAUVIGNON**　　　**● MERLOT**

베라 델 두에로 지방은 스페인 북서쪽 고원에 위치하며, 원산지는 부르고스, 소리아, 세고비아
을 일부를 포함하고 있습니다. 베가 시실리아 포도원이 있는 곳으로 유명한 인근의 바야돌리드
을이 공식적으로 포함되지 못한 것은 지역 간의 정치적인 문제 때문입니다.

쁘라니요는 리베라 델 두에로 지방과 같은 극단적인 기후에 재배할 수 있는 몇 안 되는 품종으로,
지방에서는 띤또 피노 또는 띤또 델 빠이스로 불리며 주로 재배하고 있습니다. 이 지역의 띤또
노는 뗌쁘라니요의 클론으로, 리오하 지방의 뗌쁘라니요에 비해 껍질이 두껍습니다. 결과적으로
은 고원의 건조하고 풍부한 햇살, 서늘한 밤 덕분에 이곳의 뗌쁘라니요 와인은 놀랍도록 강렬한
과 농축된 과실 향과 풍미, 그리고 높은 타닌과 신맛을 지니고 있습니다.

베가 시실리아는 리베라 델 두에로 지방에서도 빼어난 와인을 만들 수 있다는 것을 세계적으로
증명한 포도원으로 오랫동안, 리베라 델 두에로 지방을 대표하는 최고의 와인이었습니다. 이후
알레한드로 페르난데스가 등장하면서 현대적인 스타일의 와인으로 이름을 알리면서 명산지로서
지위가 확립되었으며, 도미니오 데 핑구스와 보데가스 에밀리오 모로 등 젊은 생산자들과 외부
투자가 이어져 품질이 급격하게 향상되었습니다. 그 결과, 리베라 델 두에로의 와인은 1990년대
전 세계적으로 크게 유행하게 되었으며, 특히 핑구스는 스페인 최고가 와인으로도 유명합니다.

LA RIOJA
라 리오하

FRANCE

LA RIOJA

○
Madrid

● TEMPRANILLO   ● GARNACHA TINTA

● MAZUELO   ● VIURA

리오하 DOCa

라 리오하 주에 위치한 리오하 지방은 서쪽 끝의 아로 시부터 동쪽 끝의 알파로 시까지 100km, 폭은 최대 40km 거리에 산지가 펼쳐져 있습니다. DOCa는 라 리오하 주에 118개, 알라바 주에 8개, 나라바 주에 8개, 총 144개 마을로 이루어져 있으며, 포도밭은 에브로 강을 따라서 높은 고도에 자리잡고 있습니다.

리오하 지방은 2개의 서로 다른 기후가 공존하는데, 서쪽은 서늘한 대륙성 기후, 동쪽은 따뜻한 지중해성 기후를 띠고 있습니다. 이곳은 3개의 생산 지구에 따라 기후와 토양의 차이가 있지만, 비교적 온화한 기상 조건을 갖추고 있어 섬세하고 밸런스가 좋은 와인이 만들어지고 있고, 그 중 3/4은 뗌쁘라니요를 주체로 만든 레드 와인입니다.

라 리오하 주(La Rioja)

- 리오하(Rioja DOCa): 65,326헥타르

리오하 지방은 스페인 북부 에브로Ebro 강 유역에 펼쳐진 와인 산지로, 스페인 최고의 레드 와인을 생산하고 있습니다. 1925년 리오하 지방은 스페인 최초로 DO등급의 지위를 획득했습니다. 그리고 1991년에는 최초로 DOCa 등급으로 승격되어 스페인의 유일한 DOCa 산지였으나, 2009년 쁘리오라트가 인정되면서 현재 2개의 DOCa 원산지 중 하나입니다.

리오하 와인의 역사

리오하 지방의 와인 역사는 기원전 11세기 페니키아인의 정착과 함께 시작되었습니다. 다른 유럽의 와인 산지와 마찬가지로 리오하 지방은 로마인에 의해 깔라오라Calahorra와 로그로뇨 Logroño 도시 주변에 포도밭이 만들어지기 시작했고, 로마 군대에 와인을 보급하기 위해 포도원이 설립되었습니다.

중세 시대에 들어 와인 양조는 수도원의 보호 아래 지속되었습니다. 스페인 최초의 시인이자 성직자인 곤살로 데 베르세오Gonzalo de Berceo는 자신의 시에서 리오하 와인을 찬양했습니다. 곤살로 데 베르세오는 리오하 지방에서 태어났으며, 이 지역의 산 미얀 데 라 코고야San Millán de la Cogolla 수도원에서 교육을 받고 성직자로서 한평생을 살아온 인물입니다. 중세 시대 전체에 걸쳐 성지 순례자들은 산띠아고 데 꼼뽀스뗄라의 길목인 리오하 지방을 찾았습니다. 당시 리오하 와인은 국경 내에서만 거래되었으나, 순례자들이 와인을 마시면서 그 명성은 입 소문을 타고 주변으로 퍼져나가기 시작했습니다.

국토회복 전쟁이 끝나고 스페인은 와인 수출을 재개했습니다. 리오하 지방의 와인 생산자들은 수출을 위해 산딴데르Santander, 빌바오 도시와 같은 새로운 시장을 찾아 나섰으며, 이곳에서 영국과 네덜란드 상인들은 리오하 와인을 구매했습니다. 그 결과, 빌바오는 큰 무역항으로 부상했고, 리오하 와인의 명성은 사방으로 널리 퍼지게 되었습니다. 명성이 높아지자, 지역 당국은 와인의 품질과 원산지를 보호하기 위한 안전 장치를 만들고자 했습니다. 따라서 1560년, 리오하 지역에서 재배되지 않은 포도를 사용해 와인을 만드는 것을 금하는 금지령이 제정되었으며, 리오하 와인은 진위를 보장하기 위해 인장이 찍힌 가죽 포대Bota Bag에 담겨 수출되었습니다.

1782년, 리오하의 생산자인 마누엘 킨따노Manuel Quintano는 프랑스의 양조 기술을 배우기 위해 보르도 지방을 찾아갔습니다. 여행을 끝내고 돌아온 마누엘은 오크통 숙성 기술을 도입했고, 리오하 와인의 수명은 극적으로 향상되었습니다. 이 기술은 새로운 시장으로 진출할 가능성을 열어주었고, 리오하 와인은 쿠바, 멕시코와 같은 멀리 떨어진 곳까지 수출되었습니다. 이러한 성공에도 불구하고 지역 당국은 수출용 및 내수용을 포함한 모든 리오하 와인에 오크통 숙성으로 인한 추가 비용이 발생해도 동일한 가격을 유지해야 한다고 지시했습니다. 이 불합리한 정책 때문에 리오하 생산자들은 거의 100년 동안 와인을 오크통에서 숙성시키지 않았습니다.

리오하 지방에 오크통 숙성 기술이 다시 살아나게 된 것은 19세기 중반부터였습니다. 1840년 발도메로 에스빠르떼로Baldomero Espartero 장군은 진가당을 이끌고 쿠데타에 성공해 총리에 추대되었습니다. 내란 당시, 루시아노 무리에따Luciano Murrieta는 에스빠르떼로 장군 휘하에서 함께 싸운 인물로 장군의 보좌관이기도 했습니다. 1840~1843년 동안 독재 정책을 폈던 에스빠르떼로 장군은 나르바에스Narváez가 지휘하는 급진공화파에 쫓겨 나게 되자, 그는 무리에따와 함께 영국 런던으로 망명했습니다. 망명 전, 에스빠르떼로 장군은 리오하의 중심 도시인 로그로뇨에 포도원을 소유하고 있었는데, 영국에서 많은 시간을 보내는 동안 장군은 무리에따와 함께 리오하 와인 산업을 현대화하는 방법에 대해 자주 논의를 했습니다. 논의 끝에 에스빠르떼로 장군은 프랑스의 최신 양조 기술을 배우기 위해 보좌관인 무리에따를 보르도 지방으로 파견을 보냈습니다. 그리고 1848년 스페인으로 돌아온 무리에따는 부유한 상속녀와 결혼한 후, 로그로뇨 시로 이주했고, 에스빠르떼로 장군이 소유한 포도원을 빌려 1852년 첫 와인을 만들었습니다. 무리에따가 도입한 선진 기술로는 목제 발효 탱크에서의 알코올 발효, 225리터 용량의 소형 오크통에서 숙성 등이 있으며, 리오하 지방에서 사라진 오크통 숙성 기술은 다시 유행하기 시작했습니다. 1872년 무리에따는 로그로뇨 시 동쪽에 위치한 이가이Ygay 포도원을 매입해 자신의 이름인 마르케스 데 무리에따Marqués de Murrieta로 명칭을 변경했으며, 고급 와인의 생산 기반을 만들었습니다.

19세기 후반, 프랑스와 유럽에 필록세라 병충해가 발생했습니다. 스페인은 1878년에 말라가 지역에서 처음으로 필록세라 해충이 발견되었지만, 다행스럽게도 북상하는 속도가 늦어서 리오하 지방이 피해를 본 것은 1901년의 일입니다. 필록세라 피해로 프랑스의 와인 공급량이 갑자기 급감하게 되자, 유럽 상인과 생산자들은 스페인으로 눈을 돌렸습니다. 특히 프랑스 네고시앙과 와인 생산자들은 와인을 사들이기 위해 리오하 지방을 찾았고, 일부는 이곳에 포도원을 설립하기도 했습니다. 당시 지역 당국은 현지에 와인이 우선적으로 공급될 수 있도록 수출을 제한했는데, 연간 생산량이 750,000리터 미만의 포도원에서는 와인 수출을 금하는 법률을 제정할 정도로 리오하 와인은 인기가 높았습니다. 또한 프랑스인들은 스페인에 프랑스계 품종의 도입 및 225리터 용량의 오크통 숙성 등의 선진 양조 기술을 전파해 주었으며, 이들의 경험과 기술은 리오하 와인의 전례 없는 성장을 가져다 주었습니다.

20세기로 접어들면서 리오하 지방은 최고의 스페인 산지로 알려지게 되었습니다. 그러나 제1차 세계대전과 스페인 내전, 그리고 제2차 세계대전을 겪으면서 스페인의 포도밭 대다수가 파괴되었고, 리오하 지방 역시 큰 어려움을 맞았습니다. 또한 정부는 스페인 전역의 굶주림을 완화하기 위해 포도 나무 대신 밀과 곡식을 심어야 한다는 법령을 발표하였기에, 와인 생산량은 급감했습니다.

1960년대가 되어서야, 다시 포도 나무가 심어졌고, 1970년 리오하 지방의 와인 산업은 전환점을 맞이했습니다. 1970년은 리오하 지방의 작황 중 역대 가장 좋은 해로, 전 세계 와인 평론가들에게 '세기의 빈티지'라 칭송을 받았으며, 이러한 성공은 소비자의 관심과 함께 외국인의 투자도 유입되는 결과를 초래했습니다. 그러나 황금기는 오래가지 못했습니다. 1980년대 리오하 지방에는 안 좋은 빈티지가 지속되었고, 그에 비해 지나치게 높게 책정된 가격으로 인해 판매량은 크게 감소했습니다. 반면 같은 시기에 리베라 델 두에로와 같은 신흥 산지가 등장하기 시작하면서, 자연스럽게 관심과 판매는 새로운 산지로 옮겨가게 되었습니다. 이에 대응하기 위해 리오하 지방의 젊은 생산자들은 전통 방식을 버리고 현대적인 스타일로 와인을 만드는 시도를 했습니다. 전통적으로 장기간의 숙성을 거쳐 산화된 촌스러운 와인은 작은 용량의 오크통에서 숙성을 짧게 진행한 결과, 과실 향과 풍미는 풍성해졌으며, 판매도 점점 좋아졌습니다. 그리고 마침내 DOCa 등급으로 승격되어, 최고의 산지라는 지위를 얻게 되었습니다.

2008년 리오하의 원산지 관리 위원회는 젊은 소비자들에게 어필하기 위해 새로운 로고를 만들었습니다. 새롭게 만들어진 로고에는 유산, 창의성, 역동성을 상징하는 뗌쁘라니요 포도 나무가 그려져 있으며, 병에 부착되어 쉽게 찾아볼 수 있습니다.

리오하의 떼루아, 주요 산지

라 리오하 주에 위치한 리오하 지방은 서쪽 끝의 아로Haro 시부터 동쪽 끝의 알파로Alfaro 시까지 100km, 폭은 최대 40km 거리에 산지가 펼쳐져 있습니다. DOCa는 라 리오하 주에 118개, 알라바Alava 주에 18개, 나라바 주에 8개, 총 144개 마을로 이루어져 있으며, 포도밭은 에브로 강을 따라 높은 표고에 자리잡고 있습니다.

리오하 지방은 2개의 서로 다른 기후가 공존하고 있는데, 서쪽은 서늘한 대륙성 기후, 동쪽은 따뜻한 지중해성 기후를 띠고 있습니다. 3개의 생산 지구Sub Zone에 따라 기후와 토양의 차이가 발생하지만, 비교적 온화한 기상 조건을 갖추고 있어 섬세하고 밸런스가 좋은 와인이 만들어지고 있고, 그 중 3/4은 뗌쁘라니요를 주체로 만든 레드 와인입니다.

리오하 지방은 리오하 알따Rioja Alta, 리오하 알라베사Rioja Alavesa, 그리고 리오하 오리엔딸Rioja Oriental 3개의 생산 지구로 나뉘고 있습니다. 가장 서쪽에 위치한 리오하 알따는 에브로 강의 상류에 위치하며 해발 고도가 가장 높습니다. 15세기부터 와인 생산을 시작한 유서 깊은 생산 지구로, 리오하 와인의 50%를 생산하고 있습니다. 주요 마을은 아로, 나헤라Nájera, 로그로뇨 시에 분포되어 있으며, 우수한 와인을 생산하는 전통적인 포도원들이 모여있습니다.

리오하 알따 지구는 대륙성 기후로, 대서양의 영향을 받으며, 연간 강우량은 650mm 정도 입니다. 토양은 점토질의 석회암이 주를 이루고 있으며, 고지대는 철분 함량이 높은 붉은색 점 토로 구성되어 있습니다. 포도밭은 500~800미터의 높은 표고에 위치해 있어 포도는 10월 중 순에서 말이 되어서야 수확을 진행합니다. 긴 포도 생장 주기로 인해 이곳에서 만든 와인은 과 실 풍미가 풍부하고, 높은 신맛과 중간 정도의 알코올 도수를 지니고 있습니다. 재배 면적은 27, 347헥타르로, 뗌쁘라니요 60%, 가르나차 띤따 12%, 나머지는 기타 적포도 품종과 청포도 품 종을 재배하고 있습니다.

리오하 알라베사는 알라바 주에 있는 생산 지구로, 에브로 강 북쪽 기슭에 위치해 있습니다. 포도밭은 바스케Basque 지방 남쪽에 자리잡고 있으며, 에브로 강 기슭의 350~480미터 표고에 포도밭이 자리잡고 있습니다. 리오하 알라베사 지구는 대서양의 영향을 가장 많이 받고 있지 만, 북서쪽에 위치한 깐따브리아 산맥Sierra de Cantabria이 서늘하고 습한 바람으로부터 포도밭 을 보호해 주고 있습니다. 연간 강우량은 500mm미만으로 건조하며, 전반적인 기후와 토양은 리오하 알따와 유사합니다. 이곳에서 만든 와인은 신맛이 풍부하며 리오하 알따에 비해 무게감 이 있는 것이 특징입니다. 재배 면적은 13,389헥타르로, 뗌쁘라니요 약 80%, 나머지는 기타 적 포도 품종과 청포도 품종을 재배하고 있습니다.

리오하 오리엔딸은 라 리오하 주의 동쪽, 에브로 강 하류에 위치한 생산 지구로, 2017년까지 리오하 바하Rioja Baja로 불렸습니다. 이곳은 3개 생산 지구 중 고도가 가장 낮으며, 많은 포도밭 들이 나바라 주 인근에 위치해 있어 리오하 알따, 리오하 알라베사와는 다른 기후를 띠고 있습니 다. 리오하 오리엔딸 지구는 지중해성 기후의 영향을 강하게 받아 가장 따뜻한 곳으로, 여름 최고 온도는 35도까지 올라가며, 연간 강우량은 300mm미만으로 건조합니다. 1990년대 후 반부터 관개가 허용되었지만, 여름 가뭄이 심각해 포도 재배에 어려움을 겪고 있습니다. 토양 은 일반적으로 철분 함량이 높은 점토질의 충적토로 구성되어 있는데, 건조한 환경 탓에 포도 나무의 식재 밀도가 낮습니다. 일조량이 높아 생산되는 와인은 색이 짙고 알코올 도수가 높으나, 향이 단조롭고 신맛이 부족하기 때문에 다른 생산 지구와 블렌딩되고 있습니다. 재배 면적은 24,590헥타르로, 가르나차 띤따 44%, 뗌쁘라니요 38%, 나머지는 기타 적포도 품종과 청포도 품종을 재배하고 있습니다. 특히, 가르나차 띤따는 리오하 오리엔딸 지구의 높은 기온에서 잘 자라며 주인공이 되었는데, 이 품종의 역할은 뗌쁘라니요에 블렌딩되어 알코올 도수와 과실 풍미를 돋보이게 하는 것입니다.

- ● TEMPRANILLO
- ● GARNACHA TINTA
- ● MAZUELO
- ● GRACIAN○

- ◐ VIURA / MACABEO
- ◐ TEMPRANILLO BLANCO
- ◐ VERDEJO

리오하 지방은 리오하 알따, 리오하 알라베사, 그리고 리오하 오리엔딸 3개의 생산 지구로 나뉘
있습니다. 가장 서쪽에 위치한 리오하 알따는 에브로 강의 상류에 위치하며 해발 고도가 가장 높은
생산 지구로, 리오하 와인의 50%를 만들고 있습니다.

에브로 강 북쪽 기슭에 있는 리오하 알라베사는 대서양의 영향을 가장 많이 받고 있지만, 북서쪽○
위치한 깐따브리아 산맥이 서늘하고 습한 바람으로부터 포도밭을 보호해 주고 있습니다. 이곳에
만든 와인은 신맛이 풍부하며 리오하 알따에 비해 무게감이 있는 것이 특징입니다.

리오하 오리엔딸은 라 리오하 주의 동쪽, 에브로 강 하류에 위치한 생산 지구로 3개 생산 지구 a
고도가 가장 낮습니다. 또한 포도밭의 대부분이 나바라 주 인근에 위치해 있어 리오하 알따, 리오○
알라베사와는 다른 기후를 띠고 있습니다. 리오하 오리엔딸은 일조량이 높아 생산되는 와인은 색이
짙고 알코올 도수가 높으나, 향이 단조롭고 신맛이 부족하기 때문에 다른 생산 지구와 블렌딩되○
있습니다.

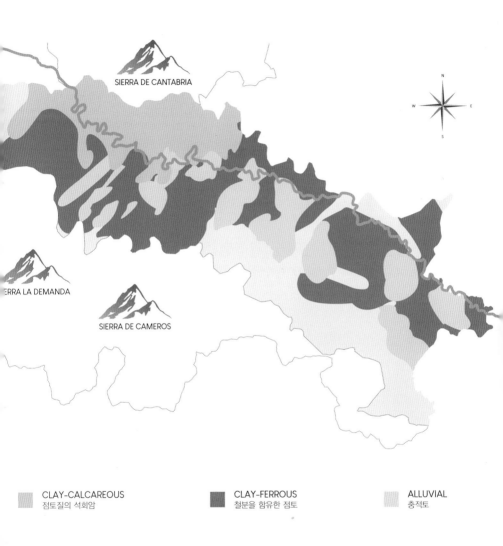

RIOJA SOIL
리오하 토양

SIERRA DE CANTABRIA

SIERRA LA DEMANDA

SIERRA DE CAMEROS

N W E S

CLAY-CALCAREOUS
점토질의 석회암

CLAY-FERROUS
철분을 함유한 점토

ALLUVIAL
충적토

리오하 알따는 대서양의 영향을 받아 대륙성 기후를 보이고 있습니다. 토양은 점토질의 석회암이 주를 이루고 있으며, 고지대는 철분 함량이 높은 붉은색 점토로 구성되어 있습니다.

리오하 알라베사의 기후와 토양은 전반적으로 리오하 알따와 유사합니다. 반면 리오하 오리엔딸은 지중해성 기후의 영향을 강하게 받아 가장 따뜻한 곳입니다. 토양은 일반적으로 철분 함량이 높은 점토질의 충적토로 구성되어 있는데, 건조한 환경 탁에 포도 나무의 식재 밀도가 낮습니다.

리오하 와인에 관해

1925년, 리오하 지방이 DO로 승인되었을 당시, 뗌쁘라니요, 가르나차 띤따, 마수엘로, 그라시아노 4종류의 적포도 품종과 비우라, 말바시아, 가르나차 블랑까Garnacha Blanca 3종류의 청포도 품종만을 허가해 주었습니다. 하지만 2007년, 리오하 원산지 관리 위원회에서 새로운 품종을 허가해줘, 적포도 품종은 프랑스의 트루쏘Trousseau와 동일한 품종인 마뚜라나 띤따 Maturana Tinta가 추가되었고, 청포도 품종은 마뚜라나 블랑까Maturana Blanca, 뗌프라니요 블랑꼬Tempranillo Blanco, 또론떼스Torrontés와 함께 샤르도네, 쏘비뇽 블랑, 베르데호가 추가되었습니다.

현재 적포도 품종은 뗌쁘라니요 87.7%, 가르나차 띤따 7.5%, 그라시아노 2.1%, 마수엘로 2%, 나머지는 마뚜라나 띤따가 차지하고 있으며, 청포도 품종은 비우라 68.7%, 뗌쁘라니요 블랑꼬 12.6%, 베르데호 5.4%, 가르나차 블랑까 3.6%, 쏘비뇽 블랑 3.3%, 샤르도네 2.6%, 말바시아 2.2%, 나머지는 마뚜라나 블랑까, 또론떼스가 차지하고 있습니다.

리오하 원산지 관리 위원회 규정에 따라, 레드 와인은 제경 작업을 한 경우, 뗌쁘라니요, 가르나차 띤따, 그라시아노, 마수엘로를 최소 95% 이상 사용해야 하며, 기타 허가된 품종의 블렌딩이 가능합니다. 제경 작업을 하지 않고 포도 송이 통째로 사용한 경우, 최소 비율은 85% 이상 사용해야 합니다.

화이트 와인은 비우라를 최소 51% 이상 사용해야 하며, 뗌쁘라니요 블랑꼬, 가르나차 블랑까, 말바시아, 마뚜라나 블랑까, 또론떼스 블렌딩이 가능합니다. 샤르도네, 쏘비뇽 블랑, 베르데호 주체로 만들 수는 없으며, 블렌딩할 경우 최대 49%까지 사용할 수 있습니다.

로제 와인은 뗌쁘라니요를 최소 25% 이상 사용해야 하며, 가르나차 띤따, 그라시아노, 마수엘로, 마뚜라나 띤따 블렌딩이 가능합니다.

리오하 지방의 레드 와인은 전통적으로 3개의 생산 지구 와인을 블렌딩해 225리터 용량의 오래된 오크통에서 장기간 산화 숙성을 거쳐 만듭니다. 특히 오크통은 리오하 와인의 새로운 캐릭터를 만들어주었습니다. 18세기 후반, 마누엘 킨따노가 처음 도입한 오크통 숙성 기술은 이후, 불합리한 정책 때문에 거의 100년 동안 사용되지 않다가 19세기 중반, 루시아노 무리에따에 의해 다시 도입되어 리오하 와인의 수명을 극적으로 향상시켰습니다. 그 결과, 리오하 지방은 오크통에서 장기간 숙성시키는 것이 전통이 되었고, 원산지 관리 위원회에서도 다른 지역에 비해 더 엄격한 숙성 조건을 적용하게 되었습니다. 현재 리오하 지방의 숙성 조건은 정부에서 제정한 기준보다 더 긴 편입니다.

원래 오크통 숙성 기술은 프랑스에서 도입되었기 때문에 프랑스 오크통을 사용하는 것은 당연했습니다. 그러나 시간이 지나면서 오크통 사용이 증가하게 되자, 생산자들은 상대적으로 가격이 저렴한 미국 오크통을 주로 사용했습니다. 특히, 리오하 지방의 생산자들은 뗌쁘라니요 와인이 미국 오크통과 잘 반응한다는 것을 발견하고 더 많이 사용했지만, 경제적인 부담으로 인해 미국 오크통을 여러 해 동안 재사용했습니다. 이렇게 만들어진 와인은 장기간 산화되어 신선한 과실 향을 잃게 되었고, 오크 향과 풍미도 많이 부족했습니다. 결국 전통적인 리오하 와인은 소비자에게 외면 받으며 침체기를 맞이하게 되었습니다.

1970년, 엔리케 포르네르Enrique Forner는 새로운 리오하 와인을 만들고자, 리오하 알따 지구의 세니세로Cenicero 마을에 마르케스 데 까세레스Marqués de Cáceres 포도원을 설립했습니다. 그는 국제 시장에 경쟁력을 갖춘 와인을 만들기 위해 프랑스 오크통을 다시 도입했고, 침용 기간은 늘리는 대신, 숙성 기간을 줄였습니다. 그 결과, 와인은 과실 향을 되찾았고, 바닐라, 정향, 토스트, 훈 향 등의 뚜렷한 오크 특성과 함께 색이 진하고 타닌이 풍부해졌습니다. 마르케스 데 까세레스의 성공은 리오하 지방을 변화시켰습니다. 많은 포도원에서 양조 기술을 개선하기 시작했고, 그 동안 포도를 팔아 생계를 유지하던 재배업자들도 와인을 직접 만들기 시작했습니다. 자연스럽게 포도원의 숫자도 늘어나 현재 리오하 지방에는 567곳에 달하는 포도원이 존재하고 있습니다.

양조 기술이 개선되면서 뗌쁘라니요 품종은 더 오랜 침용 기간을 거친 후, 미국 중고 오크통 대신 프랑스 새 오크통에서 짧게 숙성시켰고, 병입 시기도 빨라졌습니다. 드디어 리오하 지방의 레드 와인은 진한 색과 맛, 그리고 풍부한 과실 향과 세련된 오크 향을 갖춘 현대적인 스타일로 탈바꿈하게 되었습니다. 또한 최근에는 떼루아, 빈티지의 개성과 고품질 와인을 생산하기 위해 생산 지구를 블렌딩하지 않고 리오하 알따 및 리오하 알라베사 지구에서 단독으로 만들고 있으며, 라벨 표기도 전통적인 숙성 규정보다 빈티지를 강조하고 있는 추세입니다.

소규모로 생산되고 있는 화이트 와인도 현대화가 진행되었습니다. 전통적인 화이트 와인도 마찬가지로 미국 중고 오크통에서 장기간 숙성시켜 만들기 때문에 과실보다는 견과류 향이 강했습니다. 특히 레세르바, 그란 레세르바의 화이트 와인은 매우 독특한 향과 풍미를 갖고 있지만, 지금 유행과는 동떨어져 있어 소비자 사이에서도 호불호가 심하게 갈리는 편입니다. 반면 현대적인 스타일의 화이트 와인은 낮은 온도에서 발효하고 스테인리스 스틸 탱크에서 숙성된 후, 일찍 병입하기 때문에 과실 향이 최대한 살아 있는 것이 특징입니다. 화이트 와인 중 일부는 프랑스 새 오크통에 숙성되는 경우도 있지만, 양쪽 모두 편하게 마실 수 있는 것을 추구하고 있습니다.

오늘날, 리오하 지방은 이탈리아의 피에몬테 주처럼 뗌쁘라니요 품종에 프랑스계 품종을 블렌딩하는 현대적인 스타일 와인 생산도 증가하고 있는 추세입니다. 비냐 뜬도니아Viña Tondonia를 비롯한 아주 일부 포도원에서 전통적인 리오하 스타일의 와인을 고집하고 있긴 하지만, 보편적이지는 않습니다. 로뻬스 데 에레디아López de Heredia 가문에 의해 4대째 가족 경영을 이어오고 있는 비냐 뜬도니아는 리오하 지방을 대표하는 전통적인 포도원으로, 19세기말부터 수프림 리오하Supreme Rioja로 불리며 리오하 최고의 와인으로 평가 받았습니다. 이곳에서 만들어지는 레드, 화이트, 로제 와인은 모두 전통 방식에 따라 10년 이상 장기간 숙성시킨 뒤 병입되며, 세계 최고의 와인들과 견줄만한 품질을 자랑합니다.

2017년에는 리오하 원산지 관리 위원회에 의해 새로운 원산지 표기법이 도입되기도 했습니다. 원산지 관리 위원회는 144개 마을로 구성된 리오하 지방의 DOCa가 너무 광범위하고, 소비자에게 품질에 대한 정보를 제대로 주지 못한다는 비판을 수용해 더 세부적인 경계선을 보여주는 비녜도 싱굴라Viñedo Singular와 비노 데 무니시삐오Vino de Municipio, 비노 데 소나Vino de

Zona 표기법을 제정했습니다. 새로운 표기법에 의해 이제 단일 포도밭Single Vinyard에서 만든 와인은 비녜도 싱굴라, 단일 마을에서 만든 와인은 비노 데 무니시삐오, 단일 생산 지구에서 만든 와인은 비노 데 소나로 표기할 수 있습니다. 이러한 변화는 세계적인 추세이기도 합니다. 과거 리오하 지방이 오크통 숙성 및 숙성 기간에 초점을 맞춰 크리안사, 레세르바, 그란 레세르바를 표기했다면, 이제는 프랑스 부르고뉴 지방과 같이 떼루아를 가장 중요한 부분으로 인식해 표기하는 방식으로 전환하고 있다고 할 수 있습니다.

TIP!

성지 순례

스페인의 산띠아고 데 꼼뽀스뗄라Santiago de Compostela 순례길Camino은 예수의 12제자 중 한 명인 야고보 성인을 찾아가는 길로, 야고보 성인은 스페인어로 산띠아고, 영어로 세인트 제임스St. James, 프랑스어로 쌩 자끄Saint Jacques라 불립니다. 예수가 십자가에 매달려 처형당한 뒤, 스페인 북서부 갈리시아 지역에서 포교 활동을 하고 있던 야고보는 예루살렘에 돌아왔으나, 서기 44년 헤로데 아그리파 1세Herod Agrippa에 의해 처형을 당하게 됩니다. 그러자 야고보의 제자들은 그의 유해를 돌배에 싣고 그가 포교 활동을 펼친 갈리시아 지역으로 운반했는데, 그때 제자들과 말의 몸에 가리비 조개가 붙어있었다 하여 가리비가 순례길의 상징이 됐습니다. 이후 오래도록 잊혀지다가 813년 한 목동이 하늘에서 빛나는 별을 보고 들판에 나가 야고보의 유골을 발견하면서, 지금의 성지 순례길이 자리잡기 시작했습니다.

COSECHA [꼬세차]	CRIANZA [크리안사]	RESERVA [레세르바]	GRAN RESERVA [그란 레세르바]
레드 와인 숙성 규정 당해 / 그 이듬해 출시 [오크통 숙성: 의무 없음]	레드 와인 숙성 규정 24개월 이상 숙성 의무화 [오크통 숙성: 12개월 이상]	레드 와인 숙성 규정 36개월 이상 숙성 의무화 [오크통: 12개월, 병: 6개월]	레드 와인 숙성 규정 60개월 이상 숙성 의무화 [오크통: 24개월, 병: 24개월]
	화이트 · 로제 숙성 규정 18개월 이상 숙성 의무화 [오크통 숙성: 6개월 이상]	화이트 · 로제 숙성 규정 24개월 이상 숙성 의무화 [오크통 숙성: 6개월 이상]	화이트 · 로제 숙성 규정 60개월 이상 숙성 의무화 [오크통 숙성: 6개월 이상]

리오하 원산지 관리 위원회 규정에 따라 레드 와인은 제경 작업을 한 경우, 뗌쁘라니요, 가르나차 띤따, 그라시아노, 마수엘로 품종을 최소 95% 이상 사용해야 하며, 기타 허가된 품종의 블렌딩이 가능합니다. 제경 작업을 하지 않고 포도 송이 통째로 사용한 경우에는 허가된 품종의 최소 비율은 85% 이상 사용해야 합니다.

화이트 와인의 경우 비우라를 최소 51% 이상 사용해야 하며, 뗌쁘라니요 블랑꼬, 가르나차 블랑까, 말바시아, 마뚜라나 블랑까, 또론떼스 사용이 가능합니다. 샤르도네, 쏘비뇽 블랑, 베르데호 주체로 만들 수는 없지만 블렌딩할 경우에는 최대 49%까지 사용할 수 있습니다.
로제 와인은 뗌쁘라니요를 최소 25% 이상 사용해야 하며, 가르나차 띤따, 그라시아노, 마수엘로, 마뚜라나 띤따 블렌딩이 가능합니다.

Marqués de Cáceres

1970년, 엔리케 포르네르는 새로운 리오하 와인을 만들고자, 리오하 알따 지구의 세니세로 마을에 마르케스 데 까세레스 포도원을 설립했습니다. 엔리케는 국제 시장에 경쟁력을 갖춘 와인을 만들기 위해 프랑스 오크통을 다시 도입했고, 침용 기간은 늘리는 대신, 숙성 기간을 줄였습니다. 그 결과, 와인은 과실 향을 되찾았고, 바닐라, 정향, 토스트, 훈 향 등의 뚜렷한 오크 특성과 함께 색이 진하고 타닌이 풍부해졌습니다. 마르케스 데 까세레스의 큰 성공은 리오하 지방을 변화시켰습니다. 많은 포도원에서 양조 기술을 개선하기 시작했고, 그 동안 포도를 팔아 생계를 유지하던 재배업자들도 와인을 직접 만들기 시작했습니다.

TOP 10
TRADITIONAL-STYLE
PRODUCERS

1. Viña Tondonia, López de Heredia
2. CVNE
3. Muga
4. La Rioja Alta
5. Marqués de Murrieta
6. Valenciso
7. Finca Valpiedra
8. Valdemar
9. Bodegas y Viñedos de la Marquesa
10. Marqués de Riscal

TOP 10
MODERN-STYLE
PRODUCERS

1. Artadi
2. Finca Allende
3. Fernando Remírez de Ganuza
4. Benjamín Romeo
5. Roda
6. Eguren Family
7. Dinastía Vivanco
8. Marqués de Cáceres
9. Ostatu
10. Contino

리오하의 새로운 등급

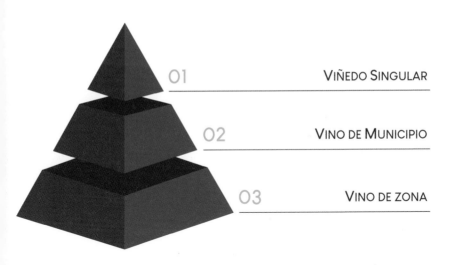

01   VIÑEDO SINGULAR

02   VINO DE MUNICIPIO

03   VINO DE ZONA

17년, 리오하 원산지 관리 위원회에 의해 새로운 원산지 표기법이 도입되기도 했습니다. 원산지
위원회는 144개 마을로 구성된 리오하 지방의 DOCa가 너무 광범위하고, 소비자에게 품질에
한 정보를 제대로 주지 못한다는 비판을 수용해 더 세부적인 경계선을 보여주는 비녜도 싱굴라와
데 무니시삐오, 비노 데 소나 표기법을 제정했습니다. 새로운 표기법에 의해 단일 포도밭에서
 와인은 비녜도 싱굴라, 단일 마을에서 만든 와인은 비노 데 무니시삐오, 단일 생산 지구에서
 와인은 비노 데 소나로 표기할 수 있습니다.

 리오하 지방이 오크통 숙성 및 숙성 기간에 초점을 맞춰 크리안사, 레세르바, 그란 레세르바를
했다면, 이제는 프랑스 부르고뉴 지방과 같이 떼루아를 가장 중요한 부분으로 인식해 표기하는
으로 전환하고 있다고 할 수 있습니다.

FRANCE

BAY OF BISCAY

N

W E

S

⑤

②

①

PORTUGAL

③

④

MEDITERRANEAN SEA

CAMINO DE SANTIAGO
성지 순례길 루트

1 | **FRENCH WAY**
Roncesvalles – Logroño – León –
Burgos – Sarria –Santiago

2 | **NORTH COAST WA**
San Sebastián – Bilbao –
Oviedo – Santiago

3 | **PORTUGUESE WAY**
Lisboa – Fátima – Santiago

4 | **ANDALUSIAN WAY**
Madrid – Granada – Córdoba –
Mérida – Santiago

5 | **PRIMITIVE WA**
Oviedo – Lugo – Melide –
Santiago

나바라 주(Navarra)

- 나바라(Navarra DO): 20,000헥타르

나바라 주는 리오하 주의 북동쪽에 위치해 있으며, 나바라 주 남쪽의 와인을 위한 원산지 명칭이 나바라 DO입니다. 이곳은 지리적으로 에브로 강 하류에 인접해 있으며, 포도밭은 리오하 지방의 북쪽과 동쪽 경계로부터 주도인 빰쁠로나Pamplona에 있는 삐레네 산맥Pirineo, 피레네의 산기슭까지 이어집니다. 20세기 전반에 걸쳐, 가르나차 띤따 주체로 만든 로제 와인으로 유명했지만, 최근에는 뗌쁘라니요, 까베르네 쏘비뇽, 메를로 등을 사용한 현대적인 스타일의 레드 와인이 주목 받고 있습니다.

나바라 지역의 와인 역사는 기원전 2세기경 고대 로마인에 의해 시작되었습니다. 이후 로마 제국이 쇠퇴하자, 유럽 북부의 여러 야만인 부족들이 나바라 지역을 침략했고, 포도밭의 대다수가 파괴되었습니다. 5세기 초에는 서쪽의 고트족이 스페인을 지배했지만, 당시 나바라 지역의 인구가 많지 않았기 때문에 크게 영향을 받지는 않았습니다. 8세기 초반, 무어인들이 스페인을 침략해 서고트 왕국을 멸망시키고 국토 대부분을 지배했는데, 무어인의 통치 속에서도 나바라 지역은 포도 재배를 이어갔고, 포도밭은 로마 시대의 모습으로 복원되었습니다. 778년 프랑크 왕국의 샤를대제가 이슬람 세력을 몰아내면서 나바라 지역은 프랑크 왕국의 통치를 받았고, 이후 824년에는 나바라 왕국의 전신인 빰플로나 왕국이 선포되었습니다.

10~11세기, 성지 순례자들에 의해 나바라 와인 수요가 증가했습니다. 이로 인해 포도밭은 수도원을 중심으로 자연스럽게 확장되었습니다. 당시 생산되던 와인의 대부분은 지역 내에서 소비되었지만, 일부는 순례자들의 입 소문을 타며 해외로 수출되기도 했습니다. 14세기 나바라 와인은 호황기를 맞이했습니다. 그리고 15세기에는 와인 생산이 절정에 달했으며, 포도밭은 급격하게 확장되어 곡식을 재배할 땅이 부족할 정도였습니다. 나바라 군주는 부족한 곡식으로 인해 빵 값이 올라가면 반란이 일어날 수 있다고 걱정했기 때문에 포도밭을 제한했으며, 나바라 와인의 초과량은 스페인과 유럽의 다른 지역으로 보내졌습니다.

18세기 말까지 와인 산업은 나바라 지역 경제를 지탱하는 원동력이었습니다. 19세기 후반, 프랑스가 필록세라 병충해를 입게 되자, 리오하와 함께 나바라 와인의 수요도 증가했습니다. 그러나 1858년 나바라 지역에 오이듐병이 발생해 와인 생산에 차질을 빚게 되었고, 1892년에는 필록세라 피해를 겪으면서 당시 50,000헥타르에 달하던 포도밭의 98%가 황폐화되었습니다.

20세기 초반이 되어서야, 나바라 지역의 포도밭은 접붙이기한 포도 나무가 다시 심어졌습니다. 이후 와인 산지를 개편하고, 생산자들은 협동조합을 결성해 저가의 벌크 와인을 대량 수출하기 시작했습니다. 그 결과, 1933년에 DO 등급의 지위를 획득했으며, 1980년대부터는 대대적으로 품질 변화를 꾀하였습니다. 현재 나바라 주는 스페인에서 가장 진보적인 산지 중 하나로 손꼽히며, 소규모 포도원과 협동조합에서 우수한 품질의 와인을 생산하기 위해 노력하고 있습니다.

나바라 주의 기후는 크게 3가지로 나뉩니다. 북서부 지역은 대서양의 영향을 받는 대륙성 기후를 띠고 있습니다. 연간 강우량은 800m로, 나바라 주에서는 습도가 높은 편입니다. 북동부 지역은 삐레네 산맥의 영향을 받아 뚜렷한 대륙성 기후를 띠고 있으며, 겨울은 춥고 여름은 덥고 건조합니다. 남부는 리오하 오리엔딸 지구와 유사한 지중해성 기후로, 따뜻하며 연간 강우량은 300mm정도로 건조합니다. 이곳은 띠에라 에스떼야Tierra Estella, 바하 몬따냐Baja Montaña, 발디사르베Valdizarbe, 리베라 알따Ribera Alta, 리베라 바하Ribera Baja 5개의 생산 지구Sub Zone로 나뉘고 있는데, 생산 지구에 따라 기후와 토양의 차이가 있습니다.

나바라 주의 북서부에 위치한 띠에라 에스떼야 지구는 38개의 마을로 이루어져 있습니다. 지리적으로 라 리오하 주와 인접해 있으며, 지질도 리오하 알라베사 지구와 유사합니다. 대서양의 영향을 받는 북쪽은 습한 반면, 남쪽은 건조한 편입니다. 재배 면적은 1,800헥타르로, 뗌쁘라니요 50%, 까베르네 쏘비뇽 20% 재배하고 있으며, 청포도 품종은 샤르도네를 주로 재배하고 있습니다.

바하 몬따냐는 나바라 주의 북동부, 아라곤Aragón 강의 중간에 위치한 생산 지구로, 22개의 마을로 이루어져 있습니다. 이곳은 대륙성 기후로, 북쪽은 습한 반면 남쪽은 건조합니다. 재배 면적은 1,520헥타르로, 가르나차 띤따 60%, 뗌쁘라니요 25% 재배하고 있으며, 석회암의 점토 질 토양에서 주로 로제 와인을 생산하고 있습니다.

발디사르베는 나바라 주의 최북단, 아라곤 강의 상류에 위치한 생산 지구입니다. 25개의 마을로 이루어져 있으며, 성지 순례길이 교차하는 지점으로 잘 알려져 있습니다. 5개의 생산 지구 중 가장 습하며, 포도밭의 방향과 고도가 매우 다양하기 때문에 포도밭의 입지 조건을 잘 선택해야 우수한 와인을 만들 수 있습니다. 재배 면적은 920헥타르로, 뗌쁘라니요, 가르나차 띤따, 까베르네 쏘비뇽, 메를로의 적포도 품종과 함께 샤르도네와 말바시아 청포도 품종도 재배하고 있습니다.

나바라 주 중남부에 위치한 리베라 알따는 나바라 지역의 북부와 남부를 연결하는 생산 지구로, 올리떼Olite 마을을 중심으로 26개의 마을을 포함하고 있습니다. 기후는 북부와 달리 대서양과 삐레네 산맥의 영향을 받지 않아 따뜻하며, 기온 변화도 적습니다. 재배 면적은 4,125헥타르로, 나바라 포도밭의 1/3을 차지하고 있습니다. 뗌쁘라니요 품종이 대부분을 차지하고 있고, 그라시아노도 일부 재배하고 있습니다. 청포도 품종은 샤르도네와 소량의 모스까뗄 데 그라노 메누도Moscatel de Grano Menudo도 재배하고 있습니다.

나바라 주의 최남부에 위치한 리베라 바하 지구는 14개의 마을로 이루어져 있습니다. 에브로 강 분지의 평야 지대로, 전반적으로 지중해성 기후를 띠고 있어 따뜻하고 건조한 편이지만, 북쪽은 서늘합니다. 재배 면적은 3,350헥타르로, 뗌쁘라니요 40%, 가르나차 띤따 30% 재배하며, 청포도 품종은 비우라와 모스까뗄을 재배하고 있습니다.

전통적으로 나바라 지역은 가르나차 띤따를 다량으로 재배했는데, 지금도 전체 포도밭의 1/3정도를 차지하고 있습니다. 이곳에서 가르나차 띤따의 역할은 드라이 로제 와인의 원료로써, 1980년대 이전까지 나바라 로사도Navarra Rosado DO로 가장 잘 알려져 있었습니다. 하지만

1980년대 이후, 나바라 주의 원산지 관리 위원회와 나바라 포도 재배 및 양조 연구소Estación de Viticultura y Enología de Navarra의 왕성한 활동으로 인해 생산자들은 레드 와인으로 전환했으며, 최근에 뗌쁘라니요, 까베르네 쏘비뇽 등의 이식이 증가하면서 가르나차 띤따와 함께 로제 와인도 감소하고 있는 추세입니다.

현재, 나바라 생산량의 70%를 차지하고 있는 레드 와인은 전통적으로 뗌쁘라니요 주체에 가르나차 띤따, 그라시아노를 블렌딩해 리오하 와인과 비슷한 스타일로 주로 만들었습니다. 그러나 이제는 뗌쁘라니요 주체에 까베르네 쏘비뇽, 메를로를 블렌딩해 만드는 경우가 점점 많아지고 있고, 새 오크통에서 숙성도 진행하고 있습니다. 이러한 와인은 프랑스 품종이 주는 검은 과실 향과 바닐라, 향신료 등의 오크 향 등이 조화를 이루고 있으며, 호벤부터 그란 레세르바까지 스타일도 다양합니다. 또한 로제 와인으로 주로 만들던 가르나차 띤따는 바하 몬따냐, 발디사르베 지구의 고지대에서 방향성이 풍부한 레드 와인으로 생산되고 있습니다.

화이트 와인은 전체 생산량의 5%에 불과하지만, 개성적인 와인으로 탈바꿈했습니다. 샤르도네, 비우라 등의 화이트 와인은 현대적인 양조 기술이 도입되어 신선함을 갖췄으며, 오크통에서 숙성시킨 고품질 와인도 존재합니다. 과거 나바라 주를 대표하던 로제 와인도 자연 산도를 최대한 살리기 위해 더 일찍 수확하고, 혐기성 양조 기술로 처리해 과실 향이 풍부하고 더 산뜻해졌습니다.

과거 30년간, 나바라 지역의 와인은 지속적으로 진화했습니다. 1980년대 이후 도입된 프랑스계 품종은 이 지역에서 잘 적응하며, 토착 품종들과 함께 재배되기 시작했고, 새로운 스타일의 와인을 만드는데 큰 공헌을 했습니다. 그 후, 1990년대에는 외부 투자와 함께 새로운 포도원이 설립되었습니다. 이러한 생산자의 아이디어와 혁신적인 양조 기술은 지역 변화를 촉발시켰고, 우수한 산지의 지위를 확립해 주었습니다. 현재 나바라는 스페인에서 입증된 진보적인 지역으로, 지속적인 변화를 꾀하며 있으며 신규 포도원도 계속 들어서고 있는 추세입니다.

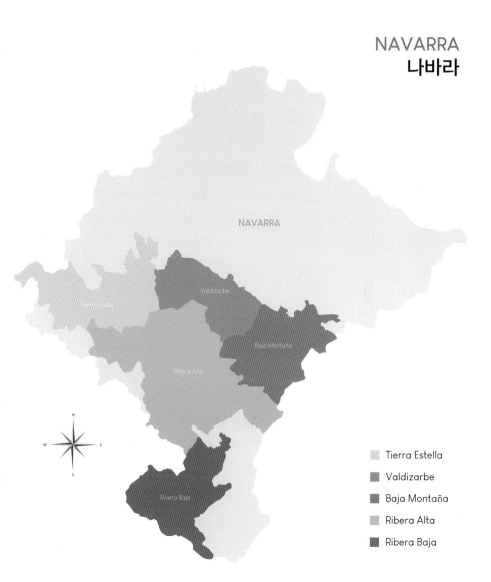

Tierra Estella

Valdizarbe

Baja Montaña

Ribera Alta

Ribera Baja

바라 지역은 띠에라 에스떼야, 바하 몬따냐, 발디사르베, 리베라 알따, 리베라 바하 5개의 생산
구로 나뉘고 있습니다. 북서부의 띠에라 에스떼야 지구는 뗌쁘라니요, 까베르네 쏘비뇽을 주로
배하고 있습니다. 발디사르베 지구는 5개 생산 지구 중 가장 습하며, 뗌쁘라니요, 가르나차 띤따,
베르네 쏘비뇽, 메를로와 함께 샤르도네와 말바시아 청포도 품종도 재배하고 있습니다.
하 몬따냐 지구는 가르나차 띤따, 뗌쁘라니요를 재배하고 있으며, 석회암 점토질 토양에서 주로
제 와인을 생산하고 있습니다.
베라 알따 지구는 뗌쁘라니요 품종이 대부분을 차지하고 있으며, 샤르도네와 소량의 모스까뗄
그라노 메누도도 재배하고 있습니다. 최남부의 리베라 바하 지구는 지중해성 기후를 띠고 있고
쁘라니요, 가르나차 띤따를 주로 재배하고 있습니다.

쁘리오라트 DOCa _____

쁘리오라트는 까딸루냐 주 남서부 따라고나 지방에 위치한 와인 산지로, 과거 DO등급이었으ᄂ 2009년 DOCa로 승격되면서 현재 리오하 지방과 더불어 2개의 DOCa 원산지 중 하나입니다. 얼마 전까지만 해도 무명의 시골에 불과하던 쁘리오라트는 1980년대에 개척 정신을 가진 젊은 생산자들에 의해 현대적인 스타일의 레드 와인이 생산되기 시작하면서 해외 시장에서 큰 인기를 끌게 되었습니다. 이들은 산악 지대의 척박하고 가파른 경사지에 포도밭을 개간하여 비상식적인 수준까지 수확량을 낮춰 응축감이 강하고 장기 숙성 가능한 와인을 만들었습니다. 그 결과, 현자 쁘리오라트는 스페인 최고 산지로 탈바꿈했으며, 가르나차 띤따 품종 주체로 뛰어난 품질의 레드 와인을 생산하고 있습니다.

까딸루냐 주(Cataluña)

- 쁘리오라트(Priorat DOCa): 2,010헥타르

까딸루냐어로 '까스띠야인Castellano'을 의미하는 쁘리오라트는 까딸루냐 주의 남서부 따라고나Tarragona 지방에 위치한 와인 산지입니다. 과거 DO 등급이었으나, 2009년 DOCa로 승격되면서, 현재 리오하 지방과 더불어 2개의 DOCa 원산지 중 하나입니다. 까딸루냐 주는 스페인과 문화적으로 매우 다르기 때문에, 쁘리오라트에서는 DOCa 대신 까딸루냐 용어인 DOQDe-nominació de Origen Qualificada를 사용하고 있습니다. DOQ 산지는 12개 마을로 이루어져 있으며, 포도밭은 지중해에서 멀리 떨어진 깊은 산간 내륙에 위치해 있습니다.

쁘리오라트는 지난 20년 동안 굉장히 큰 변화를 겪었습니다. 얼마 전까지만 해도 무명의 시골에 불과하던 이곳은 DOQ 등급을 받으며 급부상하기 시작했습니다. 특히, 1980년대 개척 정신을 가진 젊은 생산자들에 의해 현대적인 스타일의 레드 와인이 생산되면서 해외 시장에서 큰 인기를 끌게 되었습니다. 이들은 산악 지대의 척박하고 가파른 경사지에 포도밭을 개간했으며, 비상식적인 수준까지 수확량을 낮춰 응축감이 강하고 장기 숙성 가능한 와인을 만들었습니다. 신예 생산자들이 품질 향상을 위해 노력한 결과, 현재 쁘리오라트는 스페인 최고 산지로 탈바꿈했으며, 가르나차 띤따 주체로 뛰어난 품질의 레드 와인을 생산하고 있습니다.

쁘리오라트 와인의 역사

스페인 왕, 알포소 1세가 카르투지오Chartreuse 수도사들에게 수도원을 지을 수 있는 땅을 내어주면서 쁘리오라트의 와인 역사가 시작되었습니다. 카르투지오 수도사들이 쁘리오라트를 선택한 것은 목자의 꿈에 이 땅에서 하늘로 올라가는 긴 사다리를 보았다는 전설 때문이었습니다. 따라서 1163년, '신의 사다리'를 뜻하는 스깔라 데이Scala Dei 수도원이 설립되었고, 카르투지오 수도사들에 의해 포도 재배와 와인 양조가 시작되었습니다. 또한 스깔라 데이 수도원장은 수도원 인근에 위치한 7개 마을을 봉건제로 다스리며, 이곳을 쁘리오라트라고 불렀습니다. 이후, 스깔라 데이 수도원은 600년이 넘는 기간에 걸쳐 쁘리오라트 지역의 대다수 포도밭을 소유하며 관리했습니다.

14세기, 이탈리아를 거쳐 쁘리오라트에 가르나차 띤따 품종이 유입되었는데, 가르나차 띤따는 스페인 동해안의 아라곤 주가 원산지이지만, 쁘리오라트는 이탈리아를 통해 이 품종을 전파 받았습니다. 중세 시대, 까딸루냐 지역으로 향하던 배들은 이탈리아의 리구리아 주의 베르나짜Vernazza 마을에서 출발했기 때문에, 이 마을에서 가르나차라는 이름으로 불리게 되었습니다. 실제로 이탈리아에서는 가르나차를 베르나차 네라Vernaccia Nera로 불리고 있습니다. 14세기 중반부터 17세기 초반까지 쁘리오라트 지역은 산적의 피해와 정착의 어려움으로 인한 인구 감소 등의 심각한 위기를 겪었습니다. 이러한 문제는 17세기 중반이 되어서야 안정되었고, 인구가 증가하면서 포도밭도 조금씩 확장되었습니다.

18세기 쁘리오라트에서는 일반적인 와인과 함께 주정 강화 와인도 전문적으로 생산했습니다. 당시 와인을 오래 보관하기 위해 주정을 강화하는 것은 일반적이었고, 주정 강화 와인은 해외에서도 수요가 높았습니다. 쁘리오라트의 주정 강화는 와인 4리터에 까딸루냐 지역의 아이구아르덴트Aiguardent라 불리는 증류주를 1리터 첨가해 만들었는데, 이 와인들은 프랑스, 네덜란드, 영국에 수출되었습니다.

19세기 초반까지 쁘리오라트는 유일하게 포도만 재배했습니다. 다행히 와인은 잘 팔려 부유한 시기를 보냈으나, 1800~1840년 사이에 프랑스와의 전쟁, 까를리스따Carlista 내전, 멘디사발Mendizábal의 교회 몰수법 등 수십 년 간 정치적 혼란과 계속되는 전쟁으로 어려움을 겪었습니다. 특히 1835년 스페인 수도원의 재산을 몰수하고 사유화하는 멘디사발의 교회 몰수법령에 의해 스깔라 데이 수도원이 소유하고 있었던 많은 포도밭이 몰수되어 소작농들에게 분배되었습니다. 땅을 받은 영세 소작농들은 포도를 재배해 생계를 유지했지만, 이 시기에 와인 수요가 감소하여 가격이 40% 정도 하락했기 때문에 소작농의 경제 상황은 여의치 않았습니다. 또한 1893년에 필록세라 병충해가 발생해 5년 후 모든 포도밭을 황폐화시켰습니다. 쁘리오라트의 경제는 파탄을 맞았고, 많은 사람들이 이 지역을 떠나갔습니다. 필록세라 이전에 쁘리오라트의 포도밭은 대략 5,000헥타르 정도로 추정하지만, 피해 이후 거의 모든 포도밭이 파괴되었으며, 설상가상으로 1920년대에는 지속적인 가뭄과 함께 흉작이 잦았습니다. 또한 섬유 산업이 도래하면서 노동의 수요가 증가하자 많은 사람들이 도시로 이주했고, 쁘리오라트 인구의 30% 정도가 고향을 떠나갔습니다. 결국, 위기에 빠진 영세 소작농들은 협동조합을 설립해 와인 생산과 판매를 관리했습니다. 그럼에도 불구하고 쁘리오라트의 인구는 계속 감소했고, 심지어 유명 산지가 아님에도 불구하고 원산지를 사칭한 와인까지 등장했습니다. 가짜 와인 제조자들은 산악 지형에 따른 낮은 생산성, 열악한 도로망 등 쁘리오라트 와인 유통의 어려움을 악용해 저품질의 타 지역 와인을 쁘리오라트 와인으로 사칭해 판매했습니다. 결국, 1932년 스페인 정부는 DO 법을 제정해 스페인 전역의 원산지를 관리했지만, 1936년에 스페인 내전이 발생했고, 스페인 임시 정부는 까딸루냐 주의 독립을 주장하는 공화좌파당을 심하게 탄압했기 때문에 쁘리오라트를 공식적으로 DO 등급에서 배제시켰습니다.

1950년부터 쁘리오라트에 조금씩 포도 나무를 다시 심기 시작했습니다. 이곳은 지형이 워낙 가파르고 척박해 포도 이외에는 다른 작물을 심을 수 없었기에 포도 농사는 불가피한 선택이었고, 생계 유지를 위해 수확량이 많은 까리녜나와 같은 저품질 품종을 주로 재배했습니다. 그러나 고된 노동력과 경작에 드는 많은 비용을 이유로 쁘리오라트의 가능성이 확인되기 전까지 많은 포도밭들은 버려져 있었습니다. 1954년에 쁘리오라트는 가까스로 공식적인 DO 등급의 지위를 획득했지만, 스깔라 데이Cellers de Scala Dei, 보데가스 데 무예르Bodegas De Muller, 마시아 바릴Masia Barril 3곳의 포도원을 제외하고는 대부분 협동조합에서 저렴한 벌크 와인을 대량으로 생산했으며, 와인 품질 역시 좋지 않았습니다.

회생할 가능성이 없었던 쁘리오라트에 기적이 일어난 것은 1979년입니다. 레네 바르비에르René Barbier와 그의 친구들로 구성된 신예 생산자 그룹은 쁘리오라트의 잠재성을 확인하고 포도밭을 개척해 현대적인 스타일의 레드 와인을 만들기 시작했습니다. 이들이 만든 와인은 해외 시장에서 큰 성공을 거두었고, 쁘리오라트를 세계적으로 인정받는 고급 산지로 탈바꿈시켜주었습니다. 신예 생산자 그룹 덕분에 쁘리오라트는 1985년부터 10년 동안 벌크 와인 생산을 단계적으로 중단하였고, 고품질 와인 생산을 시작하게 되었습니다. 또한 인근 뻬네데스 지방 및 남아프리카공화국에서까지 외부 양조가들이 몰려와 와인 산업에 활기를 가져다 주었습니다. 그 결과, 2009년 7월 26일에 쁘리오라트는 스페인 정부로부터 DOCa 지위를 획득했으며, 마침내 리오하 지방과 함께 스페인을 대표하는 최고의 산지가 되었습니다.

PRIORAT
쁘리오라트

1. Vi da la Vila de Bellmunt del Priorat
2. Vi da la Vila d'Escaladei
3. Vi da la Vila de Gratallops
4. Vi da la Vila del Lloar
5. Vi da la Vila de la Morera de Montsant
6. Vi da la Vila de Poboleda
7. Vi da la Vila de Perrera
8. Vi da la Vila de Torroja del Priorat
9. Vi da la Vila de la Vilella Alta
10. Vi da la Vila de la Vilella Baixa
11. Vi da la Vila dels Masos de Falset
12. Vi da la Vila de les Solanes del Molar

리오라트는 따라고나 지방의 중앙에 위치해 있습니다. 주변은 산으로 둘러싸여 있고 북서쪽으로
자리잡은 몬산트 산맥에 의해 보호를 받고 있습니다. 원산지는 12개 마을로 이루어져 있으며,
밭은 180~1,000미터 표고의 매우 가파른 경사지에 자리잡고 있습니다.

5명의 신예 생산자 그룹과 그라따요프스 프로젝트

1970년대 말까지 쁘리오라트의 포도밭은 600헥타르에 불과했습니다. 거의 모든 와인은 협동조합에서 생산되었고, 저품질의 벌크 와인으로 판매되었습니다. 3곳의 포도원이 존재했지만, 스깔라 데이를 제외하고는 전반적으로 와인의 품질도 떨어졌습니다. 이처럼 쁘리오라트는 까딸루냐 주에서 가장 낙후된 시골로 미래가 없는 곳이었습니다.

한동안 방치되었던 쁘리오라트에 변화가 일기 시작한 것은 1970년대 후반입니다. 1979년 레네 바르비에르는 쁘리오라트의 잠재성을 확신하고 가족들과 함께 이주해, 그라따요프스Gratal-lops 마을에 20헥타르의 포도밭을 매입했습니다. 레네 바르비에르는 따라고나 지방에서 태어나 까딸루냐 주에서 자랐기 때문에 누구보다 쁘리오라트에 대해 잘 알고 있었습니다. 또한 그는 프랑스 유학파 출신의 양조가로, 보르도 및 부르고뉴 지방에서 양조학을 배운 후 페트뤼스 포도원에서 크리스티앙 무엑스Christian Moueix와 함께 일한 경험도 가지고 있었습니다. 이후, 레네 바르비에르는 친구들에게 이 땅의 잠재성을 알리기 시작했고, 그라따요프스 프로젝트 Gratallops Project에 동참할 것을 설득했습니다. 1984년 까를레스 빠스트라나Carles Pastrana를 시작으로, 1986년 호세프 루이스 뻬레스Josep Lluís Pérez, 그리고 1989년 알바로 빨라시오스Álvaro Palacios와 다프네 글로리안Daphne Glorian 4명의 친구들은 레네 바르비에르를 믿고 척박한 산악 지대의 포도밭을 매입해 끌로Clos라 불렀습니다. 또한 이 포도밭에는 오래된 수령대의 포도 나무들이 가득했는데, 레네와 친구들은 이 포도 나무들을 유지하기로 결정했고 메를로, 씨라, 까베르네 쏘비뇽 등의 새로운 품종도 함께 심었습니다. 1989년 각자 재배한 포도를 처음으로 수확했습니다. 그러나 첫 해에는 포도가 잘 익지 않아 절반 정도를 포도밭에 버렸으며, 남은 포도를 모아 공동으로 구매했습니다. 그리고 레네 바르비에르의 그라따요프스 마을에 있는 양조장을 공유해 와인을 만들어, 서로 분배했는데 레네 바르비에르는 끌로 모가도르Clos Mogador, 까를레스 빠스트라나는 꼬스떼르스 델 시우라나Costers del Siurana, Clos de l'Obac, 호세프 루이스 뻬레스는 끌로 마르띠네뜨Clos Martinet, 알바로 빨라시오스는 끌로 도피Clos Dofi, Finca Dofi, 다프네 글로리안은 끌로 에라스무스Clos Erasmus의 라벨을 붙여 출시했습니다. 즉, 하나의 양조장에서 5개의 와인이 만들어진 셈인데, 사실상 라벨만 다를 뿐 같은 와인이었으며, 1989~1991년까지 3개 빈티지를 공동으로 만들었습니다.

1989년 첫 빈티지 와인은 1만병 정도 생산되었습니다. 레네와 친구들은 산악 지대의 척박하고 가파른 경사지에 포도밭을 개척해 수확량을 헥타르당 5~15헥토리터 수준까지 극단적으로 줄였고, 가르나차 띤따 주체로 까리녜나, 까베르네 쏘비뇽을 블렌딩해 와인을 만들었습니다. 이들이 만든 와인은 과거의 건포도 향의 거친 타닌을 지닌 쁘리오라트 와인과는 너무 달랐습니다. 농축된 과실과 미네랄, 은은한 오크향 등 복합성과 함께 응축감도 강했습니다. 이에 스페인 정부는 쁘리오라트 와인의 표준과 너무 다르다고 판단해 이들의 첫 빈티지 와인에 DO 승인을 거절했습니다. 이에 자극 받은 레네와 친구들은 자신들의 포도원을 만들어, 1992년부터는 5명이 독립적으로 와인을 생산하기 시작했습니다. 특히 알바로 빨라시오스는 끌로 도피 와인과 함께 1993년에 레르미따L'Ermita 와인을 출시하면서 현대적인 스타일의 쁘리오라트 와인을 세계적으로 알리는데 큰 공헌을 했습니다. 알바로 빨라시오스는 1900~1940년 사이에 심어진 아주 오래된 수령대의 가르나차 띤따 포도밭을 발견해 매입하였고, 이 포도를 사용해 세계가 깜짝 놀랄만한 와인을 만들었습니다. 산 꼭대기에 있는 작은 예배당을 뜻하는 레르미따 포도밭은 북동쪽의 가파른 경사지에 위치하며, 배수가 잘되는 편암 토양으로 이루어져 있어 화려한 방향성과 함께 우아함, 섬세함을 겸비한 와인을 생산하기에 이상적인 떼루아입니다. 또한 레르미따는 유명 평론가인 로버트 파커에게 100점 만점을 받았고, 뉴욕 크리스티 경매장에서 4,200달러에 낙찰되는 이변을 달성하기도 했습니다.

5명의 신예 생산자들이 완성한 그라따요프스 프로젝트로 인해 쁘리오라트의 잠재성은 세계적으로 입증되었습니다. 또한 1990년대 중반부터 쁘리오라트 와인은 큰 인기와 함께 높은 가격에 거래되기 시작했으며, 스페인 최고 산지로 탈바꿈하는데 성공했습니다. 결국 2000년, 까딸루냐 주 당국은 쁘리오라트를 DO 등급에서 DOQ 등급으로 승격시켜주었고, 스페인 정부 역시 2009년에 DOCa로 승인을 인정했습니다. 신예 생산자들의 성공에 힘입어 타 지역과 다른 국가의 수많은 양조가들이 쁘리오라트로 몰리면서 포도밭은 자연스레 확장되었습니다. 1970

년, 600헥타르에 불과했던 포도밭은 현재 2,010헥타르까지 증가했고, 1990년대 3곳밖에 없었던 포도원은 지금 114여 곳까지 늘어났습니다. 지금 상황에 대해 쁘리오라트 생산자들은 "르네 바르비에르가 폭탄을 만들었고, 알바로 빨라시오스가 뇌관을 만들었다."라고 말하고 있습니다.

PRIORAT

DENOMINACIO D'ORIGEN QUALIFICADA

1979년, 레네 바르비에르는 쁘리오라트의 잠재성을 확신하고 가족들과 함께 이주해 그라따요프스 을에 20헥타르의 포도밭을 매입했습니다. 레네 바르비에르는 따라고나 지방에서 태어나 까딸루냐 에서 자랐기 때문에 누구보다 쁘리오라트에 대해 잘 알고 있었습니다. 또한 그는 프랑스 유학파 신의 양조가로, 보르도 및 부르고뉴 지방에서 양조학을 배운 후 페트뤼스 포도원에서 크리스티앙 엑스와 함께 일한 경험도 가지고 있었습니다. 이후, 레네 바르비에르는 친구들에게 쁘리오라트의 재성을 알리기 시작했고, 그라따요프스 프로젝트에 동참할 것을 설득했습니다. 1984년 까를레스 스트라나를 시작으로, 1986년 호세프 루이스 뻬레스, 그리고 1989년 알바로 빨라시오스, 다프네 로리안 4명의 친구들은 레네 바르비에르를 믿고 산악 지대 포도밭을 매입해 끌로라 불렀습니다.

쁘리오라트의 떼루아, 와인에 관해

쁘리오라트는 따라고나 지방의 중앙에 위치해 있습니다. 주변은 산으로 둘러싸여 있고 북서쪽으로 길게 자리잡은 몬산트Serra de Montsant 산맥에 의해 보호를 받고 있습니다. 원산지는 12개 마을로 이루어져 있으며, 포도밭은 180~1,000미터 표고의 매우 가파른 경사지에 자리잡고 있습니다.

쁘리오라트는 지중해성 기후를 띠고 있지만, 내륙의 영향을 강하게 받아 대륙성 기후 지역보다 더 극단적입니다. 북쪽에서 불어오는 차가운 바람은 몬산트 산이 어느 정도 막아주고 있고, 동쪽에서는 따뜻한 미스트랄 바람이 불어옵니다. 여름은 길고 최고 온도는 35도 정도로 덥고 건조합니다. 겨울은 춥고 서리 및 우박 피해를 종종 입기도 합니다. 연간 강우량은 500mm 미만으로, 다른 지역 같으면 관개가 필요한 수준이지만, 차갑고 습한 토양 덕분에 관개 없이 포도 재배가 가능한데 종종 가뭄 피해를 받기도 합니다.

쁘리오라트의 토양은 화산 활동에 의해 생성되었습니다. 까딸루냐어로 이꼬레야licorella라 불리는 매우 독특한 토양을 기반으로 50cm 두께의 표토에는 부서진 점판암과 운모로 구성되어 있습니다. 이꼬레야는 작은 석영이 박힌 붉은색과 갈색 점판암 토양으로, 배수가 잘 되고 햇빛의 열기를 보존하면서 포도 성숙에 도움을 주고 있습니다. 반면 토양의 영양분과 수분이 적지만, 포도 나무가 이꼬레야 속 단층을 뚫고 뿌리를 깊게 내리기 때문에 생장에 필요한 수분과 영양분, 그리고 미네랄 성분을 공급받게 됩니다. 특히 쁘리오라트는 이꼬레야 토양의 영향을 크게 받으며, 우수한 품질의 와인 생산에 기여하고 있습니다. 그리고 이 지역에 흔히 발생하는 강풍과 호우 기간 동안 포도 나무가 땅에 단단히 고정될 수 있도록 도와줍니다.

최고의 포도밭은 가파른 경사지에 계단식으로 되어 있고, 500~700미터 표고에 위치해 있습니다. 높은 표고로 인해 햇볕을 최대한 받을 수 있으며, 서늘한 밤 기온 덕분에 방향성이 풍부하고 농축된 와인을 만들 수 있습니다. 신예 생산자 그룹을 비롯한 현대적인 생산자들은 최고의 와인을 만들기 위해 이 지역에서 발견된 고령목의 가르나차, 까리녜나 품종을 사용해 수확량도 극단적으로 줄였습니다. 쁘리오라트의 법정 최대 수확량은 1헥타르당 42헥토리터이지만, 이들은 5~15헥토리터라는 비상식적인 수준까지 수확량을 억제했습니다. 또한 까베르네 쏘비뇽, 메를로 등의 프랑스 품종과 블렌딩해 프랑스 새 오크통에서 숙성시켰습니다. 그 결과, 신예 생산자 그룹을 비롯한 현대적인 생산자들이 만든 와인은 농축된 과실과 미네랄, 은은한 오크향 등 복합성을 지녔으며, 강한 농축미와 함께 장기 숙성이 가능한 와인으로 탄생되었습니다.

현재 쁘리오라트 포도밭에는 적포도 품종이 93%, 청포도 품종이 7% 재배되고 있습니다. 원산지 관리 위원회 규정에 따라, 레드 와인은 가르나차 띤따, 까리녜나, 까베르네 쏘비뇽, 씨라, 메를로, 까베르네 프랑을 허가하고 있으며, 화이트 와인은 가르나차 블랑까, 마까베오, 뻬드로 시메네스, 슈냉 블랑 4가지 품종을 허가하고 있습니다. 특히 적포도 품종 중에서 가르나차 띤따의 재배 면적은 일정하게 유지되는 반면, 까리녜나는 감소 추세입니다. 대신 까베르네 쏘비뇽, 씨라의 재배 면적이 증가하고 있는데, 최근에는 씨라 품종이 빠르게 증가하고 있습니다. 레드·화이트·로제 와인은 13.7~18% 사이의 알코올 도수를 가져야 하며, 와인은 숙성 기간에 따라, 라벨에 크리안사, 레세르바, 그란 레세르바 표기가 가능합니다.

2019년 쁘리오라트 원산지 관리 위원회는 부르고뉴 지방과 유사한 등급 체계를 도입했습니다. '토지의 이름'을 뜻하는 로스 놈브레스 데 라 띠에라Los Nombres de la Tierra에 의해 459개의 포도밭을 5단계 피라미드 형태로 분류하고 있습니다. 최상위 등급은 그란 빈야 끌라시피까다Gran Vinya Classificada로, 부르고뉴 지방의 그랑 크뤼에 해당하며, 포도밭은 최소 35년 이상의 수령을 지닌 포도 나무가 80%가 넘어야 합니다. 두 번째 등급은 빈야 끌라시피까다Vinya Classificada 부르고뉴 지방의 프리미에 크뤼에 해당하며, 포도밭은 최소 20년 이상의 수령을 지닌 포도 나무가 80%가 넘어야 합니다.

세 번째 등급은 비 데 빠라뜨제Vi de Paratge로, 포도밭 명칭 와인을 의미합니다. 부르고뉴 지방의 끌리마Climat와 같이 포도밭은 지질과 미세 기후 등의 떼루아를 지니고 있어야 합니다. 네 번째 등급은 비 데 빌라Vi de Vila로 마을 명칭 와인을 의미합니다. 원산지 관리 위원회의 승인을 얻은 12개 마을 중 한 곳에서 생산되어야 합니다.

가장 하위 등급은 쁘리오라트 DOQ로, 포도 품종 및 포도 나무 연령 등 쁘리오라트 규정 사항을 충족해야 합니다. 로스 놈브레스 데 라 띠에라의 5개 등급은 라벨에 표기되어 있어 확인이 가능합니다.

LICORELLA

쁘리오라트의 토양은 이꼬레야라 불리는 매우 독특한 토양을 기반으로 50cm 두께의 표토에는
쿠서진 점판암과 운모로 구성되어 있습니다. 이꼬레야는 작은 석영이 박힌 붉은색, 갈색 점판암
토양으로 배수가 잘 되고 햇빛이 열기를 보존하면서 포도 성숙에 도움을 주고 있습니다.

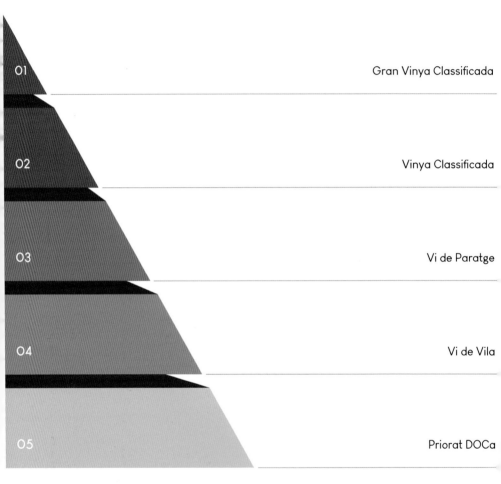

01   Gran Vinya Classificada

02   Vinya Classificada

03   Vi de Paratge

04   Vi de Vila

05   Priorat DOCa

2019년, 쁘리오라트 원산지 관리 위원회는 부르고뉴 지방과 유사한 로스 놈브레스 데 라 띠에 등급 체계를 도입했으며, 459개의 포도밭을 5단계 피라미드 형태로 분류하고 있습니다. 최상 등급은 그란 빈야 끌라시피까다로 부르고뉴 지방의 그랑 크뤼에 해당합니다. 두 번째 등급은 빈 끌라시피까다 부르고뉴 지방의 프리미에 크뤼에 해당합니다. 세 번째 등급은 비 데 빠라뜨제 포도밭 명칭 와인을 의미하며, 부르고뉴 지방의 끌리마와 같이 포도밭은 지질과 미세 기후 등 떼루아를 지니고 있어야 합니다. 네 번째 등급은 비데 빌라로 마을 명칭 와인을 의미하며, 원산 관리 위원회의 승인을 얻은 12개 마을 중 한 곳에서 생산되어야 합니다. 하위 등급은 쁘리오라 DOQ로, 포도 품종 및 포도 나무 연령 등 쁘리오라트 규정 사항을 충족해야 합니다.

PENEDÈS
뻬네데스

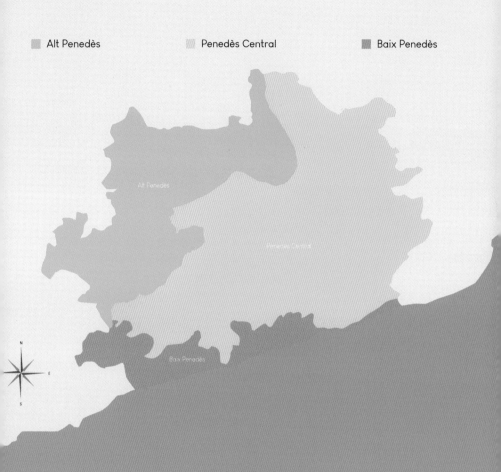

■ Alt Penedès   ▨ Penedès Central   ■ Baix Penedès

뻬네데스는 산지가 방대한 만큼 알트 뻬네데스, 뻬네데스 센뜨랄, 바이스 뻬네데스 3개의 서브 지역으로 구분하고 있습니다. 알트 뻬네데스는 산악 지역으로 가장 내륙 쪽에 위치하며, 서늘한 기후에서 까바 생산에 사용되는 빠레야다 품종을 주로 재배하고 있지만, 비교적 수확량이 낮은 리슬링, 게뷔르츠트라미너 등의 품종으로 우수한 화이트 와인을 생산하고 있습니다.

뻬네데스 센뜨랄은 까바 생산을 위해 마까베오, 사렐-로 등 대부분 청포도 품종을 재배하고 있고 지역 전체 생산량의 대부분을 책임지고 있습니다.

바이스 뻬네데스는 저지대의 해안 지역으로 고온 건조한 지중해성 기후를 띠고 있습니다. 낮은 지대의 포도밭에서는 모나스트렐, 가르나차, 까리녜나, 까베르네 쏘비뇽 등의 품종을 블렌딩해 무게감 있는 레드 와인을 만들고 있으며, 중간 정도의 표고에서는 까바를 생산하고 있습니다.

- 뻬네데스(Penedès DO): 19,200헥타르

바르셀로나 남서부에 위치한 뻬네데스는 까딸루냐 주 최대의 와인 산지이자 스파클링 와인인 까바의 주산지이기도 합니다. 1999년 DO등급의 지위를 획득했으며, DO산지는 4개 지방에 66개 마을을 포함하고 있습니다. 이전까지 뻬네데스는 까딸루냐 주를 대표하는 레드 와인 산지였고, 오랫동안 리오하 다음으로 우수한 산지라 여겨왔습니다. 그러나 쁘리오라트가 등장하면서 과거의 명성은 사라졌고, 이후 장 레온, 미구엘 또레스 등과 같은 생산자들에 의해 양조의 근대화가 진행되면서 지금은 스페인의 어느 지역보다 국제 품종이 보편화되었습니다. 현재 뻬네데스는 전통적인 까바를 중심으로 다양한 품질 및 스타일의 와인도 함께 생산되고 있습니다.

뻬네데스 와인의 역사

기원전 4세기, 그리스인에 의해 뻬네데스 지역에 처음으로 포도 나무가 유입되었습니다. 고고학적 증거에 따라 본격적으로 와인 생산을 시작한 것은 기원전 6세기로, 이 지역에 정착한 페니키아인들은 샤르도네 품종을 가져와 와인을 만들었습니다. 이후 로마 제국의 통치하에서 와인 생산량은 증가했습니다. 당시 로마인들은 화이트 와인을 바쿠스에게 바치는 제물로 사용했을 정도로 와인을 좋아했습니다. 또한 비아 아우구스타Via Augusta, 로마 가도는 뻬네데스의 와인 무역을 가능하게 만들었습니다. 스페인과 이탈리아를 연결하는 비아 아우구스타는 로마인이 건설한 주요 도로 중 가장 길고 번화했는데, 이 도로를 통해 뻬네데스 와인은 이탈리아, 독일 등 여러 나라로 수출되었습니다.

중세 시대에는 무어인의 지배를 받았지만, 뻬네데스 와인은 전혀 영향을 받지 않았습니다. 이후 국토회복 전쟁 중에 기독교 연합군으로 참여한 프랑스의 시토회와 베네딕트회 수도사들에 의해 전환점을 맞이하게 됩니다. 수도사들은 종교 의식을 위해 와인이 필요했기 때문에 포도밭을 확장했으며, 다양한 포도 품종을 가지고 왔습니다. 또한 이 시기에는 청포도 품종을 사용해 증류주를 제조하기도 했습니다. 아이러니하게도 스페인 양조업자에게 증류기Alembic를 사용해 증류하는 기술을 가르쳐 준 것은 이슬람교도인이었으며, 이 기술로 인해 의약과 와인 산업은 발전하게 되었습니다.

18세기, 스페인이 남미로 진출하자, 늘어난 수요 덕분에 뻬네데스 와인은 전례 없는 호황기를 맞이했습니다. 그러나 19세기 후반에 필록세라 병충해가 발생하면서 뻬네데스 지역도 큰 피해를 입었습니다. 필록세라 피해 이전까지 뻬네데스 지역에서는 대부분 적포도 품종을 재배했지만, 19세기 중반, 이 지역에서 최초로 까바가 생산되면서 까바 생산을 위해 청포도 품종을 압도적으로 많이 재배하게 되었습니다. 현재 뻬네데스의 포도밭에는 청포도 품종이 90%, 적포도 품종이 10%를 차지하고 있습니다.

1960년에서 1970년에 걸쳐, 뻬네데스는 와인 양조의 근대화가 진행되었습니다. 장 레온Jean Leon과 뻬데네스 와인의 거장인 미구엘 또레스Miguel Torres는 스페인 최초로 스테인리스 스틸 탱크를 사용해 저온 발효를 진행했고, 까베르네 쏘비뇽, 샤르도네 등 다수의 국제 품종도 도입했습니다. 특히 또레스 가문은 마스 라 쁠라나Mas La Plana 까베르네 쏘비뇽 와인으로 큰 성공을 거둔 후, 꽁까 데 바르베라DOConca de Barberà에 위치한 단일 포도원Single Estate에서 까리녜나, 가르나차 띤따 등 까딸루냐의 토착 품종을 블렌딩해 그란스 무라예스Grans Muralles 와인을 만들어 와인 평론가들을 깜짝 놀라게 만들었습니다. 이들의 성공은 지역의 명성을 높일 수 있는 계기가 되어 현지 생산자들을 자극해 와인의 품질을 향상시키는 결과를 만들었습니다.

뻬네데스의 떼루아, 와인에 관해

뻬네데스는 지중해성 기후가 우세하며, 산으로 이어진 지형이 찬 바람으로부터 보호해주고 있어 대체로 온화하고 따뜻합니다. 또한 동쪽의 따뜻한 미스트랄과 서쪽에서 오는 바람을 잘 통하기 때문에 포도 생육에 이점이 있습니다. DO 산지가 방대한 만큼 기후와 토양에 차이가 있는데, 크게 알트 뻬네데스Alt Penedès, 뻬네데스 센뜨랄Penedès Central, 바이스 뻬네데스Baix Penedès 3개의 서브 지역으로 구분하고 있습니다.

알트 뻬네데스는 산악 지역으로 가장 내륙 쪽에 위치해 있습니다. 포도밭은 500~800미터 사이에 자리잡고 있으며, 강우량이 많고 일교차가 큰 편입니다. 서늘한 기후에서 까바 생산에 사용되는 빠레야다 품종을 주로 재배하고 있지만, 비교적 수확량이 낮은 리슬링, 게뷔르츠트라미너 등의 품종으로 우수한 화이트 와인을 생산하고 있습니다.

남서쪽에 위치한 뻬네데스 센뜨랄은 까바 생산을 위해 마까베오, 사렐-로 등 대부분 청포도 품종을 재배하고 있고, 지역 전체 생산량의 대부분을 책임지고 있습니다. 최근에는 까바의 다양성을 위해 리슬링, 뮈스까, 게뷔르츠트라미너, 샤르도네, 슈냉 블랑 등의 국제 품종을 시도하고 있습니다.

바이스 뻬네데스는 저지대의 해안 지역으로 고온 건조한 지중해성 기후를 띠고 있습니다. 낮은 지대의 포도밭에서는 모나스트렐, 가르나차, 까리녜나, 까베르네 쏘비뇽 등의 품종을 블렌딩해 무게감 있는 레드 와인을 만들고 있으며, 중간 정도의 표고에서는 까바를 생산하고 있습니다.

뻬네데스는 원산지 관리 위원회 규정에 따라 청포도 품종은 마까베오, 사렐-로, 빠레야다, 뮈스까, 말바시아, 샤르도네, 쏘비뇽 블랑, 리슬링 등을 허가하고 있습니다. 또한 뻬네데스의 거장 또레스 포도원은 최근 몇 년 동안 샤르도네, 리슬링, 게뷔르츠트라미너, 쏘비뇽 블랑 등 다채로운 국제 품종을 재배하는데 앞장섰으며, 일부 화이트 와인은 오크통에서 숙성시켜 만들고 있기도 합니다.

적포도 품종은 가르나차 띤따, 까리녜나, 까베르네 쏘비뇽, 뗌쁘라니요, 모나스트렐, 삼소 Samsó 등을 허가하고 있으며, 전통적으로 토착 품종인 가르나차 띤따와 모나스트렐을 오크통에서 숙성시켜서 만든 레드 와인이 주를 이뤘습니다. 그러나 지금은 뗌쁘라니요, 까베르네 쏘비뇽, 까베르네 프랑, 메를로, 피노 누아 등의 재배도 중요시되고 있는 만큼, 다양한 스타일의 레드 와인이 생산되고 있습니다.

CAVA

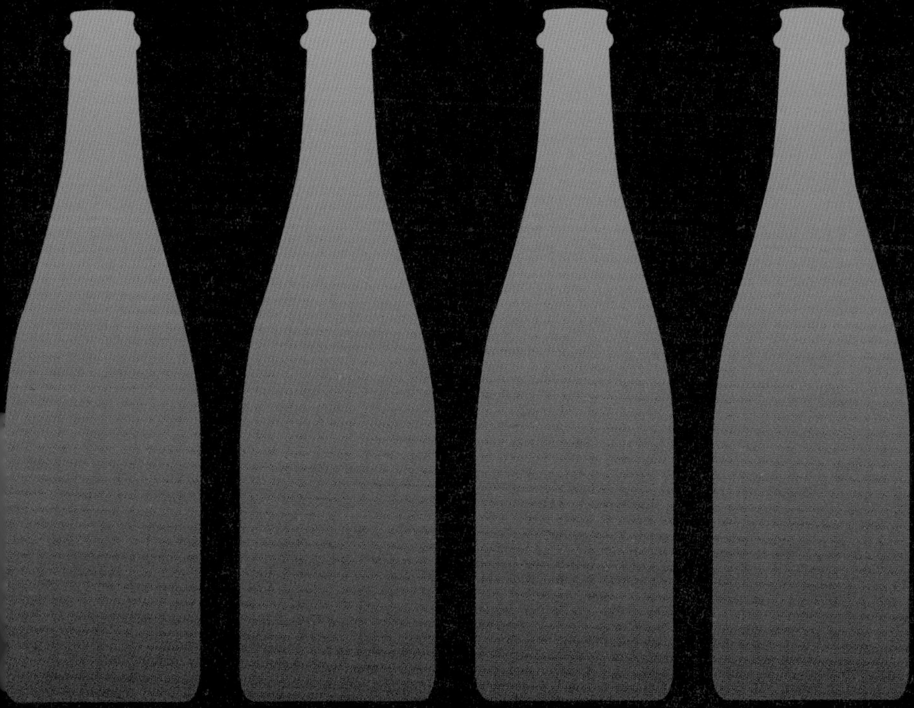

FRANCE

Logroño

Valle del Ebro

Comtats de Barcelona

Zaragoza

Tarragona

PORTUGAL

Valencia

Altos de Levante

Badajoz

Viñedos del Almendralejo

Murcia

CAVA

스페인을 대표하는 스파클링 와인인 까바는 스페인어로 지하 저장고를 의미하며, 초기 숙성을 위해 지하 저장고를 사용한 것에서 이름이 유래되었습니다. 까바는 프랑스 상빠뉴처럼 하나의 원산지 명칭이 아니라 스페인의 여러 산지에서 생산되는 스파클링 와인을 위한 특별한 원산지 명칭입니다.

까바(Cava DO): 50,000헥타르

스페인을 대표하는 스파클링 와인인 까바는 스페인어로 지하 저장고Cave를 의미하며, 초창기 숙성을 위해 지하 저장고를 사용한 것에서 이름이 유래되었습니다. 까바는 프랑스의 샹빠뉴처럼 하나의 원산지 명칭이 아니라 스페인의 여러 산지에서 생산되는 스파클링 와인을 위한 특별한 원산지 명칭입니다. 1986년 DO로 인정되었으며, 화이트 타입과 로제 타입의 생산이 가능합니다.

까바의 95%는 까딸루냐 주에서 생산되고 있습니다. 그 중에서도 뻬네데스의 산 사두르니 다 노이아Sant Sadurní d'Anoia 마을은 까바의 수도로 불리며 까바 생산량의 75% 정도를 만들고 있습니다. 특히, 꼬도르니우Codorníu, 프레시넷Freixenet 두 곳의 포도원이 까바 산업을 지배하고 있습니다. 그 외에 나바라, 리오하, 발렌시아 등의 지역에서도 일부 생산되고 있습니다.

까바의 역사

1851년에 설립된 산 이시드로 까딸루냐 농업 협회Instituto Agrícola Catalán de San Isidro는 스페인에서 가장 오래된 농업 협회로, 이곳에서 전통적인 샹빠뉴 생산 방식을 연구하던 루이스 후스토 비야누에바Luis Justo Villanueva에 의해 스페인 최초의 스파클링 와인이 탄생했습니다. 그러나 상업적으로 처음 만들어진 것은 1868년입니다. 프란세스크 길Francesc Gil과 도밍고 소베라노 데 레우스Domingo Soberano de Reus는 파리 만국 박람회에 참가하기 위해 스파클링 와인을 만들었는데, 당시 만들어진 스파클링 와인은 샹빠뉴 지방과 동일한 품종을 사용했습니다.

스페인에서 스파클링 와인 산업의 근간을 만든 인물은 호세프 라벤또스Josep Raventós입니다. 1860년대 꼬도르니우 포도원의 소유주인 호세프 라벤또스는 자신의 와인을 홍보하기 위해 유럽을 방문했고, 특히 프랑스 샹빠뉴 지방을 시찰하면서 전통 방식으로 만든 스파클링 와인에 큰 관심을 가졌습니다. 스페인으로 돌아온 호세프 라벤또스는 1872년에 알트 뻬네데스에서 전통 방식인 메뚜드 샹쁘누아즈 제조법으로 스파클링 와인을 만들었으며, 뻬네데스의 새로운 와인 산업을 제시했습니다. 이후 뻬네데스 지역에서 필록세라 병충해가 발생했습니다. 필록세라 피해 이전까지 이 지역에서는 대부분 적포도 품종을 재배했지만, 피해 이후, 꼬도르니우 포도원의 스파클링 와인의 성공과 함께 청포도 품종을 압도적으로 많이 재배하게 되었습니다.

스페인 최초로 스파클링 와인 산지 타이틀을 거머쥔 뻬네데스는 해외 시장에서도 정체성을 완전히 확립했습니다. 또한 뻬네데스는 스파클링 와인의 제조 과정에 사용되는 기술 개발에도 중요한 역할을 했습니다. 대표적인 것이 병 안의 침전물을 제거하기 위해 사용하는 지로빨레트 Gyropalette입니다. 이 기계는 1968년에 끌로드 까잘Claude Cazals과 자끄 뒤시옹Jacques Ducion 2 명의 프랑스 양조가에 의해 개발되어 특허까지 출원했습니다. 그러나 1970년대 꼬도르니우에서 대량 생산을 위해 지로빨레트를 처음 사용하면서 세상에 알려지게 되었습니다.

1959년 까바라는 명칭이 공식 문서에 처음 등장했지만, 이후 까바와 샹빠뉴 명칭에 대한 논쟁이 불거졌습니다. 결국 1972년 스파클링 와인 규제 위원회Consejo Regulador de los Vinos Espumosos가 설립되어 샹빠뉴와의 분쟁을 해결하기 위해 스페인의 스파클링 와인에 공식적으로 까바 명칭을 승인해 주었습니다. 그리고 1986년 2월 27일에 까바 생산 지역을 규정해 '지정된 까바 지역'을 의미하는 라 레지온 데떼르미나다 델 까바La Región Determinada del Cava 명칭으로 스페인의 7개 지역, 160곳의 마을을 관리하고 있습니다. 오늘날 까바는 특별한 DO 원산지 명칭으로, 메뚜드 샹쁘누아즈와 동일한 전통적인 방식으로 만들어진 스파클링 와인에만 사용할 수 있습니다. 그 외의 스파클링 와인은 비노스 에스뿌모소스Vinos Espumosos라 칭합니다.

SUB ZONES
까바 서브 존

COMTATS DE BARCELONA

- Serra de Mar
- Valls d'Anoia-Foix
- Conca del Gaià
- Serra de Prades
- Pla de Ponent

Pla de Ponent

Serra de Prades

Conca del Gaià

Valls d'Anoia-Foix

Serra de Mar

Barcelona

Tarragona

MACABEO   XAREL-LO

PARELLADA   CHARDONNAY

까바의 95%는 까딸루냐 주에서 생산되고 있습니다. 그 중에서도 뻬네데스의 산 사두르니 다노이아 마을은 까바의 수도로 불리며 까바 생산량의 75% 정도를 만들고 있습니다. 특히, 꼬도르니우, 프레시넷 두 곳의 포도원이 까바 산업을 지배하고 있습니다.

까바의 생산과 종류에 관해

까바의 최대 생산지인 산 사두르니 다노이아 마을은 200미터 표고의 비옥한 고원에 포도밭이 위치해 있습니다. 까바 원산지 위원회의 규정에 따라 청포도 품종은 마까베오, 사렐-로, 빠레야다, 말바시아수비라트 빠렌트라 불림,Subirat Parent, 샤르도네를 허가하고 있으며, 적포도 품종은 가르나차 띤따, 모나스트렐, 삐노 누아, 뜨레빠트Trepat를 허가하고 있습니다. 그러나 까바의 대부분은 마까베오, 사렐-로, 빠레야다를 블렌딩해 만들고 있습니다.

마까베오는 발아가 늦기 때문에 봄 서리 피해를 피하기 좋고, 사렐-로는 저지대에 자란 것이 가장 좋습니다. 최근에는 샤르도네, 삐노 누아를 사용하는 생산자가 늘고 있습니다. 샤르도네는 전체 포도밭의 5%를 차지하고 있으며, 점점 인기를 더해가는 삐노 누아는 로제 까바에 사용되고 있습니다. 이 두 품종을 사용하면 과실 향과 풍미, 그리고 산도를 더해 줄 수 있지만, 까바만이 가지고 있는 토착 품종의 정체성이 사라진다는 이유로 생산자들 사이에서 많은 논란을 불러일으키기도 했습니다.

포도의 수확은 8월 초순, 중순에 시작해 10월 초순, 중순까지 이뤄지며, 포도를 최대한 신선하게 유지하기 위해 이른 아침이나 늦은 저녁에 행합니다. 압착량은 포도 150kg당 100리터의 과즙만 압착하도록 규제하고 있고, 양조 과정에서 병 내 2차 탄산가스 발효를 수반하는 전통적인 방식으로 생산해야 합니다. 또한 2차 탄산가스 발효 개시부터 효모 침전물 제거까지 최소 9개월 숙성을 해야 하는 규제도 있습니다.

2020년 까바 원산지 위원회는 까바의 원산지 및 품질을 보증하기 위해 다음과 같은 4개의 인증 마크를 사용하고 있습니다.

-까바 데 구아르다Cava de Guarda는 최소 9개월 숙성을 거쳐야 하며, 녹색 인증 마크Marchamo가 붙어 있습니다.

-레세르바Reserva는 최소 18개월 숙성을 거쳐야 하며, 은색 인증 마크가 붙어 있습니다.

-그란 레세르바Gran Reserva는 최소 30개월 숙성을 거쳐야 하며, 금색 인증 마크가 붙어 있

습니다.

　-까바 데 빠라헤 깔리피까도Cava de Paraje Calificado는 품질이 가장 우수한 까바로, 떼루아의 특성을 지닌 특정 구획의 포도를 사용해 만듭니다. 최소 36개월 숙성을 거쳐야 하며, 마름모 모양의 금색 인증 마크가 붙어 있습니다.

　- 까바의 당도 표시 용어

　-브루트 나뚜레Brut Nature: 잔당 0~3g 미만/리터당

　-엑스트라 브루트Extra Brut: 잔당 6g 미만/리터당

　-브루트Brut: 잔당 12g 미만/리터당

　-엑스트라 세꼬Extra Seco: 잔당 12~17g 미만/리터당

　-세꼬Seco: 잔당 17~32g 미만/리터당

　-세미-세꼬Semi-Seco: 잔당 32~50 g 미만/리터당

　-둘세Dulce: 잔당 50 g 이상/리터당

TIP!

메또드 샹빠누아즈(Methode Champenoise) 제조법의 확립

1857~58년 루이 빠스퇴르Louis Pasteur는 미생물이 발효를 일으킨다는 것을 발견했습니다. 이후 그의 미생물 연구가 와인에 적용되어 병 안에서 탄산가스 발효의 제어가 가능해졌습니다. 또한 스파클링 와인에 코르크 마개를 사용하면서 탄산가스 발효로 생성된 거품의 손실을 막을 수 있게 되었는데, 이로 인해 샹빠뉴 지방에서는 메또드 샹빠누아즈 제조법이 확립되게 되었습니다.

브루트 나뚜레(Brut Nature): 리터당 잔당 0~3g 미만

엑스트라 브루트(Extra Brut): 리터당 잔당 6g 미만

브루트(Brut): 리터당 잔당 12g 미만

엑스트라 세꼬(Extra Seco): 리터당 잔당 12~17g 미만

세꼬(Secco): 리터당 잔당 17~32g 미만

세미-세꼬(Semi-Seco): 리터당 잔당32~50g 미만

둘세(Dulce): 리터당 잔당 50g 이상

BARCELONA

라 만차 DO _____

라 만차는 스페인의 최대 산지로 자국 내에서 전체 재배 면적의 50% 정도를 차지하고 있으며 세계에서 가장 많이 재배되고 있는 아이렌 품종의 발상지로 잘 알려져 있습니다. 라 만차에서 아이렌 품종이 대량으로 재배되고 있는 이유는 매우 적은 강우량과 극심한 온도 편차, 그리고 토양의 조건이 이 품종에 가장 적합하기 때문입니다. 아이렌은 라 만차의 혹독한 조건을 견딜 수 있는 강한 품종임에도 불구하고, 생산되는 와인은 개성이 없고 밋밋해 대부분이 증류되어 브랜디로 만들어지고 있습니다. 그러나 최근에는 아이렌의 재배 면적이 점차 감소하고 있는데 관개 시설이 보급되면서 아이렌 이외의 다른 품종의 재배가 가능해졌고, 라 만차 원산지 관리 위원회에서도 뗌쁘라니요, 까베르네 쏘비뇽, 메를로, 씨라와 함께 샤르도네, 쏘비뇽 블랑 등의 국제 품종의 재배를 장려하고 있기 때문입니다.

까스띠야-라 만차 주(Castilla-La Mancha)

- 라 만차(La Mancha DO): 190,000헥타르

까스띠야-라 만차 주에 위치한 라 만차는 마드리드의 남쪽, 스페인 중앙부에 펼쳐진 광대한 산지입니다. 1973년 DO 등급의 지위를 획득했으며, DO 산지는 까스띠야-라 만차 주를 중심으로 182개 마을로 이루어져 있습니다. 라 만차는 스페인의 최대 산지로 자국 내에서 전체 재배 면적의 50% 정도를 차지하고 있으며, 전 세계에서 가장 많이 재배되는 청포도 품종인 아이렌의 발상지로 잘 알려져 있습니다.

라 만차는 고대 로마인들에 의해 포도 재배를 시작한 것으로 추정하고 있는데, 포도 재배에 관한 기록은 12세기로 거슬러 올라갑니다. 중세 시대에는 무어인의 통치하에 메마른 땅Parched Earth이라 불리며 포도밭이 확장되었지만, 본격적으로 와인을 생산하기 시작한 것은 1940년대에 수많은 협동조합이 설립되면서부터입니다. 이후 오랫동안 협동조합에서 낮은 품질의 저가 와인을 주로 생산하며, 품질보다는 양을 우선시 여겼습니다. 여전히 라 만차 지역은 내수 시장과 브랜디 산업을 위해 많은 양을 생산하고 있지만, 최근에는 알코올 발효 중 온도 관리 및 산화 방지 기술의 보급으로 인하여 신선하고 깔끔한 와인이 생산되고 있습니다. 그 결과, 라 만차는 현재 수출 시장을 겨냥한 가격대비 우수한 품질의 레드·화이트 와인의 주요 산지가 되었습니다.

라 만차는 끝없이 펼쳐지는 메세타 고원에 위치합니다. 지형은 대부분 평탄하고, 포도밭은 490~700미터 표고의 메마른 땅에 자리잡고 있습니다. 이 지역은 극단적인 대륙성 기후를 띠고 있으며, 온도 편차가 심한 것이 특징입니다. 연간 일조량은 대략 3,000시간 이상으로, 여름철 낮 최고 기온은 45도까지 올라가지만 야간에 급격히 떨어집니다. 겨울은 영하의 기온과 잦은 서리로 춥고 비가 거의 내리지 않으며, 연간 강우량은 300~400mm 정도로 관개가 필요합니다. 토양은 비교적 균일한 편입니다. 적갈색 모래질의 점토로 구성되어 있어 유기물이 부족하지만, 석회질과 백악질이 풍부합니다.

라 만차에서 아이렌 품종이 대량으로 재배되고 있는 이유는 매우 적은 강우량과 극심한 온도 편차, 그리고 토양의 조건이 이 품종에 가장 적합하기 때문입니다. 아이렌은 라 만차의 혹독한 조건을 견딜 수 있는 강한 품종임에도 불구하고, 생산되는 와인은 개성이 없고 밋밋해 대부분 증류되어 브랜디로 만들어지고 있습니다. 그러나 최근에는 아이렌의 재배 면적이 점차 감소하고 있는데, 관개 시설이 보급되면서 아이렌 이외의 다른 품종의 재배가 가능해졌고, 라 만차 원산지 관리 위원회에서도 뗌쁘라니요, 까베르네 쏘비뇽, 메를로, 씨라와 함께 샤르도네, 쏘비뇽 블랑 등의 국제 품종의 재배를 장려하고 있기 때문입니다.

라 만차는 원산지 관리 위원회 규정에 따라 25가지 이상의 포도 품종을 허가해주고 있습니다. 여전히 수적으로 아이렌 화이트 와인이 우세하지만, 우수한 품질로 간주하는 것은 레드·로제 와인입니다. 특히 뗌쁘라니요, 까베르네 쏘비뇽, 메를로가 큰 인기를 얻고 있으며, 레드 와인의 생산 비율도 서서히 증가하고 있습니다. 청포도 품종은 샤르도네, 마까베오, 쏘비뇽 블랑이 인기를 얻으며, 아이렌도 마까베오와 블렌딩해 과실 향이 가득한 화이트 와인이 만들어지고 있습니다. 더불어 양조 기술의 현대화 및 적극적인 투자는 1970년대부터 협동조합의 벌크 와인 산지라는 이미지를 개선하는데 큰 역할을 했습니다. 또한 라 만차 지역은 비노 데 빠고 와인을 유행시킨 지역이기도 합니다. 비노 데 빠고 등급을 받은 대다수 포도원들이 이곳에 위치해 있으며, 점점 더 많은 고품질 와인이 생산되면서 지역의 위상 역시 서서히 높아지고 있습니다.

JEREZ-XÉRÈZ-SHERRY

- Condado de Huelva DO
- Montilla-Moriles DO
- Jerez-Xérèz-Sherry DO
- Málaga DO

O
Madrid

ANDALUCÍA

Condado
de Huelva

Montilla-
Moriles

Jerez-
Xérèz-
Sherry

Málaga

PALOMINO　　　PEDRO XIMÉNEZ

MOSCATEL

헤레스-세레즈-셰리 DO

스페인 최남단 안달루시아 주에 있는 주정 강화 와인 산지로, 공식적인 원산지 명칭은 헤레스
-세레즈-셰리이지만 일반적으로 셰리로 부르고 있습니다. 셰리의 대부분은 화이트 주정 강화
와인으로, 역사적으로 오랫동안 영국과 네덜란드 등의 나라에서 큰 인기를 누렸습니다.
셰리는 빨로미노를 주품종으로 드라이 타입으로 생산되고 있지만, 뻬드로 시메네스, 모스까뗄
품종으로 만든 스위트 타입도 일부 존재합니다.

SHERRY
셰리

Lebrija

Trebujena

SANLÚCAR DE
BARRAMEDA

JEREZ DE
LA FRONTERA

Rota

EL PUERTO DE
SANTA MARÍA

Cádiz

Puerto Real

Chiclana

Vineyard

셰리의 원산지는 헤레즈 데 라 프론떼라, 산루까르 데
바라메다, 엘 뿌에르또 데 산타 마리아 3곳의 마을을
중심으로 일부 마을을 포함하고 있습니다.

안달루시아 주(Andalucía)

- 헤레스- 세레즈- 셰리(Jerez-Xérèz-Sherry DO): 6,500헥타르

스페인 최남단 안달루시아 주에 있는 주정 강화 와인 산지로, 공식적인 원산지 명칭은 헤레스-세레즈-셰리이지만 일반적으로 헤레스 또는 셰리로 부르고 있습니다. 1933년 공식적으로 DO 등급의 지위를 획득했으며, 원산지는 지브롤터 해협 서쪽의 삼각 지대라 일컫는 헤레즈 데 라 프론떼라Jerez de la Frontera, 산루까르 데 바라메다Sanlúcar de Barrameda, 엘 뿌에르또 데 산타 마리아El Puerto de Santa Maria 3개 마을을 중심으로 일부 마을을 포함하고 있습니다.

셰리는 모두 화이트 주정 강화 와인으로, 역사적으로 오랜 기간 동안 영국과 네덜란드 등의 나라에서 큰 인기를 누렸습니다. 대다수 빨로미노Palomino를 주품종으로 드라이 타입으로 생산되고 있지만, 뻬드로 시메네스Pedro Ximénez 품종으로 만든 스위트 타입도 일부 존재합니다.

헤레스-세레즈-셰리의 역사

셰리의 고향인 까디스 지역은 스페인에서 제일 오래된 산지입니다. 기원전 1100년경, 고대 페니키아인은 까디스 지역으로 이주해 항구 도시를 건설했습니다. 이곳은 교역소 역할을 하며 자연스럽게 포도 재배와 와인 제조가 시작되었습니다. 기원전 2세기, 로마 제국의 통치하에서 포도밭은 확장되었습니다. 로마인들은 까디스 지역을 체레트Ceret라 불렀고, 이곳에서 만들어진 와인은 로마 제국 전역으로 널리 수출되었습니다.

까디스 지역에 처음으로 주정 강화 와인이 만들어진 것은 무어인의 지배를 받으면서부터입니다. 711년, 이 지역을 정복한 무어인은 증류기를 사용해 증류하는 기술을 가르쳐 주었고, 이후 브랜디와 주정 강화 와인이 개발되었습니다. 또한 무어인은 까디스 지역을 아랍어로 셰리쉬Sherish라 불렀는데, 지금의 셰리, 헤레스 지명의 어원이기도 합니다. 까디스 지역의 와인 제조는 이슬람 세력의 통치 기간 중에도 계속 지속되었습니다. 그러나 966년에 통치자인 알-하캄

2세Al-Hakam II는 이슬람교의 코란 경전에 따라 술을 금하고 포도밭을 없앨 것을 지시했습니다. 이에 까디스 지역의 포도 재배업자들은 알-하캄 2세에게 무슬림 병사들에게 건포도를 보급하기 위해 포도밭을 없애지 말아 달라고 탄원했으며, 그에 따라 포도밭의 2/3가 보존되었습니다.

1264년, 스페인의 현왕El Sabio이라 불리는 알폰소 10세Alfonso X는 이슬람 세력이 차지하고 있었던 까디스 지역을 탈환하는데 성공했습니다. 이 지역을 정복한 알폰소 10세는 무어인이 지은 셰리쉬라는 이름 대신 기독교와 이슬람교의 경계를 뜻하는 헤레스 데 라 프론떼라Jerez de la Frontera로 이름을 변경했고, 이 시점부터 헤레스 데 라 프론떼라의 와인 생산량은 크게 증가해 유럽 전역으로 수출되었습니다.

대발견 시대Age of Discovery와 함께 헤레스와 까디스 지역은 신대륙 및 동인도 제도로 향하는 항해의 기점이 되었습니다. 당시 와인은 항해를 위한 주요 상품으로 배에 실렸으며, 탐험가들은 무역과 마시기 위한 용도로 이 지역 와인을 구매했습니다. 실제로, 1492년에 크리스토퍼 콜럼버스가 신대륙 탐험을 위해 첫 출항할 때와 1519년, 페르디난드 마젤란Ferdinand Magellan이 세계 일주를 준비할 때에 무기보다 헤레스 데 라 프론떼라의 와인을 구매하는데 더 많은 돈을 썼다고 알려져 있습니다.

이탈리아 출신의 탐험가 크리스토퍼 콜럼버스Cristoforo Colombo는 스페인 왕국의 이사벨 1세 여왕의 후원을 받아 인도를 찾기 위해 긴 항해를 떠나게 됩니다. 결국 그가 발견한 곳은 인도가 아닌 아메리카 대륙이었지만, 이를 계기로 16세기 후반까지 스페인 왕국은 북아메리카와 남미 일대에 거대한 식민지를 구축했습니다. 또한 스페인 개척자들은 식민지에서 황금을 포함한 막대한 자원을 약탈해 배에 실어 본토로 가져왔는데, 이 때문에 스페인 배들은 카리브 해를 횡행하던 영국 해적들의 주요 표적이 되었습니다.

16~17세기 동안, 영국의 해적질은 꽤 흔한 일이었으며, 특히 가장 악명 높은 해적이 프란시스 드레이크Francis Drake입니다. 드레이크는 영국 엘리자베스 1세 여왕의 적극적인 후원과 함께 왕실에서 사략 행위를 허가 받아 사략선을 운영했고, 여러 차례 스페인 배들을 약탈했습니

다. 결국, 화가 난 스페인의 펠리페 2세 국왕은 드레이크를 해적으로 단정하고 엘리자베스 1세 여왕에게 그를 스페인으로 인도할 것을 요구했으나, 엘리자베스 1세가 이를 거절했습니다. 더 이상 참을 수 없었던 펠리페 2세는 1580년에 영국 침공을 명령했고, 까디스 항구의 해군 조선소에서 무적함대La Armada Invencible가 될 함선 건조에 착수했습니다. 이에 엘리자베스 1세는 드레이크를 왕궁으로 불러 기사 작위를 내림과 동시에 영국 함대의 지휘관으로 임명했습니다. 그리고 1587년 드레이크 경은 까디스 항구에서 건조 중인 스페인 무적함대를 선제 공격해 격파했는데, 전리품으로 가져온 물품 중에는 3,900개의 헤레스 데 라 프론떼라 와인이 담긴 나무통keg도 있었습니다.

결과적으로, 프란시스 드레이크 경의 약탈은 스페인의 헤레스 데 라 프론떼라 와인을 영국에서 대중화시키는데 일조하였고, 대항해 시대의 무렵부터 16세기 말까지 헤레스 데 라 프론떼라의 와인은 영국을 비롯한 다른 유럽 국가나 아메리카 대륙에 대량으로 수출되어 큰 명성을 얻게 되었습니다. 이러한 역사적 배경이 있었기 때문에 스페인어로 헤레스Jerez, 불어로 세레즈 Xérèz, 영어로 셰리Sherry의 모든 철자가 DO 표기로서 인정받고 있습니다.

16세기 말부터 헤레스 데 라 프론떼라 와인은 대부분 영국으로 수출되어 가장 많이 팔리는 스페인 와인이 되었습니다. 이 와인을 영국에서는 색Sack이라 불렀는데, 스페인어로 드라이에 해당하는 세꼬Seco에서 비롯된 용어라고 하지만, 당시 헤레스 데 라 프론떼라 와인이 달콤했기 때문에 설득력은 부족합니다. 오히려 '추출'을 의미하는 사까Saca에서 유래되었다고 알려져 있습니다. 또한 셰익스피어의 작품 중, 헨리 4세에 등장하는 존 폴스타프 경Sir John Falstaff은 "나에게 천명의 아들이 있다면, 내가 그들에게 가르칠 첫 번째 가훈은 싱거운 술을 멀리하고 색 Sack에 빠져 살아라."라는 대사 덕분에 불후의 명성을 얻게 되었습니다.

16세기 말, 헤레스 데 라 프론떼라 와인은 또론떼스, 말바시아 등의 청포도 품종을 사용해 만들었는데, 당시에는 주정 강화를 하지 않았기 때문에 지금과 같이 맛이 강하지 않았습니다. 8세기 초반, 무어인에 의해 주정 강화 와인이 개발되었음에도 불구하고 까디스 지역에 주정 강화를 본격적으로 시작한 것은 18세기 포르투 와인이 탄생한 이후부터였습니다. 또한, 이 시기에 까디스 지역의 생산자들은 기존 품종 외에 빨로미노, 뻬드로 시메네스, 모스까뗄 등의 새로운 품종을 일부 재배하기 시작했습니다.

17세기로 접어들면서 까디스 지역의 생산자들은 이곳의 알바리사 토양에서 가장 신선한 와 인이 생산된다는 사실과 플로르Flor라 부르는 산막 효모에 의해 독특한 향과 풍미가 생성된다 는 사실을 발견했습니다. 알바리사 토양과 산막 효모를 이용해 만든 와인은 섬세하고 가벼운 스타일이었기 때문에 이 지역 생산자들은 고급 와인Fine Wine을 뜻하는 피노Fino라고 불렀습 니다.

1701~1714년에 걸친 스페인 왕위 계승 전쟁과 1797~1815년에 걸친 나폴레옹 전쟁은 까디스 지역의 와인 생산자들에게 큰 피해를 입혔습니다. 특히 영국, 오스트리아, 네덜란드와 전쟁을 벌인 스페인 왕위 계승 전쟁으로 인해 까디스 와인의 주요 수출국인 영국, 네델란드와 사이가 나빠졌으며, 와인 판매도 급감하게 되었습니다. 설상가상으로 1703년 영국과 포르투갈 사이에 메수엔 조약Methuen Treaty이 체결되면서 양국 간의 무역 거래가 왕성해졌습니다. 이 조약에 의 해 영국은 섬유를 중심으로 수출하고 포르투갈은 와인을 수출하게 되는데, 이때 포르투 와인 이 영국 시장을 강타하자, 영국을 비롯한 유럽 시장의 소비 취향이 바뀌면서 까디스 지역의 와 인 산업은 상황이 더 악화되었습니다. 이로 인해 까디스 지역의 와인 재고는 엄청나게 쌓였으 며, 상인들은 와인을 팔지 못해 오크통에서 억지로 숙성시킬 수 밖에 없었습니다. 그러나 상인 들의 걱정과는 달리 와인은 조금씩 산화되고 더 농축되어 견과류와 같은 풍미를 얻게 되었습 니다. 그리고 소량이긴 하지만 와인은 조금씩 판매되기도 했습니다. 상인들은 구매 주문이 들 어오면 오크통에서 소량의 와인을 빼내 병입해주었고, 새로운 재고를 다시 기존의 오크통에 채 워 넣었습니다. 이렇게 판매한 것이 지금의 분할 혼합Fractional Blending 방식의 솔레라Solera 시 스템으로 발전하게 되었습니다. 솔레라 시스템은 비단 스페인에서만 사용된 것이 아니라 독일 라인강 주변의 라인란트Rhineland 지역에서 이미 수세기에 걸쳐 사용되어 왔습니다. 라인란트 지역의 포도원에서는 와인이 산소와 접촉하는 것을 최소화하기 위해 양조통에 새 와인을 담았 으며, 지금의 솔레라 시스템과 닮아있습니다. 그러나 세계 어느 곳에서도 헤레스 데 라 프론떼 라 와인만큼 극적인 결과를 가져다 준 것은 없었습니다. 솔레라 시스템 덕에 와인은 다양한 빈

티지에서 주는 개성을 부여 받게 되고, 매해 균일한 품질의 헤레스 데 라 프론떼라 와인을 만들 수 있게 되었습니다.

18세기 탄생한 포르투 와인의 성공을 지켜본 까디스 지역의 생산자들은 18세기 중·후반부터 헤레스 데 라 프론떼라 와인에 브랜디를 첨가하는 시도를 시작했습니다. 하지만 주정을 강화하면서 알코올 도수가 높아지자 플로르가 번식하지 않았고, 이렇게 플로르 없이 숙성시켜 만든 와인은 톡 쏘는 듯한 향이 있다고 해서 상인들은 올로로소Oloroso, 향기로움라 불렀습니다. 반면 대서양 연안에 인접한 산루까르 데 바라메다 마을의 생산자들은 브랜디 사용을 자제했습니다. 이곳의 와인은 플로르의 독특한 향과 대서양의 염분 가득한 바닷바람에서 유래한 특유의 짠맛 때문에 헤레스 데 라 프론떼라 마을의 피노와는 다른 개성을 지녔습니다. 특히, 산루까르 데 바라메다 마을에서 만든 피노는 사과Manzana를 연상케 하는 신선한 향과 섬세하고 가벼운 맛을 지녔기에, 상인들은 사과에서 유래한 만사니야Manzanilla, 또는 작은 사과라 불렀습니다.

까디스 지역의 생산자들은 피노, 올로로소, 만사니야 외에도 새로운 발견과 함께 다양한 시도를 진행했습니다. 플로르 번식이 끝난 피노를 산화 숙성 시키면 풍미가 농축된다는 것을 발견했는데, 이 와인이 인근 몬띠야Montilla 와인을 닮았다고 해서 몬띠야 스타일을 의미하는 아몬띠야도Amontillado라 불렀습니다. 또한 생산자들은 뻬드로 시메네스의 포도 과즙이 더 천천히 산화된다는 것과 이 와인을 블렌딩하면 강건함과 단맛이 추가된다는 것도 발견해 크림Cream이라 부르기 시작했습니다.

19세기 동안, 까디스 지역은 스페인에서 가장 유명한 산지로 리오하 지방과 경쟁했습니다. 또한 와인 애호가들 사이에게 세계에서 가장 뛰어난 화이트 와인으로 평가 받으면서 자연스럽게 가짜 와인이 나돌기 시작했습니다. 이에 불만인 까디스 지역의 생산자들은 원산지 보호 규정을 요구했고, 1891년 원산지의 지리적 경계선을 명시한 일련의 보호 법률이 발표되었습니다. 그러나 1894년, 까디스 지역에 필록세라 병충해가 출현해 많은 포도밭이 황폐화되었습니다. 20세기 접어들면서 대규모 생산자들의 포도밭에서는 접붙이기한 포도 나무를 옮겨 심기해 극복했지만, 영세한 소규모 재배업자들 대다수는 포도 재배를 포기하고 말았습니다.

20세기 초반, 교통의 발달과 함께 까디스 지역의 와인은 다시 수출을 재개했습니다. 하지만 영국 식민지에서 호주 셰리, 캐나다 셰리, 남아프리카공화국 셰리 등의 셰리를 모방한Sherry like 와인들이 생산되고 있었습니다. 결국 스페인 정부는 까디스 지역에서 생산되는 와인의 원산지를 보호하기 위해서, 1933년 헤레스-세레즈-셰리 DO를 공식적으로 인정했으며, 셰리Sherry라는 명칭을 상표로 등록하는 작업도 추진했습니다. 셰리는 제2차 세계대전 이후부터 1970년대에 걸쳐 인기가 높았으며, 와인 산업도 많이 발전했습니다. 그럼에도 불구하고 1980년대 중반부터 국제 시장의 소비 취향이 바뀌면서 유행에서 뒤떨어지게 되어 최근까지 고전을 면치 못하고 있습니다. 재배 면적도 1990년대 초반에 23,000헥타르에 달했던 것이 지금은 6,500헥타르까지 줄었습니다.

TIP!

프란시스 드레이크(Francis Drake)

1580년, 세계 일주에 성공한 항해가이자 영국 함대를 지휘한 프란시스 드레이크는 사실 본업이 해적이었습니다. 드레이크는 스페인 까디스 지역의 도시들과 선박을 습격해 재물을 약탈하는 사략 행위를 일삼았을 뿐만 아니라, 스페인 해군의 추적을 교묘하게 잘 따돌렸기에 스페인 왕국에서 악명이 높았고, 스페인 선원들로부터는 공포의 대상이었습니다. 1570년부터 자신의 해적선을 이끌고 카리브 해를 횡행하는 스페인 선박을 습격해 황금과 보물을 약탈했고, 약탈한 재물의 일부는 영국 왕실에 바치는 사략 활동을 펼쳤습니다. 그 덕분에 영국 왕실의 적극적인 후원을 받았는데, 스페인 무적함대와 일전을 앞두고는 엘리자베스 1세 여왕에게 기사 작위와 함께 영국 함대의 지휘관으로 임명되기도 했습니다. 결국 기대에 부응하듯 드레이크 경은 까디스 해전을 승리로 이끌었고, 이후에도 몇 차례 스페인 함선과 치장 물자에 대한 기습 작전을 성공시켜 무적함대를 격파했습니다. 그러나 실제 교전에서는 지휘관의 지위를 망각하고 대열을 멋대로 이탈해, 낙오한 스페인 함선을 공격하는 등 해적의 버릇을 못 버리는 모습을 보이기도 했습니다. 결국, 드레이크 경은 사략선을 이용한 유격전Guerrilla과 스페인 상선들을 약탈하는 사략 행위에 특화된 것은 사실이지만, 대규모 전투에서는 그렇게 유능하지 못했다는 평가를 받고 있습니다.

대발견 시대와 함께 헤레스와 까디스 지역은 신대륙 및 동인도 제도로 향하는 항해의 기점이 되었습니다. 당시 와인은 항해를 위한 주요 상품으로 배에 실렸으며, 탐험가들은 무역과 함께 마시기 위한 용도로 이 지역 와인을 구매했습니다.
크리스토퍼 콜럼버스는 스페인 왕국의 이사벨 1세 여왕의 후원을 받아 인도를 찾기 위해 긴 항해를 떠났습니다. 결국 그가 발견한 곳은 인도가 아닌 아메리카 대륙이었지만, 이를 계기로 16세기 후반까지 스페인 왕국은 북아메리카와 남미 일대에 거대한 식민지를 구축했습니다.

셰리의 역사

16~17세기 동안, 영국의 해적질은 흔한 일이었으며, 특히 가장 악명 높은 해적이 프란시스 드레이크입니다. 드레이크는 영국 엘리자베스 1세 여왕의 적극적인 후원과 함께 왕실에서 사략행위를 허가 받아 사략선을 운영했고, 여러 차례 스페인 배들을 약탈했습니다. 결국, 화가 난 스페인의 펠리페 2세 국왕은 드레이크를 해적으로 단정하고 엘리자베스 1세 여왕에게 그를 스페인으로 인도할 것을 요구했으나, 엘리자베스 1세가 이를 거절했습니다. 더 이상 참을 수 없었던 펠리페 2세는 1580년에 영국 침공을 명령했고, 이후 까디스 항구의 해군 조선소에서 무적함대가 될 함선 건조에 착수했습니다. 이에 엘리자베스 1세는 드레이크를 왕궁으로 불러 기사 작위를 내림과 동시에 영국 함대의 지휘관으로 임명했습니다. 그리고 1587년 드레이크 경은 까디스 항구에서 건조 중인 스페인 무적함대를 공격해 격파했는데, 전리품으로 가져온 물품 중에는 3,900개의 셰리 나무통도 있었습니다.

England

France

Spain

스페인 왕국

영국

헤레스-세레즈-셰리의 떼루아 및 포도 재배

헤레스-세레즈-셰리 DO는 엘 마르꼬 데 헤레스El Marco de Jerez 구역이 설정되어 있습니다. 와인 생산은 삼각 지대라 일컫는 헤레스 데 라 프론떼라, 산루까르 데 바라메다, 엘 뿌에르또 데 산타 마리아 마을을 중심으로 뜨레부헤나Trebujena, 뿌에르또 레알Puerto Real, 치끌라나Chiclana, 로따Rota, 치삐오나Chipiona, 레브리하Lebrija 마을에서 생산되어야 하며, 와인 숙성은 헤레스 데 라 프론떼라, 산루까르 데 바라메다, 엘 뿌에르또 데 산타 마리아 마을에서 행해야 합니다.

헤레스-세레즈-셰리 지역의 기후는 아주 맑고 온난한 지중해성 기후를 띠고 있습니다. 이곳은 대략 70일 정도 비가 내리고, 연 간 맑은 날은 300일을 초과할 정도로 기후 예측이 가능합니다. 평균 강우량은 600mm정도로, 강우의 대부분은 5월~10월 사이에 발생합니다. 그러나 기온은 바람에 따라 급격하게 바뀔 수도 있습니다. 포도 생장기에 레반떼Levante라 하는 고온 건조한 동풍이 불어, 특히 여름철 최고 기온이 40도까지 올라갈 정도로 덥고 건조하지만, 대서양에서 서늘하고 습한 서풍인 뽀니엔떼Poniente가 불어와 기온을 식혀주는 동시에 포도밭에 수분을 공급해주고 있습니다.

헤레스-세레즈-셰리 지역의 토양은 크게 세 가지로 분류합니다. 가장 대표적인 것이 알바리사Albariza로 불리는 백악질 토양입니다. 알바리사 토양은 백악질이 40%, 점토와 모래가 60%로 구성되어 있는데, 더운 여름철 수분을 잘 보존해주어 빨로미노 품종에 이상적입니다. 이 지역 재배 면적의 95%를 차지하고 있는 빨로미노는 향이 단조롭고 신맛이 낮아 플로르 및 산화 숙성을 시키는 셰리 생산에 이상적입니다.

암갈색 토양인 바로스Barros는 점토 함량이 높고 백악질이 10%로 구성되어 있습니다. 황색 토양의 아레나스Arenas는 황색 및 적색 토양으로, 모래 함량이 높고 백악질이 10~20%로 구성되어 있어 보수성이 떨어지는 편입니다. 바로스, 아레나스 토양에서는 뻬드로 시메네스, 모스까뗄 품종을 재배하고 있으며, 두 품종 모두 스위트 타입의 셰리 생산에 사용되고 있습니다.

전통적으로 헤레스-세레즈-셰리 지역은 또론떼스, 말바시아 등의 청포도 품종을 주로 재배했습니다. 그러나 필록세라 피해 이후, 옮겨 심기하는 과정에서 지금의 빨로미노, 뻬드로 시메네스, 모스까뗄 등의 품종을 재배하기 시작했습니다. 현재 원산지 관리 위원회 규정에 따라 헤레스-세레즈-셰리 DO는 포도의 40%가 알바리사 토양에서 자란 것이어야 합니다. 이처럼 알바리사는 셰리의 정체성을 보여주는 토양으로, 햇볕을 반사시켜 포도 나무의 광합성을 도와줄 뿐만 아니라 보수성도 좋아 포도 생장에 필요한 수분을 공급해주는 역할을 하고 있습니다. 그러나 알바리사는 토양에 백악질 성분이 많아서 엽록소 생성에 필요한 원소가 부족하기 때문에 황백화 현상이 발생할 수 있습니다. 따라서 접붙이기 할 때 대목을 잘 선택하는 것이 중요합니다.

또한 알바리사 토양은 보수성이 좋은 동시에 배수도 잘 되기 때문에 재배업자들은 최대한 수분을 확보하기 위해서 5월~10월 사이에 포도 나무 열과 열 사이에 직사각형의 구덩이를 파서 물이 흘러내리는 것을 방지하고 있습니다. 그리고 수확이 끝나면 봄에 다시 판 땅을 평평하게 정돈하는데, 이렇게 하면 알바리사의 표토가 딱딱하게 굳어서 수분 증발을 억제시킬 수 있어 건조한 여름 동안 수분 유지에 효과적입니다.

HERRY SOIL
셰리 토양

Lebrija

Trebujena

SANLÚCAR DE
BARRAMEDA

na

JEREZ DE
LA FRONTERA

Rota

EL PUERTO DE
SANTA MARÍA

Cádiz

Puerto Real

Chiclana

TYPES OF SOIL

Vineyard

Albariza

Barros & Arenas

PALOMINO

1. 포도 수확
헤레스-세레즈-셰리 지역에서는 9월 초순에 수확을 진행합니다.

2. 압착 과정
수확된 포도는 양조장으로 옮겨 제경·파쇄 작업을 진행한 후 바로
압착 과정에 들어갑니다. 특히 압착 과정에서 압착 강도와 압착량이
매우 중요한데, 원산지 관리 위원회 규정에 따라 포도 100kg당 최대
70리터까지의 과즙만 셰리 생산에 사용할 수 있습니다.

3. 알코올 발효
전통적으로 알코올 발효는 오크통에서 행했으나, 지금은 대부분 5만
리터 용량의 대형 스테인리스 스틸 탱크에서 진행하고 있습니다.

4. 분류 및 주정 강화 작업
드라이 셰리의 경우 두 번에 걸쳐 분류하는 작업을 진행하며, 분류
작업이 끝나면 종류에 따라 주정 강화를 진행합니다.

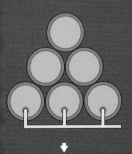

5. 솔레라 시스템
솔레라 시스템을 통해 여러 그룹의 셰리 및 여러 빈티지의 셰리가
단계별로 정돈된 후, 블렌딩되어 최종적으로 판매하는 셰리의 특성
및 품질을 균일화하고 있습니다.

6. 숙성 및 병입
셰리 종류에 따라 생물학적 숙성 또는 산화적 숙성을 진행하며,
이후 판매를 위해 병입합니다.

드라이 셰리의 양조 방식

- 베이스 와인의 양조

셰리의 대부분은 빨로미노 품종을 사용해 주로 드라이 타입으로 생산되고 있습니다. 드라이 셰리 생산의 시작은 포도 수확으로, 헤레스-세레즈-셰리 지역에서는 9월 초순에 수확을 진행합니다. 수확 철에 이곳의 기온은 비교적 높기 때문에 생산자들은 포도가 산화되는 것을 방지하기 위해서 최대한 빨리 압착 과정을 행하고 있습니다.

수확된 포도는 양조장으로 옮겨 제경·파쇄 작업을 진행한 후 바로 압착 과정에 들어갑니다. 특히 압착 과정에서 압착 강도와 압착량이 매우 중요한데, 원산지 관리 위원회의 규정에 따라 포도 100kg당 최대 70리터까지의 과즙만 셰리 생산에 사용할 수 있습니다. 첫 번째 짜낸 과즙은 쁘리메라 예마Primera Yema라 하며, 생물학적 숙성에 적합한 피노와 만사니아 생산에 사용되고, 두 번째 짜낸 과즙인 세군다 예마Segunda Yema는 산화적 숙성에 적합한 올로로소 생산에 사용됩니다. 그리고 세 번째 짜낸 과즙은 셰리 식초나 증류주로 만들어지고 있습니다.

이후 압착한 포도 과즙은 알코올 발효를 진행합니다. 전통적으로 알코올 발효는 오크통에서 행했으나, 지금은 대부분 50,000리터 용량의 대형 스테인리스 스틸 탱크에서 진행하고 있습니다. 발효 온도는 23~25도로, 화이트 와인치고는 비교적 높은 온도에서 진행하는데, 이는 중성적인 향과 풍미를 얻기 위함입니다. 발효가 시작되면 효모는 7일 동안 왕성하게 활동해 대부분의 포도 당분을 알코올로 변환시킵니다. 알코올 발효는 11월 말까지 천천히 진행되어 그 동안 남은 당분은 전부 알코올로 변환되며, 11~12% 정도의 드라이 화이트 와인, 즉 베이스 와인이 완성됩니다. 알코올 발효가 끝난 베이스 와인은 효모 사체 및 침전물을 제거하고 플로르 생성을 위해 개방형 탱크로 옮겨지게 됩니다.

- 플로르(Flor)에 관해

스페인어로 '꽃'을 의미하는 플로르는 셰리의 정체성을 만들어주는 가장 특별한 자연 요소입니다. 수세기 동안, 알코올을 섭취하며 생존하는 법을 터득한 여러 효모 균주가 나타났고, 이 효모 균주들이 산막 효모로 알려진 플로르를 만들어냈습니다. 다양한 효모 균주로 구성된 플로르는 살아있는 유기체로, 효모의 에너지원이 되는 알코올과 공기 중의 산소, 글리세린, 그리고 발효되지 않은 당분과 와인에 용해된 산소를 영구적으로 소비해 아세트알데히드Acetaldehyde와 이산화탄소 등의 성분을 생성시키며 와인과 지속적인 대사 작용을 하게 됩니다. 또한 효모 균주는 점진적으로 번식해 와인 표면에 두꺼운 흰색 막, 즉 플로르를 형성하는데, 이 때문에 와인은 과도한 산화로부터 보호를 받게 됩니다. 또한 플로르로 인해 생성된 아세트알데히드는 점점 축적되어 견과류, 토스트 등 셰리의 독특한 풍미를 제공하는 결정적인 역할을 하고 있습니다.

모든 유기체와 마찬가지로 플로르도 잘 성장하기 위해서는 온도와 습도가 매우 중요합니다. 플로르는 서늘한 온도와 높은 습도에서 잘 생성되는데, 계절 중 이상적인 조건을 갖춘 봄과 가을에 더 왕성하게 성장합니다. 또한 호흡을 위해서는 산소 접촉이 필요하므로 개방형 탱크를 사용하고 있습니다. 결과적으로 플로르는 주변 환경에 대단히 민감하기 때문에 양조장의 온도와 습도를 잘 유지해야 하며, 공기 순환도 잘 되어야 합니다. 다만, 효모 균주로 구성된 플로르는 특정 알코올 도수 범위 내에서만 생존이 가능합니다. 효모 균주는 알코올 도수 17%를 초과하는 와인에서 생존할 수 없기 때문에, 생산자들은 셰리 종류에 따라 주정 강화를 다르게 진행해 플로르의 생성 유무를 조절하고 있습니다.

FLOR
플로르

플로르는 셰리의 정체성을 만들어주는 가장 특별한 자연 요소입니다. 수세기 동안 알코올을 섭취하며 생존하는 법을 터득한 여러 효모 균주가 나타났고, 이 효모 균주들이 산막 효모로 알려진 플로르를 만들어냈습니다. 다양한 효모 균주로 구성된 플로르는 살아있는 유기체로 효모의 에너지원이 되는 알코올과 공기 중의 산소, 글리세린, 발효되지 않은 당분과 와인에 용해된 산소를 영구적으로 소비해 아세트알데히드와 이산화탄소 등의 성분들을 생성시키며 와인과 지속적인 대사 작용을 하게 됩니다. 또한 효모 균주는 점진적으로 번식해 와인 표면에 두꺼운 흰색 막, 즉 플로르를 형성하는데, 이 때문에 와인은 과도한 산화로부터 보호를 받게 됩니다. 그 결과, 플로르로 인해 생성된 아세트알데히드는 점점 축적되어 견과류, 토스트 등 셰리의 독특한 풍미를 제공하는 결정적인 역할을 하고 있습니다.

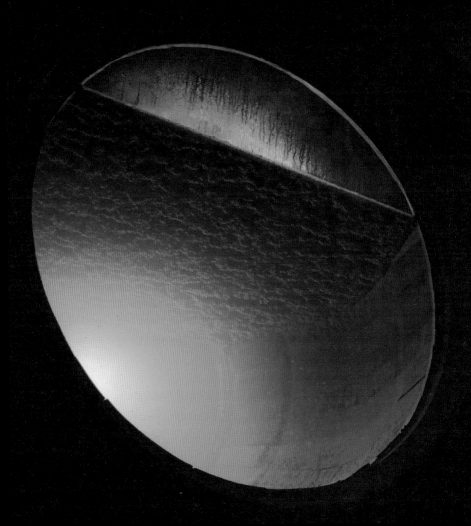

- 분류 및 주정 강화 작업

드라이 셰리의 경우 두 번에 걸쳐 분류하는 작업을 진행합니다. 생산자들은 베이스 와인의 품질과 플로르 숙성 유무에 따라 1차 분류를 하며, 전통적으로 빨마Palma 기호를 사용해 표시하고 있습니다.

/: 피노나 만사니아로 만들기 위한 것으로, 첫 번째 짜낸 과즙인 쁘리메라 예마를 낮은 온도에서 알코올 발효를 진행해 베이스 와인을 만듭니다. 이후 플로르가 잘 생성되면, 그 다음 증류주를 첨가해 알코올 도수 15~15.5%로 주정을 강화합니다. 이때 알코올 도수를 15~15.5%로 맞추는 이유는 플로르의 번식을 촉진시키는 것과 다른 미생물의 번식을 억제하는 것에 이상적이기 때문입니다.

/.: 올로로소로 만들기 위한 것으로, 두 번째 짜낸 과즙인 세군다 예마를 높은 온도에서 알코올 발효를 진행해 베이스 와인을 만듭니다. 이후 플로르 생성을 막기 위해 17.5~18%로 주정을 강화합니다. 참고로 알코올 도수가 17%를 초과하면 생물학적 활동을 지속할 수 없으며, 알코올에 내성이 있는 플로르의 효모 균주조차도 이러한 조건에서 생존할 수 없습니다.

///: 셰리 식초Sherry Vinegar나 증류주를 만들기 위한 것입니다. 세 번째 짜낸 과즙을 사용해 만들거나 또는 과도하게 산화된 것으로 만듭니다.

일반적으로 셰리의 주정 강화 작업은 50,000리터 용량의 대형 스테인리스 스틸 탱크에서 이뤄집니다. 주정 강화용 증류주는 라 만차 와인을 증류한 데스띨라도Destilado를 주로 사용하며, 와인과 증류주의 비율은 미따드 이 미따드Mitad y Mitad, 즉 50대 50 비율로 첨가합니다. 이렇게 1차 분류와 주정 강화가 끝난 셰리는 오크통으로 옮겨져 몇 달 간의 숙성을 거칩니다. 이 단계를 소브레따블라Sobretabla라고 하며, 이때 50,000리터 용량의 대형 스테인리스 스틸 탱크에서 버트Butt라 불리는 600리터 용량의 오크통으로 옮겨지게 됩니다. 이후 6~12개월 사이에 생산자들은 각각의 버트를 관찰해 다음과 같이 2차 분류 작업을 진행합니다.

/: 1차에서 피노나 만사니아로 분류된 그룹 중, 여전히 플로르가 잘 형성되고 번식한 것은 2차에서도 피노나 만사니아 그룹으로 분류되어, 버트에 분필로 슬래쉬/를 표시합니다. 이 그룹의 셰리는 플로르에 의해 생성된 독특한 향, 풍미와 함께 플로르가 와인을 과도한 산화로부터 보호해줘 섬세하고 산뜻한 특성을 가질 수 있게 도와줍니다.

/: 1차에서 피노나 만사니아로 분류된 그룹 중, 처음에는 플로르가 잘 형성되었지만, 이후 알 수 없게도 플로르의 번식이 소멸된 것은 2차에서 빨로 꼬르따도Palo Cortado로 분류됩니다. 빨로 꼬르따도는 '잘려진 막대기'Cut Stick라는 의미로, 버트의 표시에서 이름이 유래되었습니다. 원래 피노나 만사니아로 생산될 예정이었기 때문에 버트에 1개의 슬래쉬/로 표시되었으나, 예상치 못하게 빨로 꼬르따도가 되면서 또 하나의 선을 그어 십자가 형태⊬로 표시를 합니다. 빨로 꼬르따도로 분류되면 산화되는 것을 방지하기 위해 17.5로 주정을 강화하며, 이후 올로로소처럼 산화적 숙성을 거칩니다. 그 결과, 빨로 꼬르따도는 피노를 더 오래 숙성시켜 만든 아몬띠야도의 섬세함과 올로로소의 풍만함을 겸비하고 있으며, 드라이 셰리의 대략 1~2%만이 자연적으로 빨로 꼬르따도로 만들어지기 때문에 아주 진귀한 셰리이기도 합니다.

/.: 1차에서 피노나 만사니아로 분류된 그룹 중, 플로르의 번식이 실패한 경우에는 올로로소로 분류되어 17.5~18%로 주정을 강화합니다. 이것들은 1차에서 올로로소로 분류된 그룹과 함께 2차에서 올로로소로 다시 분류되어 버트에 분필로 슬래쉬와 점/.을 표시합니다. 이 그룹의 셰리는 플로르가 없기 때문에 산소와 직접 접촉하면서 산화적 숙성을 거치기 시작하고, 짙은 색의 고르두라Gordura라 불리는 묵직한 스타일로 변하게 됩니다.

///: 산화가 과도하게 진행되어 휘발산Volatile Acidity이 높아진 경우에는 셰리 식초 제조용 원료로 전환됩니다. 이것들은 1차에서 셰리 식초와 증류주 용도로 분류된 그룹과 함께 2차에서 셰리 생산에 부적합으로 분류되어, 버트에 분필로 슬래쉬/// 3개를 표시합니다.

두 번에 걸친 분류 작업 및 주정 강화 작업이 끝난 셰리는 그 다음 숙성 과정에 들어가게 됩니다. 셰리의 숙성은 600리터 용량의 버트Butt에서 이뤄지고 있는데, 버트는 오래된 미국 오크통을 주로 사용하고 있습니다. 셰리 생산자들이 오래된 미국산 오크통을 사용하는 이유는 오크 풍미를 최대한 억제하기 위한 것과 셰리 양조에 필요한 산소가 프랑스 오크통에 비해 다공성인 미국 오크통이 훨씬 더 많이 공급되기 때문입니다. 또한 숙성 과정에서 셰리는 버트에 5/6 정도, 즉 500리터까지만 채워줍니다. 이때 두 주먹 정도의 공간을 비워두는 것은 와인 표면에 플로르의 생성이 활성화될 수 있게 하기 위함입니다. 이후, 셰리는 솔레라Solera 시스템이라고 하는 독특한 방식으로 숙성되고, 법적으로 모든 셰리는 최소 3년의 숙성 기간을 거쳐 시장에 출하하고 있습니다.

PALO CORTADO

분류 및 주정 강화 작업

드라이 셰리의 경우 두 번에 걸쳐 분류하는 작업을 진행합니다. 생산자는 베이스 와인의 품질과 플로르 숙성 유무에 따라 1차 분류를 하며, 전통적으로 빨마 기호를 사용해 표시하고 있습니다. 차 분류 작업이 끝나면 주정 강화를 진행합니다. 일반적으로 셰리의 주정 강화는 50,000리터 용량의 대형 스테인리스 스틸 탱크에서 이뤄집니다. 주정 강화용 증류주는 라 만차 와인을 증류한 에스띨라도를 주로 사용하며, 와인과 증류주 비율은 50대 50으로 첨가합니다. 이렇게 1차 분류와 주정 강화가 끝난 셰리는 오크통으로 옮겨 몇 달 간의 숙성을 거칩니다. 이 단계를 소브레따블라 라고 하며, 이때 50,000리터 용량의 대형 스테인리스 스틸 탱크에서 버트라고 불리는 600리터 용량의 오크통으로 옮겨지게 됩니다. 이후 6~12개월 사이에 생산자들은 각각의 버트를 관찰해 차 분류 작업을 진행합니다.

PALMA OF SHERRY
셰리 그룹별 빨마 표기

BIOLOGICAL AGEING	OXIDATIVE AGEING		VINOS DULCES NATURALES
Fino	Amontillado		PX Pedro Ximénez
Manzanilla	Palo Cortado	Cream	Moscatel
	Oloroso		

Butt

600리터 용량의 버트

- 솔레라(Solera) 시스템

셰리는 끄리아데라스 이 솔레라Criaderas y Solera 시스템이라는 전통적인 숙성 방식으로 매우 유명합니다. 보통은 줄여서 솔레라 시스템이라 부르는데, 솔레라는 스페인어로 '대들보'를 의미하지만, 실제로는 '밑바닥'을 의미하는 수엘로Suelo란 단어에서 유래되었습니다. 솔레라 시스템을 통해 여러 그룹의 셰리와 여러 빈티지의 셰리가 단계별로 정돈된 후, 블렌딩되어 최종적으로 판매하는 셰리의 특성 및 품질을 균일화하고 있습니다. 솔레라 시스템은 다음과 같은 순서로 진행합니다.

먼저 5/6정도 채워 숙성 중인 셰리 버트를 규칙적으로 배열해 일렬로 단을 만들어 줍니다. 그 위로 해마다 연수가 다른 새로운 셰리 버트를 차례로 단을 쌓아 주는데, 최소 3단에서 최고 12단까지 쌓아 올릴 수 있습니다. 이렇게 쌓아 올린 단은 아래쪽으로 갈수록 연수가 오래된 셰리이고, 위로 갈수록 새로운 셰리로 채워져 있습니다. 그리고 가장 밑에 있는 단을 솔레라라고 부르며, 병입할 때에는 가장 밑에 있는 솔레라에서 추출을 하게 됩니다. 이때 솔레라의 각각의 버트에서 특정 양의 셰리를 빼내게 되며, 빼낸 양만큼 바로 윗 단의 버트에서 셰리를 보충해 블렌딩합니다. 이렇게 하면 솔레라 바로 윗 단의 버트 역시 양이 줄게 되고 같은 방법으로 보충해 블렌딩하는데, 이렇게 채워진 단을 첫 번째 끄리아데라Criadera라고 부릅니다.

첫 번째 끄리아데라는 그리하여 두 번째 끄리아데라의 셰리로 보충해 블렌딩되고, 이런 방식으로 계속 이어져 결국 각 끄리아데라는 연수가 더 어린 셰리로 채워집니다. 그리고 최상단의 버트는 새롭게 양조한 소브레따블라라 불리는 가장 어린 셰리로 보충됩니다. 이러한 숙성 방식을 솔레라 시스템이라 합니다. 각 단을 구성하고 있는 끄리아데라는 스페인어로 '사육장Nurseries'을 의미하는 끄리아데로Criadero에서 유래되었습니다.

셰리는 주기적으로 솔레라 시스템을 구성하는 각각의 버트에서 특정 양의 셰리를 추출하는데, 이 작업을 사까Saca라고 합니다. 스페인어로 '추출'을 뜻하는 사까는 셰리의 어원으로 잘 알려져 있습니다. 이후 추출한 셰리는 다른 버트에 보충해주는 로씨오Rocío 작업을 진행합니다. 사까 이 로씨오Saca y Rocío, 즉 추출과 보충 작업은 솔레라 시스템에서 큰 영향을 미치고 있습니다. 더불어 셰리 생산자들은 각각의 버트를 하나의 저울로 인식하고 있기 때문에, 이 작업은 '

저울 실행'을 의미하는 꼬레르 에스깔라Correr Escala라고 부르고 있습니다. 꼬레르 에스깔라에 의해 각 버트의 5~30% 정도의 셰리가 추출 및 보충되고 있으며, 셰리의 종류에 따라 양을 다르게 행하고 있습니다.

솔레라 시스템으로 숙성하는 동안, 셰리는 꼬레르 에스깔라 작업을 통해 여러 차례 다른 버트로 옮겨 담아지게 됩니다. 이렇게 옮겨 담는 공정을 뜨라시에고Trasiego, 옮겨 넣기라고 하고, 이 작업을 전문적으로 하는 인력을 뜨라세가도레스Trasegadores라고 부릅니다. 뜨라세가도레스는 버트 안의 플로르가 손상되지 않게 특수한 도구를 사용해 셰리를 조심스럽게 다른 버트로 옮겨 담습니다. 이때 사용하는 도구가 까노아Canoa와 로씨아도르Rociador, 그리고 하라Jarra입니다. 까노아는 스테인리스 스틸로 된 삼각형 모양의 깔대기로 로씨오 작업 때 사용되며, 로씨아도르는 황소 뿔 모양의 스테인리스 스틸 튜브로 사까 작업 때 버트에 끼워 사용됩니다. 그리고 하라는 12.5리터 용량의 스테인리스 스틸 용기로 사까 이 로씨오 작업 때 사용되고 있습니다.

셰리는 솔레라 시스템에 의해 끄리아데라에서 다른 끄리아데라로, 더 정확하게 말하면 버트에서 다른 버트로 옮겨지는데, 옮겨질 때마다 추출되어 보충과 함께 블렌딩됩니다. 이 작업의 빈도수와 추출되는 셰리의 양은 숙성 기간과 연수에 큰 영향을 미치기 때문에 최종적으로 생산되는 셰리의 종류에 따라 엄격하게 결정되고 있습니다. 솔레라 시스템의 평균 숙성 연수는 솔레라 시스템에 포함된 전체 셰리 양 ÷ 솔레라 단에서 추출한 셰리의 양을 비율로 환산해 계산합니다. 그러므로 솔레라 시스템에서 셰리의 나이는 끄리아데라 별 평균 숙성 연수로 언급할 수 밖에 없습니다.

솔레라 시스템에서 주목할만한 점은 끄리아데라로 옮겨지면서 연수가 더 많은 셰리와 블렌딩된다는 것입니다. 또한 새로운 셰리를 각각의 버트에 보충해주면 플로르가 자극되어 새로운 향과 맛이 나게 됩니다. 결국, 맨 밑단의 솔레라에는 모든 수확 연도의 셰리가 조금씩 블렌딩되어 품질이 균일화됨과 동시에 깊은 맛과 향이 우러나는 안정화된 셰리를 얻을 수 있습니다. 이러한 품질의 균일화는 한 해에 너무 많은 셰리를 추출하면 유지하기 어렵기 때문에 법적으로 한 해 동안 솔레라 단에서 추출할 수 있는 셰리의 양을 1/3로 제한하고 있으며, 모든 셰리는 최소 2년 동안 솔레라 시스템에서 숙성을 의무화하고 있습니다. 또한 셰리 원산지 관리 위원회는 2년 미만 숙성된 셰리를 시장에 출시하는 것을 방지하기 위해서 평균 숙성 연수 계산법에 따라 솔레라 단에서 추출할 수 있는 셰리의 비율은 2보다 커야 한다고 규정하고 있습니다.

하나의 솔레라 시스템은 여러 개의 끄리아데라와 가장 밑의 솔레라로 구성되어 있습니다. 각 끄리아데라는 여러 개의 버트로 이뤄져 분할 혼합Fractional Blending 방식이 적용된다고 설명할 수 있지만, 실제로 양조장에 쌓여 있는 버트는 말처럼 단순한 구조로 되어 있지는 않습니다. 양조장의 화재 및 사고로 솔레라 시스템을 통째로 잃는 것을 예방하기 위해 같은 솔레라 시스템의 끄리아데라를 여러 다른 건물에 저장하는 경우도 많습니다. 또한 하나의 솔레라 시스템에서 다른 솔레라 시스템으로 옮기는 것도 가능한데, 피노 셰리를 생산하다 아몬띠야도 셰리로 전환하면 솔레라 시스템도 옮겨가게 됩니다.

SOLERA SYSTEM
솔레라 시스템

셰리는 끄리아데라스 이 솔레라 시스템이라는 전통적인 숙성 방식으로 매우 유명한데, 보통은 줄여서 솔레라 시스템이라 부르고 있습니다. 솔레라 시스템의 순서는 먼저 5/6정도 채워 숙성 중인 셰리 버트를 규칙적으로 배열해 일렬로 단을 만들어 줍니다. 그 위로 해마다 연수가 다른 새로운 셰리 버트를 차례로 단을 쌓아 주는데, 최고 12단까지 쌓아 올릴 수 있습니다. 이렇게 쌓아 올린 단은 아래쪽으로 갈수록 연수가 오래된 셰리이고, 위로 갈수록 새로운 셰리로 채워져 있습니다. 그리고 가장 밑에 있는 단을 솔레라라고 부르며, 병입할 때에는 가장 밑단의 솔레라 단에서 추출을 하게 됩니다. 이때 솔레라 각각의 버트에서 특정 양의 셰리를 빼내게 되며, 빼낸 양만큼 바로 윗 단의 버트에서 셰리를 보충해 블렌딩합니다. 이렇게 하면 솔레라 바로 윗 단의 버트 역시 양이 줄게 되고 같은 방법으로 보충해 블렌딩하는데, 이렇게 채워진 단을 첫 번째 끄리아데라라고 부릅니다.

첫 번째 끄리아데라는 그리하여 두 번째 끄리아데라의 셰리로 보충해 블렌딩되고, 이와 같은 방식으로 계속 이어져 결국 각 끄리아데라는 연수가 더 어린 셰리로 채워지게 됩니다. 그리고 최상단의 버트는 새롭게 양조한 소브레따블라라 불리는 가장 어린 셰리로 보충됩니다. 이러한 숙성 방식을 솔레라 시스템이라 합니다.

SACA y ROCÍO _____

셰리는 주기적으로 솔레라 시스템을 구성하는 각각의 버트에서 특정 양의 셰리를 추출하는데 이 작업을 사까라고 하는데, 스페인어로 추출을 뜻하는 사까는 셰리의 어원이기도 합니다. 이후 추출한 셰리는 다른 버트에 보충해주는 로씨오 작업을 진행합니다. 사까 이 로씨오, 즉 추출과 보충 작업은 솔레라 시스템에서 큰 영향을 미치고 있습니다.

더불어 셰리 생산자들은 각각의 버트를 하나의 저울로 인식하고 있기 때문에, 이 작업은 저울 실행을 뜻하는 꼬레르 에스깔라라고 부르고 있습니다. 꼬레르 에스깔라에 의해 각 버트의 5~ 30% 정도의 셰리가 추출 및 보충되며, 셰리의 종류에 따라 양을 다르게 행하고 있습니다.

TRASIEGO

솔레라 시스템으로 숙성하는 동안, 셰리는 꼬레르 에스깔라 작업을 통해 여러 차례 다른 버트로 옮겨 담아지게 됩니다. 이렇게 옮겨 담는 공정을 뜨라시에고라 하며, 이 작업을 전문적으로 하는 인력을 뜨라세가도레스라고 부릅니다.

뜨라세가도레스는 버트 안의 플로르가 손상되지 않게 특수한 도구를 사용해 셰리를 조심스럽게 버트로 옮겨 담는데, 이때 사용하는 것이 까노아, 로씨아도르, 하라입니다. 까노아는 스테인리스 스틸로 된 삼각형 모양의 깔대기로 로씨오 작업 때 사용되며, 로씨아도르는 황소 뿔 모양 튜브로 사까 작업 때 버트에 끼워 사용됩니다. 그리고 하라는 12.5리터 용량의 스테인리스 스틸 용기로 사까 이 로씨오 작업 때 사용되고 있습니다.

- 포도원의 숙성(Ageing Bodegas)

지중해성 기후를 띠고 있는 헤레스-세레즈-세리 지역은 특히, 여름철 최고 기온이 40도까지 올라갈 정도로 덥고 건조하기 때문에 생산자들은 숙성 기간 동안 양조장의 온도를 식혀주고 습도를 유지하는 방법을 찾아야만 했습니다. 전통적으로 생산자들은 양조장의 벽을 60cm정도로 두껍게 만들고 흰색 도료를 칠해 서늘한 환경을 유지했고, 플로르 성장에 도움을 주는 서늘하고 습한 뽀니엔떼가 잘 들어올 수 있게 남서쪽을 향해 창문을 설치했습니다. 또한 플로르의 산소 공급을 위해 천장의 높이를 15미터까지 높여 공기 순환이 잘 되도록 해주었으며, 건물 바닥은 투우장에서 사용하는 황토인 알베로Albero를 깔아 축축하게 물을 뿌려 습도를 유지시켜 주었습니다. 그 결과, 이 지역의 유서 깊은 포도원들은 셰리 숙성에 최적화되게 설계되어 높은 천장과 하얀 통로, 그리고 십자가로 엇갈려서 만든 창문 등 장엄한 분위기를 자아내고 있습니다. 반면, 지금은 냉방 시설을 갖춘 현대적인 방법을 사용하는 양조장이 늘어나면서, 예전의 멋스러운 분위기가 덜하게 되었습니다.

셰리 숙성에 관해

셰리 숙성은 다음과 같이 생물학적 숙성과 산화적 숙성의 두 가지 유형으로 구분하고 있습니다.

- 생물학적 숙성(Biological Ageing)

벨로 데 플로르Velo de Flor, 플로르 덮개로 알려진 생물학적 숙성은 플로르에 의해 일어나는 숙성으로, 피노와 만사니아가 대표적입니다. 이 셰리들은 효모 균주가 점진적으로 번식해 흰색 막, 플로르를 형성하는데, 이 플로르는 버트 안의 셰리가 산소와 직접적으로 접촉하는 것을 막아줘 산화로부터 보호해줄 뿐만 아니라, 아세트알데히드 성분을 생성시켜 셰리만의 독특한 향과 풍미를 제공해주는 결정적인 역할을 하고 있습니다. 생산자들은 플로르가 원활하게 산소를 공급받으며 잘 성장할 수 있게 버트에 셰리를 꽉 채우지 않고 5/6 정도만 채워줍니다. 또한 플로르의 생존에 필요한 알코올과 글리세린, 기타 다른 영양분을 공급해주기 위해서 솔레라 시스템의 숙성 과정에서 어린 셰리를 보충해 주고 있습니다. 보충은 각각의 버트에서 이루어지며, 영양분을 빠르게 순환시켜주기 위해 해마다 솔레라 단에서 일정한 양의 셰리를 추출하고 있습니다.

생물학적 숙성을 통해 각 버트 안의 셰리는 많은 변화가 일어납니다. 유기체인 플로르는 알코올, 글리세린, 산소 등을 에너지원으로 소비해 약 50mg 정도의 아세트알데히드 성분을 생성시킵니다. 이후 어린 셰리로 영양분을 공급하면서 아세트알데히드 성분은 크게 증가해 400mg 이상으로 축적되고, 이로 인해 아몬드, 견과류의 독특한 향과 풍미가 생성됩니다. 또한 플로르는 영양분의 대사와 함께 휘발산과 글리세린 성분을 감소시키는데, 이것 때문에 피노와 만사니아는 톡 쏘는 듯한 맛이 납니다. 그리고 시간이 지나면서 플로르가 성장해 흰색의 산막 효모 층이 두꺼워지면, 산막 효모의 아랫부분은 자연스럽게 파괴되어 버트 바닥에 가라앉아 쌓이게 됩니다. 이 효모 균주들이 자가 분해되어 나오는 영양분 때문에 플로르의 지속적인 성장이 가능하고, 샹빠뉴와 유사한 빵, 토스트 등의 향과 풍미가 생성되게 됩니다.

솔레라 시스템 덕분에 각 버트 안의 플로르는 아주 오랫동안 유지하는 것이 가능합니다. 이론상으로는 솔레라 단에서 처음 추출하고 50~100회 정도 추출할 때까지 플로르가 유지될 수 있다고 하지만, 일반적으로 피노나 만사니아의 경우 3~4년 이상 숙성하는 일이 드뭅니다. 왜냐하면 오래된 끄리아데라와 솔레라에는 영양분이 상대적으로 부족해 플로르가 약해질 수 있을 뿐만 아니라, 이후 산화적 숙성이 일어날 수 있기 때문입니다. 따라서 피노나 만사니아는 병입되었을 때가 가장 신선하고 개성적인 향과 맛을 즐길 수 있는데, 이후 병 숙성이 필요하지 않아 가급적 빨리 마시는 것이 좋습니다.

- 산화적 또는 물리화학적 숙성(Oxidative Ageing or Physico-Chemical Ageing)
엔베헤시미엔또Envejecimiento, 노화로 알려진 산화적 숙성 또는 물리화학적 숙성은 산소에 의해 일어나는 숙성으로, 아몬띠야도, 올로로소 등이 대표적입니다. 산소와 직접적으로 접촉해 산화가 일어나는 산화적 숙성은 생물학적 숙성과는 달리 호기성 조건에서 발달하며 공기 중의 산소와 꽉 채우지 않은 버트 속의 산소에 의해 산화적 숙성은 크게 증가하게 됩니다.

피노나 만사니야의 경우, 솔레라 시스템에서 어린 셰리를 정기적으로 보충해줘 플로르가 잘 성장해 산화되는 것을 방지해주지만, 올로로소와 아몬띠야도는 의도적으로 산화시켜 만들기 때문에 산화적 숙성의 특성을 지니고 있습니다. 플로르의 번식이 실패한 올로로소는 17.5~18%로 주정을 강화한 다음 버트로 옮기는 소브레따블라 단계를 거쳐 곧바로 솔레라 시스템으로 숙성되게 됩니다. 이후 플로르가 없는 조건에서 산소와 직접적으로 접촉해 산화적 숙성이 진행됩니다. 산화적 숙성, 즉 산화가 되면 와인의 색은 점점 짙어지고 알코올과 아세트알데히드는 지속적으로 초산Acetic Acid으로 변해, 휘발산이 높아지는 반면 아세트알데히드는 감소하게 됩니다. 결국 올로로소는 짙은 색과 증가한 휘발산으로 인해 산화적 향과 풍미가 생성되지만, 알코올 발효 과정 중 생성된 글리세린 성분이 남아 있어 약간의 단맛과 함께 무게감과 부드러운 질감을 가지게 됩니다. 참고로 피노와 올로로소의 총 산도는 거의 동일하지만 올로로소가 신맛이 덜 느껴지는 것은 글리세린 성분 때문입니다.

전통적으로 올로로소는 플로르가 제대로 형성되지 않아 번식에 실패한 경우에 만들어졌습니다. 그러나 지금은 처음부터 올로로소로 만들기 위해 17.5~18%로 주정을 강화하는 작업을 미리 행하고 있으며, 높아진 알코올 때문에 플로르가 형성되지 않아 산화적 숙성이 진행됩니다. 일반적으로 효모와 박테리아는 알코올 도수 17%를 초과하는 와인에서는 생존할 수 없습니다. 반면 알코올 도수가 높기 때문에 다른 셰리에 비해 솔레라 시스템에서 숙성하는 동안 온도 변화에 민감하지 않습니다. 피노와 만사니아는 플로르에 의한 생물학적 숙성 때문에 서늘하고 습한 장소가 적합하지만, 플로르가 없는 올로로소는 그보다 온도가 높은 장소에서 숙성되고 있습니다.

반면, 아몬띠야도의 경우는 다릅니다. 아몬띠야도는 피노를 더 오래 숙성시켜 만든 셰리로, 처음에는 피노와 같이 15~15.5%로 주정을 강화해 플로르에 의한 생물학적 숙성을 거칩니다. 이후 플로르의 성장이 충분하지 않으면, 아몬띠야도 생산을 위해 솔레라 시스템에서 의도적으로 어린 셰리를 공급하지 않고 플로르가 죽도록 방치합니다. 이로 인해 플로르의 성장이 서서히 멈추게 되고 산막 효모 층이 생성되지 않아 산화가 빠르게 진행되기 때문에 17.5%로 다시 한 번 주정을 강화하는 작업을 진행하는데, 이후부터는 산화적 숙성을 거치게 됩니다. 산화적 숙성 기간 동안 버트 안의 셰리는 수분 증발이 촉진되어 알코올 도수가 높아지고 더 이상 산소와 접촉하는 공간이 필요하지 않으므로, 버트에는 셰리로 가득 채워집니다. 솔레라 시스템에서 아몬띠야도는 끄리아데라가 몇 단 되지 않습니다. 아몬띠야도는 우연히 발견된 것이 아니라 의도적으로 만든 셰리로, 피노의 특성과 함께 산화된 향과 풍미를 함께 갖는 것이 특징입니다. 그러나 아몬띠야도를 오랜 기간 솔레라 시스템에서 숙성시키면 피노 특성은 미약해집니다. 이런 경우에는 오히려 올로로소와 비슷한 맛을 가질 수 있습니다.

셰리는 최고 30년까지 산화적 숙성을 할 수 있지만, 극히 일부만이 이 기간까지 버틸 수 있습니다. 숙성 기간이 길어질수록 버트 안의 셰리는 수분 증발이 촉진됩니다. 특히 버트는 완벽하게 밀폐되지 않는 활성 용기로, 버트의 재질인 나무는 산소 공급뿐만 아니라 와인의 주성분인 수분을 흡수해 공기 중에 방출시키기도 합니다. 이로 인해 버트 안의 셰리는 점점 양이 줄어들면서 알코올 도수가 높아지게 됩니다. 또한 수분 손실량이 증가함에 따라 양조장의 대기는 더욱 건조해지기 때문에 생산자들은 물을 뿌려서 증발량을 줄이기도 합니다. 이 수분 증발의 영향을 메르마Merma라고 하며, 셰리의 경우 연간 3~5% 정도 손실량이 발생하고 있습니다. 하지만 메르마가 나쁜 것만은 아닙니다. 버트 안의 수분이 증발한다는 것은 셰리가 지속적으로 농축되고 있음을 의미하며, 향과 풍미의 변화를 가져다 줄 수 있습니다. 특히 산화적 숙성을 거치는 올로로소와 아몬띠야도의 경우 높은 알코올 도수와 높은 온도에서 숙성됨에 따라 수분 증발이 촉진되어 알코올 도수가 22%까지 올라갑니다.

자연적인 스위트 셰리의 양조 방식

스위트 셰리의 양조 방식은 드라이 셰리와는 다릅니다. 헤레스-세레즈-셰리 지역에서는 일반적으로 뻬드로 시메네스와 모스까뗄 품종을 사용해 스위트 셰리를 만듭니다. 뻬드로 시메네스의 경우, 28~29브릭스Brix, 리터당 300g 정도에 해당하는 아주 잘 익은 포도만을 선별해 수확하며, 수확은 보통 8월말이나 9월에 행하고 있습니다. 이후 수확한 포도는 뜨거운 태양이 내리쬐는 야외에서 건조시키는데, 이 작업을 솔레오Soleo라고 합니다. 전통적으로 솔레오 작업은 에스빠르또Esparto라 일컫는 마른 풀로 엮은 둥근 매트 위에서 포도를 손으로 일일이 펼쳐서 건조시켰습니다. 이때 작업자들은 하루에 한 번 포도를 뒤집어줘 모든 열매가 햇볕을 골고루 받을 수 있게 해주며, 상태가 안 좋은 포도를 솎아내는 에스뿌르가도Espurgado 작업도 병행합니다. 이렇게 솔레오 작업을 하는 장소를 빠세라Pasera라고 하며, 대부분 야외 빠세라에서 이뤄지고 있습니다.

모스까뗄 역시, 뻬드로 시메네스와 거의 동일한 방식으로 만듭니다. 잘 익은 포도만 선별해 수확한 다음 솔레오 작업을 진행하지만, 이 품종은 뻬드로 시메네스보다 포도가 더 크기 때문에 건조가 덜 되어 당도가 낮은 것이 특징입니다. 모스까뗄 포도밭의 대부분은 바다 근처의 모래 토양에서 재배되고 있으며, 빠세라 장소도 모래땅에서 이뤄지고 있습니다.

포도는 뜨거운 햇볕을 쬐면서 수분이 증발해 건포도가 되고 당분은 농축되게 됩니다. 이 과정을 빠시피까씨온Pasificación이라고 하며, 이를 통해 포도는 새로운 향이 추가되고 과즙의 당도는 44~47브릭스, 리터당 450~500g까지 증가하게 됩니다. 포도를 건조하는 기간은 기상 조건에 따라 다르지만 일반적으로 일주일에서 길게는 15일까지 지속됩니다. 바다와 가까운 지역에서는 9월 새벽 이슬로 포도가 축축해지는 것을 방지하기 위해 야간에 매트로 덮어주고 있습니다.

솔레오 작업이 끝난 포도는 양조장으로 옮겨 압착 과정에 들어갑니다. 일반 포도에 비해 압착 과정은 다소 까다로운 편인데, 포도가 건조된 상태라 강한 압력을 가해야 하기 때문에 수직형 압착기를 사용해 압착하고 있습니다. 이 포도에서 압착한 과즙은 당도가 매우 높아 알코올 발효가 천천히 진행되며, 효모가 당분을 발효하기가 힘들어 몇 도 안 되는 알코올 도수의 과즙 상태로 남아있게 됩니다. 따라서 생산자들은 알코올 발효 과정에서 과즙 안의 미생물 활동을 안정화시키기 위해 주정을 첨가해 10% 미만의 알코올 도수로 강화합니다. 이렇게 안정화된 와인은 가을과 겨울 동안 효모 사체가 자연스럽게 밑으로 침전되도록 놔둔 다음, 밑의 효모 사체를 걸러내 윗부분의 맑은 와인만 또 다시 주정을 첨가해 15~17%의 알코올 도수로 강화합니다. 이후 주정 강화가 끝난 와인은 솔레라 시스템에 의해 숙성시킵니다.

스위트 셰리는 일반적으로 뻬드로 시메네스와 모스까뗄 품종을 사용해 만듭니다. 아주 잘 익은 포도만을 선별해 수확하며, 수확은 보통 8월말이나 9월에 행하고 있습니다. 이후 수확한 포도는 뜨거운 태양이 내리쬐는 야외에서 건조시키는데, 이 작업을 솔레오라고 합니다. 이렇게 솔레오 작업을 하는 장소를 빠세라라고 하며, 대부분 야외 빠세라에서 이뤄지고 있습니다.

헤레스-세레즈-셰리의 다양한 종류

원산지 관리 위원회의 규정에 따라 셰리는 크게 3가지 그룹으로 구분하고 있습니다. 드라이 셰리Generoso Vinos, 자연적인 스위트 셰리Vinos Dulces Naturales, 스위트 셰리Generoso de Licor Vinos로 구분하며, 각 그룹에는 다시 여러 종류의 셰리로 분류하고 있습니다.

드라이 셰리(Generoso Vinos)

공식적인 명칭은 헤네로소 비노스로, 드라이 셰리는 베이스 와인을 알코올 발효할 때, 완전히 발효를 진행해 잔당이 거의 없는 것이 특징입니다. 이후 생물학적 숙성과 산화적 숙성에 따라 다음과 같이 4가지 유형으로 드라이 셰리를 구분하고 있습니다.

- 피노(Fino)

피노는 생물학적 숙성을 거쳐 만든 드라이 셰리입니다. 연한 레몬색을 띠고 있으며, 생물학적 숙성으로 인해 아몬드, 견과류, 허브, 토스트, 빵 등의 향과 풍미를 지니고 있습니다. 또한 플로르가 과도한 산화로부터 보호해줘 섬세하고 산뜻한 특성을 지니고 있으며, 플로르의 대사로 글리세린 성분이 감소해 톡 쏘는 듯한 맛이 나기도 합니다. 피노 셰리는 일반적으로 15% 정도의 알코올 도수로 출시되고 있는데, 병 숙성을 통해 품질이 향상되지 않기 때문에 가급적이면 최대한 빨리 마시는 것이 좋습니다.

- 올로로소(Oloroso)

올로로소는 산화적 숙성을 거쳐 만든 드라이 셰리입니다. 플로르의 번식이 실패했거나, 의도적으로 플로르의 번식을 막기 위해 17.5~18%로 주정을 강화합니다. 올로로소 셰리는 플로르 없이 산소와 직접 접촉하면서 산화적 숙성을 거치기 때문에 짙은 갈색을 띠고 있으며, 토피 사탕Toffee, 견과류, 담뱃잎, 향신료, 가죽 등의 산화적인 풍미를 지니고 있습니다. 또한 솔레라 시스템에서 숙성되면서 증발됨에 따라 풍미가 농축되고, 증가한 알코올 덕분에 질감이 부드러운 것이 특징입니다. 특히 올로로소 셰리 중 오래 숙성시킨 것은 매우 진한 맛과 함께 구수한 풍미를 지니고 있습니다. 올로로소 셰리는 일반적으로 18~20% 사이의 알코올 도수로 출시되고 있으며, 가장 오래된 것은 알코올 도수가 22%까지 이르기도 합니다.

- 아몬띠야도(Amontillado)

아몬띠야도는 생물학적 숙성과 산화적 숙성을 거쳐 만든 드라이 셰리입니다. 처음에는 피노와 같이 15~15.5%로 주정을 강화해 플로르에 의한 생물학적 숙성을 거치지만, 이후 플로르의 성장이 충분하지 않으면 17.5%로 다시 한번 주정을 강화해 산화적 숙성을 거치게 됩니다. 아몬띠야도 셰리는 황금색 또는 적갈색Mahogany을 띠고 있으며, 효모와 헤이즐넛 향이 납니다. 맛은 피노보다 알코올 도수가 높아 무게감이 있고, 나무와 향신료 풍미와 함께 여운이 긴 것이 특징입니다. 결과적으로 아몬띠야도 셰리는 피노와 올로로소의 특징을 가지고 있으며, 일반적으로 17~20% 사이의 알코올 도수로 출시되고 있습니다.

- 빨로 꼬르따도(Palo Cortado)

드라이 셰리 중 최고로 손꼽히고 있는 것이 빨로 꼬르따도입니다. 1차에서 피노나 만사니아로 분류된 그룹 중, 처음에는 플로르가 잘 형성되었지만, 이후 알 수 없게도 플로르의 번식이 소멸된 것은 2차에서 빨로 꼬르따도로 분류됩니다. 이후 산화되는 것을 방지하기 위해 17.5%로 주정을 강화하며, 이후 올로로소처럼 산화적 숙성을 거칩니다. 그 결과, 빨로 꼬르따도 셰리는 피노를 더 오래 숙성시켜 만든 아몬띠야도의 섬세함과 올로로소의 풍만함을 겸비하고 있으며, 원산지 관리 위원회에서도 아몬띠야도의 플로르 특성과 섬세함, 올로로소의 무게감을 가진 것으로 규정하고 있습니다. 헤레스-세레즈-셰리 지역에서 생산되는 드라이 셰리 중 대략 1~2%만이 자연적으로 빨로 꼬르따도로 만들어지기 때문에 아주 진귀한 셰리이기도 하지만, 미각상으로 아몬띠야도나 올로로소와 구별하기 매우 어렵습니다. 그럼에도 불구하고 드라이 셰리 중 최상급으로 평가 받으며, 매우 비싼 가격에 판매되고 있습니다. 빨로 꼬르따도 셰리는 일반적으로 17~22% 사이의 알코올 도수로 출시되고 있습니다.

- 만사니야(Manzanilla)

만사니야는 산루까르 데 바라메다 마을에서 만들어진 드라이 셰리입니다. 이 마을에서 생산되는 셰리는 독자적인 원산지 명칭으로 인정되어 만사니아-산루까르 데 바라메다Manzanilla-Sanlúcar de Barrameda DO로 보호받고 있습니다. 만사니야의 양조 방식은 피노와 동일하지만 산루까르 데 바라메다 마을의 독특한 떼루아에 의해 피노와는 다른 특성을 가지고 있습니다.

대서양에 인접한 산루까르 데 바라메다 마을은 서늘하고 습한 바닷바람의 영향을 받기 때문에 20km 정도 내륙에 위치한 헤레즈 데 라 프론떼라 마을에 비해 습도가 높고, 기후도 상당히 서늘합니다. 이러한 기후는 플로르 성장에 적합하며, 연간 내내 두꺼운 층의 플로르를 보장해 셰리 특유의 향기가 더욱 강해집니다. 따라서 만사니야는 사과를 연상케 하는 신선한 과일과 꽃 향이 두드러지고, 피노에 비해 신맛이 높고 알코올 도수가 낮아 가볍고 경쾌한 맛이 특징입니다. 또한 바다의 영향 때문인지 조금 자극적인 짠맛이 느껴지기도 합니다. 참고로 만사니야는 스페인어로 사과를 의미하는 만사나Manzana에서 유래되었는데, 예전의 셰리 상인들은 이 마을의 셰리를 작은 사과라고 불렀습니다. 만사니야 셰리는 일반적으로 15~17% 사이의 알코올 도수로 출시되고 있습니다.

만사니야를 더 오랜 숙성시키거나, 부분적으로 산화적 숙성을 거쳐 만든 것이 만사니야 빠사다Manzanilla Pasada입니다. 날카롭고 강렬한 맛이 특징으로 해산물과 완벽한 궁합을 보입니다.

자연적인 스위트 셰리(Vinos Dulces Naturales)

공식적으로 비노스 둘세스 나뚜랄레스라고 하며, 뻬드로 시메네스와 모스까뗄 품종을 각각 사용해 만든 셰리입니다. 수확 후 포도를 건조시키는 솔레오 작업을 통해 자연적으로 포도의 당도를 끌어올린 다음 주정을 강화해 만들고 있습니다.

- 뻬드로 시메네스(Pedro Ximénez)
뻬드로 시메네스를 단일 품종으로 사용해 만든 자연적인 스위트 셰리입니다. 빠시피까씨온 과정에서 포도의 수분이 증발되어 리터당 400g을 초과하는 당도를 지니고 있으며, 당도가 250g 미만은 거의 없을 정도로 매우 달콤합니다. 이후 두 차례 주정을 첨가해 15~17%의 알코올 도수로 강화한 다음 솔레라 시스템으로 숙성시킵니다. 뻬드로 시메네스 셰리는 밤색에서 아주 짙은 갈색을 띠며, 리터당 잔당은 400g을 초과하는 경우가 많을 정도로 단맛이 매우 강하지만, 벨벳 질감의 부드러움을 지닌 것이 특징입니다. 향은 처음에 건포도, 무화과, 대추야자 등이 나고 숙성되면 커피, 감초, 토피 사탕 등의 복합적인 향과 풍미로 발전합니다. 뻬드로 시메네스 셰리는 일반적으로 15~22% 사이의 알코올 도수로 출시되고 있습니다.

- 모스까뗄(Moscatel)

모스까뗄, 정확하게는 모스까뗄 데 알레한드리아Moscatel de Alejandría를 단일 품종으로 사용해 만든 자연적인 스위트 셰리입니다. 솔레오 작업을 거치게 되면 모스까뗄 데 빠사스Moscatel de Pasas라 표기하는데, 빠사스는 건포도를 의미합니다. 반면 솔레오 작업을 거치지 않으면 모스까뗄 오로Moscatel Oro, 황금, 또는 도라도Dorado, 금박로 표기합니다. 뻬드로 시메네스와 동일한 방식으로 만들지만, 솔레오 작업을 할 때 모스까뗄의 포도 크기가 더 크기 때문에 건조가 덜되는 편입니다. 당도는 리터당 220g 이상으로 뻬드로 시메네스에 비해 낮지만 말린 감귤, 풀, 꽃향 등의 방향성이 풍부하고 신선한 단맛이 특징입니다. 모스까뗄 셰리는 일반적으로 15~22% 사이의 알코올 도수로 출시되고 있습니다.

스위트 셰리(Generoso de Licor Vinos)

스위트 셰리는 공식적으로 헤네로소 데 리꼬르 비노스라 하며, 여러 셰리를 블렌딩해서 만들고 있습니다. 스위트 셰리는 매우 종류가 다양한데, 고가의 아몬띠야도, 올로로소부터 해외 수출되는 대부분을 차지하는 저렴한 셰리까지 광범위하게 포함되어 있습니다. 역사적으로 셰리의 주요 고객인 영국 상인들의 요구에 부응하기 위해 원산지 관리 위원회에서 강조하고 있는 분류는 다음과 같습니다.

- 페일 크림(Pale Cream)

1966년, 헤레스-세레즈-셰리 지역을 대표하는 곤살레스 비야스González Byass 포도원에서 크로프트 오리지날 페일 크림Croft Original Pale Cream을 첫 출시해 큰 성공을 거두었습니다. 이후 본격적으로 만들어지기 시작했고, 셰리의 전성기 때 특히, 영국과 네덜란드에서 큰 인기를 얻었습니다. 페일 크림은 일부러 색을 연하게 만든 셰리로, 피노 셰리에 정류한 포도 과즙 농축액Rectified Concentrated Grape Must을 블렌딩해 약간의 단맛을 가미한 스타일입니다. 페일 크림 셰리는 피노 셰리 특유의 플로르에서 유래하는 헤이즐넛과 밀가루 반죽 향을 지니고 있습니다. 또한 피노 셰리를 좋아하지만, 섬세한 단맛과 부드러움을 선호하는 사람들에게 적합한 셰리입니다. 라벨에 페일 크림을 표기하며, 일반적으로 15.5~22% 사이의 알코올 도수로 출시되고 있습니다.

- 미디엄 셰리(Medium Sherry)

미디엄 셰리는 일반적으로 아몬띠야도와 자연적인 스위트 셰리를 블렌딩해 만듭니다. 스위트 셰리 중 가장 범위가 넓은데, 원산지 관리 위원회에서는 리터당 잔당이 5g 이상에서 최대 115g까지 범주를 미디엄 셰리로 규정하고 있습니다. 그 중에서 리터당 잔당이 5~45g인 경우 미디엄 드라이Medium Dry라고 하며, 45~115g인 경우 미디엄 스위트Medium Sweet라고 합니다.

미디엄 셰리를 만들 때 대부분은 아몬띠야도를 베이스로 사용하고 있지만, 피노와 올로로소를 베이스로 사용해 블렌딩하는 경우도 일부 있습니다. 미디엄 셰리의 대부분은 대량 생산되어 저렴한 가격에 판매되고 있는데, 라벨에는 단순하게 미디엄 드라이 또는 미디엄 스위트로 표기되고 있습니다. 그러나 고품질의 미디엄 셰리는 블렌딩의 바탕이 되는 베이스 셰리의 명칭을 라벨에 표기하고 있으며, 아몬띠야도가 주를 이룹니다. 이러한 미디엄 셰리는 라벨에 아몬띠야도와 함께 미디엄 드라이 또는 미디엄 스위트가 함께 표기되고 있습니다.

미디엄 셰리는 호박색에서 밤색까지 다양하며, 페이스트리Pastry, 모과 젤리, 구운 사과 등의 달콤한 향과 함께 아몬띠야도와 같은 향도 가지고 있습니다. 맛은 당도에 따라 다르지만 전반적으로 처음에 드라이하게 시작해 점차 달콤해지며 질감이 부드러운 것이 특징입니다. 미디엄 셰리는 일반적으로 15~22% 사이의 알코올 도수로 출시되고 있습니다.

- 크림 셰리(Cream Sherry)

1860년대 처음 만들어진 크림 셰리는 올로로소와 뻬드로 시메네스를 블렌딩해 만듭니다. 과거 스위트 올로로소Sweet Oloroso로 알려져 있었으나, 2012년 원산지 관리 위원회의 규정에 따라 스위트 올로로소를 포함해 리치 올로로소Rich Oloroso, 올로로소 둘세Oloroso Dulce의 사용이 금지되어 지금은 크림 셰리로 라벨에 표기되고 있습니다. 미디엄 셰리와 마찬가지로 고품질의 크림 셰리는 블렌딩의 바탕이 되는 베이스 셰리의 명칭을 라벨에 표기하고 있으며, 올로로소가 주를 이룹니다.

크림 셰리는 밤색에서 짙은 적갈색에 이르기까지 색상이 짙고, 올로로소의 향과 함께 누가 사탕, 카라멜, 구운 견과류를 연상케 하는 달콤한 향을 지니고 있습니다. 또한 부드럽고 균형 잡힌 단맛과 올로로소 특유의 풍미가 곁들어져 매력적인 맛이 특징입니다.

크림 셰리의 리터당 잔당은 115~140g으로, 일반적으로 15.5~22% 사이의 알코올 도수로 출시되고 있습니다. 진한 단맛과 높은 알코올 도수가 주는 농축되고 강렬한 맛 때문에 온 더 락On the Rocks으로 얼음을 타서 마시기도 하며, 텀블러에 크림 셰리와 얼음을 함께 담아 오렌지 한 조각을 곁들여 식전주로 마시기도 합니다.

GENEROS VINOS

Fino

Amontillado

Oloroso

Palo Cortado

VINOS DULCES NATURALES

Pedro Ximénez

Moscatel

GENEROS VINOS

Manzanilla

GENEROS DE LICOR VINOS

Pale Cream

Medium

Cream

연수가 표기된 셰리와 빈티지 셰리

과거 오래 숙성시킨 셰리의 라벨에는 비에호Viejo라는 단어가 표기되었습니다. 그러나 이 표기가 법적으로 아무런 정의가 없었기 때문에 소비자들은 셰리 라벨만 봐서는 정확한 숙성 연수를 알 수가 없었습니다. 이 문제를 해결하고 신뢰할 수 있는 평균 숙성 연수의 셰리를 판매하고자 원산지 관리 위원회는 솔레라 시스템에서 평균 숙성 연수를 추적할 수 있는 체계를 설정했고, 숙성 특성에 따라 3가지 특별 범주를 인정해 주었습니다.

- VOS와 VORS(Vinum Optimum Signatum or Vinum Optimum Rare Signatum)

상급으로 분류된 VOS와 VORS는 2000년에 원산지 관리 위원회에서 특별 범주로 인정한 카테고리입니다. 아몬띠야도, 올로로소, 빨로 꼬르따도, 뻬드로 시메네스 중 하나에 속해야 하며, 병입될 때마다 규정에 상응하는지에 대한 심사와 시음을 거치게 됩니다. VOS와 VORS로 인증된 셰리는 해당 단어의 약자 또는 전체 단어를 라벨에 표기할 수 있으며, 또한 특수 인장과 함께 해당 연수도 표기됩니다. 라틴어로 '최고 와인으로 선정됨', 영어로는 '매우 오래된 셰리'Very Old Sherry를 의미하는 VOS는 솔레라 시스템의 숙성 과정에서 인증 받은 버트들의 평균 숙성 연수가 최소 20년 이상 된 셰리입니다.

라틴어로 '최고 및 뛰어난 와인으로 선정됨', 영어로는 '매우 오래된 귀한 셰리'Very Old Rare Sherry를 의미하는 VORS는 솔레라 시스템의 숙성 과정에서 인증 받은 버트들의 평균 숙성 연수가 최소 30년 이상 된 셰리입니다.

- 12년산 또는 15년산(Indication Of Age)

더 낮은 분류는 12년산Twelfth year old과 15년산Fifteenth year old으로, 아몬띠야도, 올로로소, 빨로 꼬르따도, 뻬드로 시메네스 중 하나에 속해야 합니다. 하나의 전체 솔레라 시스템에 적용되며, 솔레라 시스템의 숙성 과정에서 평균 숙성 연수가 12년 또는 15년 된 셰리입니다.

- 빈티지 셰리(Añada or Vintage Sherry)

라벨에 특정 빈티지를 표기해 만든 것을 아냐다 셰리 또는 빈티지 셰리라고 합니다. 일반적으로 셰리는 솔레라 시스템에서 여러 해가 블렌딩되기 때문에 빈티지를 표기하지 않지만 특정 연도에 품질 기준에 충족하게 되면 빈티지 셰리로 생산하게 됩니다. 특정 연도의 포도 과즙을 주정 강화한 다음 솔레라 시스템에서 숙성을 하지 않고 산화적 숙성을 거치게 됩니다. 빈티지 셰리로 지정된 버트는 마개를 막고 밀봉한 후 원산지 관리 위원회의 감독하에 보관됩니다. 숙성의 모든 과정은 원산지 관리 위원회의 감시하에 이뤄지며, 어떠한 조작 없이 절대 움직이지 않고 고정된 채 숙성되어야 합니다. 또한 새로운 셰리를 보충하지도 않아 플로르의 번식이 불가능하므로 빈티지 셰리는 산화적 숙성의 특성을 갖게 되며 매우 귀할 뿐만 아니라 비싼 가격에 거래되고 있습니다.

셰리에 관한 이모저모

피노나 만사니아처럼 생물학적 숙성을 거친 셰리는 병입된 이후에 품질이 개선되지 않습니다. 따라서 신선한 맛을 최대한 살리기 위해서는 가급적 빨리 마시는 것이 좋습니다. 반면 만사니아 빠사다는 병입된 이후, 몇 년 동안 병 안에서 향과 풍미가 발전될 수 있어 숙성시켜 마시는 것이 좋습니다. 스페인에서는 피노 셰리 한 병을 오픈해서 반 병으로 나눠 판매하는 경우가 흔하며, 개봉하고 남은 피노 셰리는 당일에 판매하지 못하면 버려지게 됩니다.

올로로소나 아몬띠야도처럼 산화적 숙성을 거친 셰리 역시 병입된 이후에 품질이 개선되지 않지만, 맛과 풍미에 큰 손실이 없기 때문에 수년 동안 보관이 가능합니다. 특히 자연적인 스위트 셰리나 스위트 셰리의 경우 높은 단맛이 방부제 역할을 해 개봉 후에도 몇 주 또는 몇 달 동안 즐길 수 있습니다. 셰리를 보관할 때에는 코르크 마개와 셰리가 닿지 않도록 병을 세워서 보관해야 하며, 다른 와인들과 마찬가지로 서늘하고 습한 장소가 적합합니다.

셰리는 전통적으로 튤립 모양의 꼬삐따Copita 글래스나, 까따비노Catavino라고 하는 시음 전용 글래스를 사용해 마십니다. 특히, 셰리를 마실 때에는 아주 독특한 방식으로 따라주는데, 이 고전적인 서비스 방식을 베넨씨아도르Venenciador라 합니다. 언제부터 이런 행위를 했는지는 정확하게 알 수 없지만, 대략 19세기 또는 그 이전에 상인들에게 줄 셰리 샘플을 추출하면서 시작되었을 것이라고 추측하고 있습니다. 먼저 베넨씨아Venencia라는 특수한 컵을 버트의 마개 구멍에 집어넣습니다. 마개 구멍을 통과할 수 있을 만큼 충분히 좁은 베넨씨아는 버트 안에 생성된 플로르를 뚫고 셰리 한 잔 정도의 양을 꺼낼 수 있습니다. 그런 다음 베넨씨아에 담긴 셰리를 머리 높이까지 올려 다른 손에 잡고 있는 꼬삐따 글래스에 따라 붓습니다. 이렇게 높이 따라 붓는 이유는 낙차를 이용해 셰리의 향과 풍미를 최대한 발산하기 위함입니다. 베넨씨아 도구에서 유래한 베넨씨아도르는 현재 셰리를 상징하는 서비스로 유명하며, 이렇게 서비스를 해주는 사람을 베넨씨아도레스Venenciadores라 부릅니다.

전통적으로 베넨씨아는 고래 수염으로 만든 긴 대에 은 재질의 작은 원통형 컵을 고정해 만들었지만, 고래잡이가 금지되면서 지금은 PVC재질의 긴 대와 은 대신 스테인리스 스틸 컵으로 대체되었습니다.

TIP!

셰리 오크통

셰리에 사용되는 버트, 즉 오크통은 위스키 업계에 판매되어 위스키 숙성에 사용되고 있는 걸로 잘 알려져 있습니다. 셰리 오크통에 숙성시킨 위스키는 특별한 향과 풍미를 제공할 것 같지만, 기대와는 달리 위스키 생산자들이 사용하는 오크통은 셰리 숙성에 사용한 오크통이 아닙니다. 이들은 홍보를 위한 수단으로 셰리 오크통이란 표현을 사용하고 있으며, 실제로는 헤레스-세레즈-셰리 지역의 셰리 식초나 브랜디를 담은 오크통을 사용하고 있습니다.

셰리는 전통적으로 튤립 모양의 꼬삐따 글래스나, 까따비노라고 하는 시음 전용 글래스를 사용해
마십니다. 특히, 셰리를 마실 때에는 아주 독특한 방식으로 따라주는데, 이러한 고전적인 서비스
방식을 베넨씨아도르라 합니다. 먼저 베넨씨아라는 특수한 컵을 버트 구멍에 집어넣습니다. 마개
구멍을 통과할 수 있을 만큼 충분히 좁은 베넨씨아는 버트 안에 생성된 플로르를 뚫고 셰리 한 잔
정도의 양을 꺼낼 수 있습니다. 그런 다음 베넨씨아에 담긴 셰리를 머리 높이까지 올려 다른 손에
잡고 있는 꼬삐따 글래스에 따라 붓습니다. 이렇게 높이 따라 붓는 이유는 낙차를 이용해 셰리의
향, 풍미를 최대한 발산하기 위함입니다. 베넨씨아 도구에서 유래한 베넨씨아도르는 현재 셰리를
상징하는 서비스로 유명하며, 이렇게 서비스를 해주는 사람을 베넨씨아도레스라 부릅니다.

- 몬띠야- 모릴레스(Montilla-Moriles DO): 5,300헥타르

안달루시아 주의 꼬르도바Córdoba 지방 남쪽에 위치한 몬띠야-모릴레스 지역은 헤레스-세레즈-세리, 말라가와 함께 스페인의 주정 강화 와인 산지로 유명합니다. 원산지 명칭은 몬띠야와 모릴레스 2곳의 도시의 이름을 붙인 것으로, 두 마을의 가장 좋은 포도밭은 알바리사의 백악질 토양으로 구성되어 있습니다.

몬띠야-모릴레스 지역은 1945년에 DO등급의 지위를 획득했으며, 원산지는 몬띠야와 모릴레스 마을을 포함해 17개의 마을로 이루어져 있습니다. 이곳의 와인 역사는 기원전 8세기로 거슬러 올라가며, 안달루시아 주에서 가장 오래된 와인 역사를 자랑합니다. 그러나 오랫동안 몬띠야-모릴레스에서 생산되던 와인의 대부분은 셰리와 말라가를 만드는데 사용되었습니다. 당시 셰리보다 더 유명한 이 지역 와인은 이전부터 셰리의 일부분으로 간주해왔고, 지금도 몬띠야-모릴레스에서 만든 뻬드로 시메네스는 헤레스-세레즈-셰리 지역으로 보내져 스위트 셰리에 블렌딩되기도 합니다.

몬띠야-모릴레스 지역은 반대륙성 및 지중해성 기후로, 여름은 길고 고온 건조하며, 겨울은 짧습니다. 내륙에 위치하고 있어 여름 최고 기온이 높고 낮과 밤의 일교차가 큰 편입니다. 여름철 낮의 평균 기온은 30도 정도이지만, 고온 건조한 동풍인 레반떼가 불어오면 40도를 초과할 정도로 기온이 높아집니다. 연간 일조량은 2,800~3,000시간, 연간 강우량은 600mm 정도로, 헤레스-세레즈-셰리 지역과 유사한 편입니다.

몬띠야 산맥Sierra de Montilla과 로스 모릴레스 알또스Los Moriles Altos 2곳의 서브 지역은 고품질 와인을 생산할 수 있는 알바리사 토양으로 구성되어 있습니다. 이곳의 흰색 알바리사 토양은 탄산칼슘이 풍부하며, 심토는 부드러운 양토Loam로 형성되어 있어 대략 30% 정도의 수분을 보유할 수 있습니다. 그러나 토양은 전반적으로 유기물이 부족해 비옥하지 않으며, 포도밭은 125~600미터 표고에 위치해 있습니다.

몬띠야-모릴레스 와인의 대부분은 뻬드로 시메네스 품종을 사용해 만들지만, 모스까텔과 발

라디^{Baladí} 등의 다른 품종도 허가해 주고 있습니다. 수확된 포도는 당도가 높아 주정을 강화하지 않아도 알코올 도수가 14~16%에 달하는 것이 많고, 잔당도 높습니다.

기본적으로 셰리 양조 방식과 동일하며, 헤레스-세레즈-셰리와 마찬가지로 몬띠야-모릴레스 와인도 솔레라 시스템에서 숙성을 해야 합니다. 생산되는 주정 강화 와인의 종류는 셰리와 동일하게 피노, 올로로소, 아몬띠야도, 빨로 꼬르따도, 뻬드로 시메네스, 모스까뗄 스타일을 만들고 있으며, 특히 아몬띠야도가 전통적으로 유명합니다. 아몬띠야도 셰리는 '몬띠야 스타일'이라는 의미로, 원래 이 스타일의 원조는 몬띠야 지역입니다. 실제로 아몬띠야도는 셰리 생산자들이 몬띠야 와인을 닮았다고 해서 붙여진 이름이기도 합니다.

몬띠야-모릴레스의 대부분은 뻬드로 시메네스 품종을 사용해 만들지만, 모스까뗄, 발라디 등의 다른 품종도 허가해 주고 있습니다. 수확된 포도는 당도가 높아 주정을 강화하지 않아도 알코올 도수가 14~16%에 달하는 것이 많고, 잔당도 높습니다. 기본적으로 셰리 양조 방식과 동일하며 헤레스-세레즈-셰리와 마찬가지로 몬띠야-모릴레스 와인도 솔레라 시스템에서 숙성을 시켜야 합니다. 생산되는 주정 강화 와인 종류 역시 셰리와 동일하게 피노, 올로로소, 아몬띠야도, 빨로 꼬르따도, 뻬드로 시메네스, 모스까뗄 스타일을 만들고 있으며, 특히 아몬띠야도가 전통적으로 유명합니다.

아몬띠야도는 몬띠야 스타일이라는 의미로 원래 이 스타일의 원조는 몬띠야 지역이며, 실제로 아몬띠야도는 셰리 생산자들이 몬띠야 와인을 닮았다고 해서 붙여진 이름이기도 합니다.

- 말라가(Málaga DO): 1,300헥타르

안달루시아 주의 지브롤터 해협 동쪽에 위치한 말라가 지역은 유럽에서 가장 오래된 와인 역사를 자랑하는 산지 중 하나입니다. 또한 스위트 주정 강화 와인의 발상지로 유명한데, 뻬드로 시메네스와 모스까뗄과 품종으로 스위트 주정 강화 와인을 주로 만들고 있습니다. 1933년, 말라가는 헤레스-세레즈-세리 지역과 함께 DO등급으로 인정되었으며, 원산지는 5개 서브 지역을 포함하고 있습니다.

19세기 중반, 말라가는 셰리의 뒤를 잇는 스페인 와인으로서 절대적인 인기를 차지했습니다. 영국과 미국에 많은 양이 수출되었고, 영국에서는 '마운틴 와인'이라고 불리며 큰 사랑을 받았습니다. 하지만 이후, 말라가 지역은 오이듐병과 필록세라 병충해에 의해서 포도밭이 황폐화되었고, 20세기에는 스위트 주정 강화 와인의 수요가 급격히 감소하면서 부진이 계속되고 있습니다. 이 지역은 최고 전성기에 110,000헥타르에 달했던 포도밭이 지금은 불과 1,300헥타르까지 급격하게 줄어 들었습니다.

현재, 말라가 지역은 과거의 영광을 되찾고, 시장의 요구에 부합하는 와인을 만들기 위해 노력하고 있습니다. 2001년에는 새로운 원산지 명칭인 시에라스 데 말라가Sierras de Málaga DO를 신설해 화이트, 레드, 로제 와인을 만들기 시작했는데, 기존의 스위트 주정 강화 와인인 말라가 DO와 함께 다양성을 갖추려 하고 있습니다.

말라가는 기본적으로 셰리 양조 방식과 동일합니다. 전통적으로 스위트 말라가는 수확한 다음 햇볕에 건조시키는 솔레오 작업을 거칩니다. 이후 증류주를 첨가해 주정을 15~22%로 강화하며, 셰리와 마찬가지로 솔레라 시스템으로 숙성되고 있습니다.

시에라스 데 말라가는 현재 45곳이 넘는 포도원에서 생산되고 있으며, 토착 품종과 프랑스계 품종을 허가하고 있습니다. 레드 와인은 로메Romé, 띤띠야 데 로따Tintilla de Rota 등 토착 품종과 까베르네 쏘비뇽, 메를로, 씨라 등을 사용해 만들고 있고, 화이트 와인은 스페인계 품종과 국제 품종을 함께 사용해 생산하고 있습니다.

ESPAÑA

5일차

주정 강화 와인과 스틸 와인의 공존하는 포르투갈

wines of
portugal

PORTUGAL

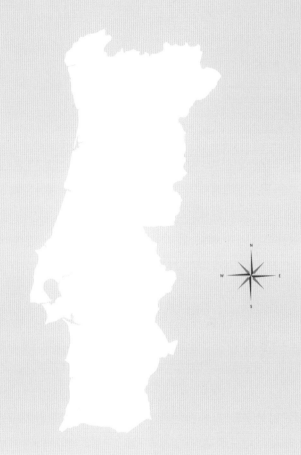

포르투갈은 이베리아 반도의 서부, 대서양 연안에 위치한 나라입니다. 본토는 이베리아 반도가 대서양과 만나는 서쪽에 직사각형 모양으로 형성되어 있고, 북쪽과 동쪽으로는 스페인 국경과 접해 있습니다. 포르투갈은 비교적 좁은 땅에서 다양한 와인을 생산하고 있으며, 코르크 마개의 최대 생산국으로서 전 세계의 와인 산업에 공헌하고 있습니다.

1990년대 이후, 양조법의 근대화가 진행되면서 생산되는 와인 품질도 전반적으로 향상되었고, 최근에는 개성이 풍부한 토착 품종으로 만든 현대적인 스타일의 레드 · 화이트 와인도 증가하고 있는 추세입니다. 특히 바이라다, 다웅 그리고 포트 와인의 산지인 도오루 등은 강건한 스타일의 레드 와인으로 주목 받는 DOC 산지이며, 경쾌한 화이트 와인을 생산하는 북부의 비뉴 베르드도 유명한 DOC 산지입니다.

01

포르투갈 와인의 개요

◆ 북위 37~42도에 와인 산지가 분포
◆ 재배 면적 : 218,000헥타르
◆ 생산량 : 6,100,000헥토리터

[International Organisation of Vine and Wine 2015년 자료 인용]

포르투갈은 이베리아 반도의 서부, 대서양 연안에 위치한 나라입니다. 본토는 이베리아 반도가 대서양과 만나는 서쪽에 직사각형 모양으로 형성되어 있고, 북쪽과 동쪽으로는 스페인 국경과 접해 있습니다. 포르투갈은 비교적 좁은 땅에서 다양한 와인을 생산하고 있으며, 코르크 마개의 최대 생산국으로서 전 세계의 와인 산업에 공헌하고 있습니다. 포도 재배 면적은 218,000헥타르로 와인 생산량은 세계 10위이지만, 이웃나라인 스페인과 비교하면 작은 생산국입니다.

1986년 유럽연합에 가입하기 전까지 포르투갈은 국제 사회로부터 고립되어 와인 산업도 세계화의 물결로부터 멀어져 독자적인 길을 걸어왔습니다. 또한 오랜 세월 동안 주정 강화 와인의 산지로만 국제 시장에 알려져 있었기 때문에, 거친 풍미의 레드·화이트 와인은 평판이 그리 좋지 않았습니다. 그러나 1990년대 이후, 양조법의 근대화가 진행되면서 생산되는 와인의 품질도 전반적으로 향상되었고, 최근에는 개성이 풍부한 토착 품종을 원료로 만든 현대적인 스타일의 레드·화이트 와인도 증가하고 있는 추세입니다. 특히 바이라다Bairrada, 다웅Dão 그리고 포트 와인의 산지인 도오루Douro 등은 강건한 스타일의 레드 와인으로 주목 받는 DOC 산지이며, 경쾌한 화이트 와인을 생산하는 북부의 비뉴 베르드Vinho Verde도 유명한 DOC 산지입니다.

02

포르투갈 와인의 역사

포르투갈의 와인 역사는 페니키아인들에 의해 기원전 4000년경부터 시작된 것으로 추정하고 있습니다. 페니키아인들은 포르투갈 남부에 처음으로 포도 재배와 와인 양조를 전파했는데, 이후 로마인들이 켈트족을 북부로 몰아 내면서 포도 재배와 와인 양조는 포르투갈 전역으로 확산되었습니다. 게다가 2세기경부터 기독교가 전파되면서 와인은 종교 의식에도 자연스레 사용하게 되었습니다.

와인은 로마 침략 이후에도 살아 남아 포르투갈의 매우 중요한 산업이 되었고, 북아프리카로부터 건너온 무어인Moors이 점령한 8세기 초반까지 와인 양조와 수출은 번창했습니다. 그러나, 이후 아랍 이슬람화가 진행되면서 무슬림 종교법에 의해 와인 양조와 술을 금하게 되자 포르투갈의 와인 산업은 침체기를 맞이하게 됩니다. 이슬람 세력을 피해 북서부로 후퇴한 기독교의 포르투갈인들은 12세기 후반에 종교기사단의 도움을 받아 무어족이 지배하고 있는 남부 영토를 되찾았으며, 13세기 중반에는 완전히 무어족을 내쫓아 오늘날 포르투갈의 경계를 이루는 대부분의 지역을 회복하였습니다. 그 결과, 포르투갈 전역에서 포도 재배와 와인 양조가 다시 번성하게 되었습니다.

14세기에 들어서, 영국은 프랑스와의 분쟁이 빈번해지자 와인 공급처를 군사 동맹국인 포르투갈에 의지하게 되었습니다. 그리고 1386년 영국과 포르투갈 사이에 윈저 조약Treaty of Windsor이 체결되면서, 영국과의 와인 무역은 왕성하게 이뤄졌습니다. 특히 포르투갈의 북서부에 위치한 비아나 도 까스텔로Viana do Castelo 항구, 지금의 비뉴 베르드에 해당하는 지역에서 와인이 수출되었는데, 당시 수출되던 와인의 대다수는 가볍고 신맛이 강한 레드 와인이 주를 이뤘습니다. 이후 리스본Lisbon에서도 많은 양의 포르투갈 와인이 영국으로 수출되었으며, 리스본은 와인 소비와 유통의 중심지로 성장하게 되었습니다.

15세기 초반, 해양 탐험가인 엔히크Henrique는 마데이라, 아조리스Azores 섬을 발견하고, 그곳을 항해기지로 삼아 바닷길을 개척해 나갔습니다. 15세기부터 약 150년간, 포르투갈의 해양 탐험가와 상인들은 토착 와인을 판매하기 위해 마데이라, 아조리스 섬뿐만 아니라 멀리 떨어진 신대륙에도 시장을 확대해 나갔습니다.

중세~근세 시대의 포르투갈 와인과 주정 강화 와인의 발전

중세부터 근세 시대에 걸쳐, 포르투갈의 해양 탐험가와 상인들이 신대륙에 시장을 개척하는 동안, 영국과 스코틀랜드, 그리고 네덜란드 와인 상인들은 포르투갈 북서부의 리마Lima 강 하류에 위치한 비아나 도 까스텔로 항구 주변에 정착하며 활발하게 무역을 이어갔습니다. 그러나 리마 강에 의해 비아나 도 까스텔로 항구 부근에 진흙이 퇴적되어 선박 운송을 할 수 없게 되자, 와인 상인들은 70km정도 남쪽으로 떨어진 또 다른 항구 도시인 오포르투Oporto와 도오루 강 건너편의 가이아Gaia 마을 주변으로 거점을 옮겼으며, 그들의 영향력과 세력은 17세기 중반에 엄청나게 증가했습니다.

16세기 말, 스페인은 포르투갈을 침공해 승리를 거두고 1640년까지 포르투갈을 지배했습니다. 강력한 해양 왕국의 지위를 잃은 포르투갈은 독립을 위해 영국, 프랑스와 동맹을 맺고 스페인과 전쟁을 치렀으며, 1668년 독립에 성공했습니다. 독립전쟁 과정에서 포르투갈은 영국의 군사력을 지원받는 조건으로 영국 상인에게 관세 특혜를 주었고, 영국의 와인 무역은 자연스레 프랑스에서 포르투갈로 전환했습니다. 이후 관세 특혜는 1860년대까지 지속되어 포르투갈 와인은 영국 시장에 의존도가 더욱 높아지게 되었습니다. 하지만 당시 포르투갈에서 만든 레드 와인은 엷고 쓴맛을 지니고 있어 영국 소비자의 마음을 사로잡지 못했기 때문에 영국 상인들은 도오루 강 주변의 가파른 경사지 포도밭에서 만든 보다 골격이 튼튼한 풀-바디 레드 와인에 많은 관심을 가졌습니다. 도오루 강 주변에서 생산한 와인은 오포르투 항구를 통해 영국에 수출이 되었으며, 선적된 곳의 이름을 따서 비뉴 두 포르투Vinho do Porto를 의미하는 오포르투 와인Oporto Wine으로 불려지게 되었습니다. 또한 영국 상인들은 긴 항해 기간 동안 와인이 산화되는 것을 방지하기 위해 와인에 소량의 포도 증류주 및 브랜디를 첨가했는데, 주정 강화 와인은 이렇게 탄생하게 되었습니다.

18세기 초·중반은 도오루 지방의 생산자와 오포르투 상인 모두에게 큰 번영의 기간이었습니다. 그러나 수요가 급격하게 증가하자, 오포르투 와인의 무역을 지배하고 있던 영국 상인들은 공급량을 늘리기 위해 스페인 와인과 블렌딩하거나, 진한 색을 얻기 위해 엘더베리Elderberry를 첨가하는 등 비열한 사기 행위를 일으켜 와인의 품질을 떨어트렸습니다. 결국, 포르투갈의 초대 총리였던 폼발 후작Marquis of Pombal은 영국 상인들의 부정 행위를 막고, 포르투갈의 포도 재배 업자와 생산자를 보호하기 위해 1756년에 새로운 법률을 도입했는데, 이것이 세계 최초의 원산지 명칭의 시작이었습니다. 폼발 후작은 프랑스의 AOC라는 현대적인 개념을 이끌어낸 선구자로서, 오포르투 와인을 생산할 수 있는 포도밭의 지리적 경계선을 설정하고 품질에 따라 분류하는 등의 와인 생산의 표준을 수립했습니다. 또한 후작은 색을 속이기 위해 사용된 엘더베리 나무를 베어버리라는 명령을 내리기도 했습니다.

TIP!

엔히크(Henrique) 왕자

포르투갈이 세계의 바다를 주름잡아 최초의 해양 대국이 되도록 이끈 인물이 바로 엔히크 왕자입니다. 1434년, 엔히크는 카라벨을 이끌고 세상의 끝이라고 여겼던 암흑 바다를 정복했고, 암흑 바다 너머가 세상의 끝이 아니라는 사실을 발견했습니다. 훗날 영국인들은 그의 업적을 높이 사 '항해 왕자'라고 불렀는데, 지금도 해양 탐험 역사상 가장 위대한 선구자로 평가 받고 있습니다.
엔히크 왕자의 최고 자랑거리는 카라벨Caravel이라고 부르는 포르투갈식 범선을 만든 일입니다. 카라벨은 삼각 돛을 3개를 달아 맞바람과 거친 파도를 잘 뚫고 나가는 가장 훌륭한 원양 탐험선으로, 뒷날 콜럼버스도 카라벨 2척과 나우Nau(삼각 돛과 사각 가로 돛을 단 카라벨보다 큰 범선) 1척을 이끌고 아메리카 대륙을 발견했습니다.

19~20세기, 병충해와의 싸움, 마테우스 로제 와인의 탄생

19세기, 포르투갈의 와인 산업은 암흑기였습니다. 초창기 오이듐 병충해로 인한 포도밭의 황폐화에 이어, 1856년에는 도오루 지방에서 처음으로 필록세라 해충이 출현하게 되었습니다. 필록세라 해충은 포르투갈 전역으로 빠르게 확산하면서 포도밭을 황폐화시켰고, 그 후 미국계 포도 나무를 받침나무로 사용하면서 극복하게 되었습니다. 필록세라 병충해의 위협에서 벗어나자, 포르투갈의 와인 산업은 다시 회복되기 시작했습니다. 1874년, 포르투갈 와인은 영국 박람회에서 각광을 받았으며, 20세기 초반에는 마데이라Madeira, 모스카텔 드 세투발Moscatel de Setúbal, 카르카베루스Carcavelos, 다웅, 비뉴 베르드, 그리고 도오루 지방의 주정 강화 와인과 일반 테이블 와인 등 다양한 지역에서 원산지 명칭이 제정되기 시작했습니다.

제2차 세계대전 당시, 중립의 입장을 취했던 포르투갈은 세계 와인 시장이 붕괴되어 잉여 와인의 문제가 발생했습니다. 1942년 소그라피Sogrape 회사를 창업한 젊은 사업가 페르난도 방젤레 게드스Fernando Van Zeller Guedes는 친구와 함께, 시장 붕괴로 인해 저렴한 가격으로 공급되는 와인을 사용해 수출 시장 전용의 마테우스 로자두Mateus Rosado·마테우스 로제 와인을 만들었습니다. 약간의 달콤한 맛을 지닌 마테우스 로제 와인은 세계 시장에서 큰 인기와 함께 급성장했고, 그 후, 유사한 스타일의 랜세르 로제Lancer Rosé도 미국에서 대성공을 거두었습니다. 두 와인의 성공으로 인해, 소규모 농가들로 구성된 협동조합의 움직임이 활발해졌으며, 이후 큰 규모로 발전하게 되었습니다. 하지만 당시 포르투갈은 독재 정권에 의해 와인 생산 및 판매 등에 강력한 규제를 받았기 때문에 민간 생산자들은 폐업을 결정하던지, 아니면 협동조합에 가입하던지 두 가지 선택만을 할 수 밖에 없었습니다. 그 결과 협동조합에서는 저렴한 가격의 와인을 대량으로 생산했고, 대부분은 포르투갈 자국과 식민지에서 주로 소비되었습니다.

EU가입과 민주화, 고품질 와인으로의 전환

1926년부터 독재 체재를 이어 온 포르투갈은 1974년 카네이션 혁명Revolução dos Cravos이라 불리는 군부의 무혈 쿠데타를 통해 민주화를 이끌어낸 이후, 1986년 유럽연합에 가입했습니다. 유럽연합 가입 전까지 많은 제약을 받았던 와인 거래가 자유화되어 협동조합의 독점적 시장은 서서히 끝나게 되었습니다. 또한 와인 산업을 관리하는 와인 협회Instituto da Vinha e do Vinho를 설립해 엄격한 요구 조건을 통해 와인 품질을 관리하기 시작했습니다. 또한 유럽연합으로부터 지원받은 자금으로 현대적인 포도 재배와 스테인리스 스틸 탱크를 도입하는 등의 양조 설비 투자도 진행하였습니다.

1990년대에는 대학교에서 재배 및 양조를 배우는 학생들이 늘어났습니다. 이곳에서 배운 젊은 양조가들은 전 세계 와인 산지에서 다양한 경험을 쌓고 자국 내 와인 산업의 발전에도 기여하게 되었습니다. 그 결과, 킨타Quinta라고 불리는 소규모 포도원들이 많이 생겨나 개성이 풍부한 고품질의 와인 생산이 활발하게 진행되었습니다. 현재 와인 산업은 포르투갈 농업의 35%를 차지할 정도로 중요한 역할을 담당하고 있으며, 다른 어느 나라보다 높은 수치를 자랑하고 있습니다.

18세기 초중반은 도오루 지방의 생산자와 오포르투 상인 모두에게 큰 번영의 기간이었습니다. 그러나 수요가 급격히 증가하게 되자, 오포르투 와인의 무역을 지배하고 있었던 영국 상인들은 공급량을 늘리기 위해 스페인 와인과 블렌딩하거나, 진한 색을 얻기 위해 엘더베리를 첨가하는 등 비열한 사기 행위를 일으켜 와인의 품질을 떨어트렸습니다. 결국, 포르투갈의 초대 총리였던 폼발 후작은 영국 상인들의 부정 행위를 막고, 포르투갈의 포도 재배업자와 생산자를 보호하기 위해 1756년에 새로운 법률을 도입했는데, 이것이 세계 최초의 원산지 명칭의 시작이었습니다. 폼발 후작은 프랑스 AOC라는 현대적인 개념을 이끌어낸 선구자로서, 오포르투 와인을 생산할 수 있는 지리적 경계선을 설정하고 품질에 따라 분류하는 등 와인 생산의 표준을 수립했습니다.

03

포르투갈의 떼루아

포르투갈은 북쪽과 동쪽에 스페인이, 서쪽과 남쪽은 대서양과 접해 있으며, 아조리스 및 마데이라 제도로 이루어져 있습니다. 국토 면적은 대한민국보다 약간 작지만, 대서양과 대륙, 그리고 지중해의 영향을 받아 기후는 매우 다양합니다. 특히 대서양은 기후에 가장 큰 영향을 미치고 있는데, 와인 산지의 대부분은 해양성 기후로, 여름은 온난하고 겨울은 서늘하고 습한 것이 특징입니다.

본토는 스페인에서 포르투갈 중부로 흘러 대서양으로 빠져 나가는 떼조Tejo 강에 의해 북부와 남부로 나뉘며, 포도밭은 중앙과 북동쪽의 고산 지대를 제외한 나머지 영토에 분포되어 있습니다. 북부는 고도가 400미터가 넘는 산악 지대로, 대서양의 영향을 받아 온난한 해양성 기후를 띠고 있습니다. 연 평균 강우량은 1,500mm정도로 비교적 습도가 높지만, 도오루 지방과 같은 산악 지역은 극심한 대륙성 기후를 띠고 있습니다. 이곳은 도오루 강과 지류의 영향을 받아 여름은 매우 덥고 건조한 편입니다.

반면 남부는 완만한 지형의 넓은 평야 지대로, 지중해성 기후를 띠고 있습니다. 연 평균 강우량은 500mm 미만으로 매우 건조하며, 여름철 뜨거운 태양과 함께 건조함에 시달리고 있습니다. 특히 남부 내륙에 위치한 알렌떼조Alentejo 지방은 고온 건조한 지중해성 기후에서 포도밭과 함께 넓은 코르크 나무 숲이 펼쳐져 있습니다.

포르투갈은 기후 못지 않게 토양도 다채롭습니다. 북부 내륙의 화강암, 점판암, 편암부터 해안의 석회암, 점토, 모래까지 다양하며, 각 산지마다 떼루아에 맞춰 수많은 토착 품종을 사용해 개성적인 와인을 생산하고 있습니다.

CLIMATE OF EUROPE
유럽의 주요 기후

■ CONTINENTAL
대륙성 기후

■ ATLANTIC
해양성 기후

■ MEDITERRANEAN
지중해성 기후

■ BOREAL
냉대 기후

■ MOUNTAIN
산악 기후

대륙성 기후는 겨울은 매우 춥고 여름은 매우 더워 기온의 연교차와 일교차가 크며, 여름에 소나기 비가 자주 내립니다.
해양성 기후는 대륙성 기후와 반대되는 기후로, 기온의 연교차, 일교차가 적으며, 연중 온도가 높은 온난한 기후입니다.
지중해성 기후는 여름은 고온 건조하고, 겨울은 여름보다 습윤하고 온난한 온대기후입니다.

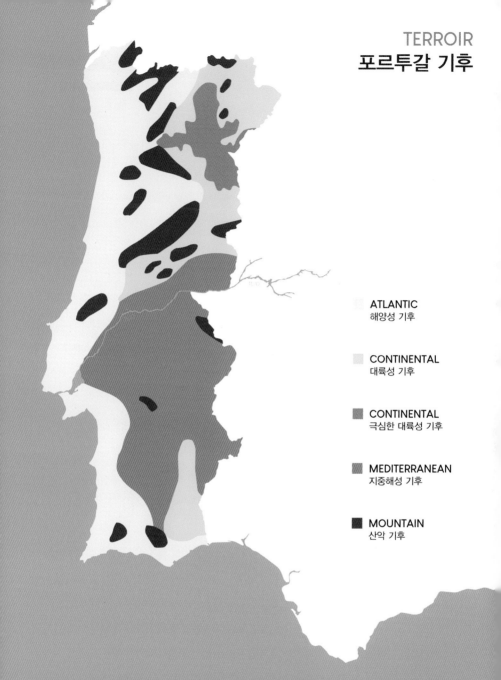

ATLANTIC
해양성 기후

CONTINENTAL
대륙성 기후

CONTINENTAL
극심한 대륙성 기후

MEDITERRANEAN
지중해성 기후

MOUNTAIN
산악 기후

포르투갈의 와인 산지 대부분은 해양성 기후로, 여름은 온난하고 겨울은 서늘하고 습한 것이 특징이며, 본토는 떼조 강에 의해 북부와 남부로 나뉘고 있습니다. 북부는 고도가 400미터가 넘는 산악 지대로, 대서양의 영향을 받아 온난한 해양성 기후를 띠고 있습니다. 그러나 도오루 지방과 같은 산악 지역은 극심한 대륙성 기후를 띠고 있으며, 도오루 강과 지류의 영향을 받아 여름은 매우 덥고 건조합니다. 반면 남부는 평야 지대로, 지중해성 기후를 띠고 있습니다.

유럽연합에 가입한 이후, 포르투갈은 와인법을 정비해 다음과 같이 3단계의 피라미드 형태로 와인을 분류하고 있습니다.

- 데노미나싸옹 드 오리젱 꼰뜨롤라다Denominação de Origem Controlada, DOC
- 인디까싸옹 지오그라피카 프로떼지다Indicação Geográfica Protegida, IGP
- 비뉴Vinho

포르투갈 와인법의 최상위 등급은 데노미나싸옹 드 오리젱 꼰뜨롤라다DOC로 '원산지 통제 명칭'을 의미합니다. DOC 등급의 대다수는 원산지 별로 지리적 경계선이 책정되어 있지만, 도오루 지방의 포르투와 마데이라 섬의 마데이렝스Madeirense의 2개 DOC는 같은 원산지 경계선 내에서 서로 다른 타입의 와인이 만들어지기 때문에 29곳의 원산지에서 31개의 DOC가 존재합니다.

DOC 등급은 최대 수확량, 토착 품종 및 블렌딩 비율, 와인 타입 등의 많은 내용을 규제하고 있는데, DOC 원산지의 모든 와인은 유통하기 전에 관능 검사를 거쳐 인증을 받아야만 합니다. 현재 포르투갈은 전통 명칭인 DOC 등급, 또는 유럽연합에서 공통으로 사용되고 있는 데노미나싸옹 드 오리젱 프로떼지다Denominação de Origem Protegida 등급 표기가 가능합니다.

DOC 등급의 와인은 레제르바Reserva라는 숙성 보충 표기를 할 수 있습니다. 레제르바를 표기하기 위해서는 뚜렷한 특성을 가진 해당 빈티지만을 사용해야 하며, 법적 최소 알코올 도수보다 0.5% 이상 높아야 합니다. 또한 DOC 등급의 와인은 레제르바 외에 가라페이라Garrafeira라는 표기도 가능합니다. 가라페이라는 '술을 보관하는 장소"를 의미하며, 숙성을 오래 시킨 와인에 표기가 가능합니다. 가라페이라 표기를 하기 위해서는 레드 와인은 최소 30개월 숙성을 해야 하며, 이 기간 중 최소 12개월은 병에서 숙성을 거쳐야 합니다. 화이트 와인과 로제 와인의 경우, 최소 12개월 숙성을 해야 하며, 이 기간 중 최소 6개월은 병에서 숙성을 거쳐야 합니다.

인디까싸옹 지오그라피카 프로떼지다IGP 등급은 '보호된 지리적 명칭'을 의미하며, 포르투갈이 유럽연합에 가입하기 전에는 비뉴 레지오나우Vinho Regional 등급으로 표기되었습니다. IGP 등급의 와인은 해당 원산지 포도를 최소 85% 이상 사용해야 하며, 현재 14곳의 지역이 속해 있습니다. 그러나 DOC 등급에 비해 규제가 유연하기 때문에 포도 품종 및 블렌딩에 있어서 DOC 등급의 와인에 비해 자유롭게 만들 수 있습니다. IGP 등급의 와인은 DOC 등급과 마찬가지로 가라페이라 표기가 가능하며, 규제 내용도 동일합니다.

최하위 등급은 비뉴로 '테이블 와인'을 의미하며, 과거에는 비뉴 드 메자Vinho de Mesa로 표기되었습니다. 포도 품종과 지역에 구애 받지 않고 생산 가능하며, 지리적 명칭을 표기하지 않습니다. 현재 단순하게 비뉴 또는 비뉴 드 포르투갈Vinho de Portugal로 표기하고 있는데, 마테우스 등의 로제 와인이 대표적입니다.

데노미나싸옹 드 오리젱 꼰뜨롤라다
(Denominação de Origem Controlada)

인디까싸옹 지오그라피카 프로떼지다
(Indicação Geográfica Protegida)

비뉴
(Vinho)

포르투갈 와인의 등급 체계

유럽연합에 가입한 이후, 포르투갈은 와인법을 정비해 다음과 같이 3단계의 피라미드 형태로 와인을 분류하고 있습니다. 와인법의 최상위 등급은 DOC로 원산지 통제 명칭을 의미합니다. DOC등급 대다수는 원산지 별로 지리적 경계선이 책정되어 있지만, 도오루 지방의 포르투와 마데이라 섬의 마데이렝스 2개 DOC는 같은 원산지 경계선 내에서 서로 다른 타입의 와인이 만들어지기 때문에 29곳의 원산지에서 31개의 DOC가 존재합니다.

IGP 등급은 보호된 지리적 명칭을 의미하며, 포르투갈이 유럽연합에 가입하기 이전까지 비뉴 레지오나우 등급으로 표기되었습니다.

최하위 등급은 비뉴로 테이블 와인을 의미하며, 과거에는 비뉴 드 메자로 표기되었습니다.

포르투갈은 정치적으로 오랜 기간 동안 고립되어 외부와 단절되었기 때문에 수많은 토착 품종들을 온전히 간직하고 있습니다. 현재 250종 이상의 토착 품종들이 재배되고 있으며, 외래 품종은 씨라, 까베르네 쏘비뇽 등의 몇몇을 제외하고 거의 찾아볼 수 없습니다. 이러한 토착 품종의 다양성은 포르투갈의 큰 자산이자, 장점으로 인기 많은 국제 품종에 집중하고 있는 다른 와인 생산 국가와는 차별성을 지니고 있습니다.

주요 적포도 품종

- 또리가 나시오나우(Touriga Nacional)

또리가 나시오나우는 포르투갈을 대표하는 적포도 품종으로 우수한 품질을 자랑합니다. 포르투갈 북부 지역이 원산지로 알려져 있으며, 현재 도오루와 다웅 지방에서 서로 원산지라 주장하고 있습니다. 전통적으로 도오루 지방에서 포트 와인과 같은 주정 강화 와인을 만들 때 주요 품종으로 사용되었지만, 지금은 도오루, 다웅 지방의 레드 와인 생산에도 사용되고 있습니다. 또한 알렌떼조, 바이라다 지방의 레드 와인 생산에 블렌딩 품종으로 허용되고 있기도 하며, 현재 포르투갈 전역에서 재배되고 있습니다.

껍질이 두꺼운 또리가 나시오나우는 진한 색과 높은 타닌으로 인해 와인의 구조감과 숙성 잠재력이 우수하지만, 열매가 작아 수확량이 적은 것이 단점입니다. 또한 수세가 강한 품종이기 때문에 포도 나무의 수형 관리를 어떻게 하느냐에 따라 와인의 품질이 결정됩니다. 이 품종으로 만든 레드 와인은 블랙커런트, 라즈베리 등의 과일 향과 꽃, 허브, 감초 등의 복합적인 아로마를 지니고 있으며 풍미도 강렬한 것이 특징입니다.

- 또리가 프랑카(Touriga Franca)

과거 또리가 프란세자Touriga Francesa로 불렸던 또리카 프랑카는 포르투갈의 토착 품종인 모리
스쿠 띤뚜Mourisco Tinto와 또리가 나시오나우의 교배종으로, 또리가 나시오나우와 함께 포트 와
인 생산에 중요한 적포도 품종 중 하나입니다. 현재 이 품종은 포르투갈 북부 지역에서 가장 많
이 재배되고 있으며, 특히 도오루 지방이 전체 재배 면적의 1/5정도를 차지하고 있습니다. 또리가
프랑카의 수확량은 중간 정도이지만, 해충과 질병에 대한 저항성이 강하기 때문에 포르투갈에서
인기가 많으며, 최근에는 포트 와인뿐만 아니라 도오루, 다웅 지방의 레드 와인 생산에도 사용되
고 있습니다.

이 품종으로 만든 와인은 또리가 나시오나우에 비해 무게감이 가볍지만, 블랙베리, 장미, 야생화
등의 방향성이 풍부해 와인에 섬세함과 우아함을 더해주는 역할을 하고 있습니다. 영국의 와인
평론가 젠시스 로빈슨은 또리가 나시오나우와 또리가 프랑카의 관계를 까베르네 쏘비뇽과 까베
르네 프랑 조합에 비유했는데, 전자는 와인의 무게감과 구조감을, 후자는 방향성을 제공하는 역
할을 담당하고 있습니다.

- 띤따 로리즈(Tinta Roriz)

띤따 로리즈는 스페인의 뗌쁘라니요Tempranillo와 동일한 품종입니다. 이 품종은 도오루, 다웅 지
방에서 띤따 로리즈, 중부와 남부 지역에서 아라고니스Aragonez라는 두 가지 이름으로 불리고 있
습니다. 전통적으로 띤따 로리즈는 또리가 나시오나우, 또리가 프랑카와 블렌딩되어 포트 와인
생산에 주로 사용되었지만, 현재 도오루, 다웅 지방의 레드 와인 생산에도 사용되고 있습니다.
띤따 로리즈는 다양한 기후와 토양에 잘 적응하기 때문에 최근 들어 포르투갈 전역으로 빠르게
퍼져나가고 있습니다. 그러나 수확량이 비교적 많아 향이 단조롭고 무게감이 가볍지만, 덥고 건조
한 기후의 모래, 점토 및 석회암 토양에서는 고품질 와인이 생산되고 있습니다. 고품질의 띤따 로
리즈 와인은 까베르네 쏘비뇽, 삐노 누아에 비해 향이 중립적이지만, 자두, 딸기, 향신료Spicy 등의
향과 풍미가 강한 것이 특징입니다.

- 뜨린카데이라(Trincadeira)

뜨린카데이라는 포트 와인 생산에 사용되고 있는 적포도 품종 중 하나로, 도오루 지방에서는 띤따 아마렐라Tinta Amarela로 불리고 있습니다. 이 품종은 전통적인 포트 와인 생산뿐만 아니라 레드 와인 생산에도 사용되고 있는데, 최근 몇 년 동안 사용이 증가하고 있습니다. 다만, 뜨린카데이라는 부패 및 여러 질병에 매우 민감하기 때문에 고온 건조한 환경에서 잘 자라며, 가뭄에도 강한 품종입니다. 특히, 알렌떼조 지방의 레드 와인 생산에 중요한 역할을 담당하고 있으며, 일반적으로 아라고니스와 블렌딩되고 있습니다.

잘 성숙된 뜨린카데이라는 진한 색상의 라즈베리, 허브, 향신료, 꽃 계열의 복합적인 향과 함께 높은 타닌, 좋은 신맛을 지닌 풀-바디 와인이 생산되지만, 미성숙되면 풋내Herbaceous가 유발되기도 합니다. 또한 수세가 강하고 수확량이 높은 뜨린카데이라는 풋내와 같은 식물성 풍미를 방지하기 위해서 지속적인 포도 나무의 수형 관리가 필요합니다.

- 바가(Baga)

바이라다 지방이 원산지인 바가는 포르투갈어로 '산딸기 열매Berry'를 의미하며, 바이라다와 다웅 지방에서 주로 재배되고 있는 적포도 품종입니다. 이 품종은 크기가 작고 껍질이 두꺼워 늦게 익기 때문에 서늘하고 습도가 높은 곳에서 재배하는 것이 적합하지 않습니다. 바가는 햇볕이 잘 드는 점토질 석회암 토양에서 품질이 뛰어나지만, 특히 9월 비에는 부패하기 쉽고 포도 나무 잎사귀가 무성해 고품질 와인 생산을 위해서는 포도 나무의 수형 관리와 많은 작업을 해야 합니다. 건조한 해에 잘 익은 포도로 만든 바가 와인은 진한 색상을 띠며 딸기, 서양 자두와 커피, 건초Hay, 담뱃잎, 훈 향과 함께 높은 타닌과 산도를 지니고 있습니다.

바가는 바이라다 레드 와인 생산에 주요 품종으로, 포르투갈 중부 지방에서도 블렌딩용으로 사용되고 있습니다. 특히 바이라다 지방의 고품질 바가 와인은 영할 때 피에몬테의 네비올로와 같이 타닌이 거칠지만 잘 숙성되면 부르고뉴의 삐노 누아처럼 부드럽고 우아한 타닌과 함께 허브, 삼나무, 말린 과일 등 복합적인 풍미를 지니고 있습니다.

주요 청포도 품종

포르투갈은 적포도 품종 못지 않게 청포도 품종도 다양한 토착 품종들이 존재하며, 21세기 들어서는 본격적인 화이트 와인 산지로 부상하고 있습니다. 포르투갈을 대표하는 화이트 와인 산지인 비뉴 베르드 지방에서는 로레이루Loureiro, 아린투Arinto 또는 페데르냐Pederna, 트라자두라Trajadura, 아베수Avesso, 아잘Azal, 알바리뉴Alvarinho 등의 토착 품종을 사용해 신선하고 청량한 화이트 와인을 만들고 있고, 품질도 상당히 개선되었습니다.

아린투는 포르투갈의 대부분 산지에서 재배되고 있으며, 비뉴 베르드 지방에서 페데르냐로 불리고 있습니다. 이 품종은 포도 송이가 작고 촘촘해 수확량이 많은 품종이지만, 무더운 기후에서도 산도를 잘 유지하기 때문에 신선하고 생동감 넘치는 화이트 와인을 만들 수 있습니다. 리스본에 위치한 부셀라스Bucelas DOC에서 아린투를 주요 품종으로 청사과, 라임, 레몬 등의 풍미를 지닌 우수한 품질의 와인이 생산되고 있습니다. 또한 아린투의 확고한 산도는 부족한 신맛을 더해주기 위해 대다수 포르투갈의 산지에서 블렌딩용으로 사용되고 있는데, 특히 알렌떼조 지방에서 점점 더 사랑 받고 있습니다.

로레이루는 비뉴 베르드 북쪽에 위치한 리마 강 계곡 주변이 원산지로 추정되고 있고, 비뉴 베르드 지방에서 널리 재배되고 있는 청포도 품종입니다. 로레이루는 포르투갈어로 '월계수'를 의미하며, 실제로 월계수 꽃과 함께 오렌지 꽃, 아카시아, 사과, 복숭아 등의 방향성이 풍부합니다. 또한 알코올 도수가 상당히 높아 맛도 진하지만, 신맛이 잘 균형 잡혀 있어 품질이 훌륭하며, 최근에는 고급 품종으로 인정을 받고 있습니다. 전통적으로 비뉴 베르드 지방에서 로레이루는 아린투와 알바리뉴 또는 트라자두라와 함께 블렌딩되어 생산되고 있습니다.

이 외에도 복합적인 향과 풍미, 그리고 무게감과 알코올 도수를 강화하는 트라자두라와 포르투갈 최초로 단일 품종으로 생산 가능한 청포도 품종 중 하나인 알바리뉴가 있습니다. 특히 알바리뉴는 복숭아, 레몬, 리치, 오렌지, 자스민 등 풍부한 방향성과 높은 알코올 도수를 지닌 중후한 와인으로 유명합니다.

PORTUGAL
포르투갈

31
DOC

- Vinho Verde
- Trás-os-Montes
- Douro Valley
- Tavora-Varosa
- Dão
- Bairrada
- Beira Interior
- Lisboa
- Tejo
- Setúbal
- Alentejo
- Algarve
- Madeira

Vinho Verde

Trás-os-Montes

Douro Valley

Tavora-Varosa

Dão

Porto O

Bairrada

Beira Interior

Tejo

Lisboa

Lisbon O

Setúbal

Alentejo

Algarve

Madeira

과거 주정 강화 와인의 산지로 유명했던 포르투갈은 현재 전 국토에서 다양한 스타일의 와인이 생산되고 있습니다. 현재 29곳의 원산지에서 31개의 DOC가 존재하며, 대표적인 DOC에 대해 살펴보도록 하겠습니다.

비뉴 베르드(Vinho Verde DOC): 34,000헥타르

비뉴 베르드 지방은 포르투갈의 최북단에 위치한 와인 산지로, 예전에는 미뉴Minho 지방에 속했으나 1984년 DOC 등급을 인정 받으면서 독자적인 원산지 명칭을 갖게 되었습니다. 비뉴 베르드는 포르투갈어로 '초록 와인'을 의미하며, 베르드란 명칭은 이곳에서 생산되는 화이트 와인 특유의 신맛과 신선함 때문에 마치 덜 익은 과일을 연상시켜 유래되었다는 설과 초목이 우거진 지역에서 생산되기 때문에 초록이란 단어가 유래되었다는 설이 있습니다.

비뉴 베르드는 포르투갈에서 가장 큰 DOC 원산지 중 하나로, 대서양을 바라보는 북서쪽의 광활한 지역을 포함하고 있습니다. 이 지방은 지리적으로 북쪽에는 포르투갈 국경과 스페인의 갈리시아 주를 가르는 미뉴 강이, 남쪽은 보가Vouga 강이 흐르고 있으며, 포도밭은 주요 강의 계곡을 따라 자리잡고 있습니다.

비뉴 베르드 지방의 전반적인 기후는 해양성 기후로, 서쪽에 위치한 대서양으로부터 유입되는 서늘하고 습한 바닷바람의 영향을 강하게 받습니다. 여름 기온은 20도 정도로 서늘하며, 연간 강우량은 최대 1,600mm정도인데 겨울과 봄에 비가 자주 내립니다. 이곳은 캘리포니아 주와 마찬가지로 내륙 지역보다 해안 지역이 더 서늘한 것이 특징입니다. 반면 북쪽 내륙의 몬상Monção과 멜가수Melgaço 소지역은 1,000미터 넘는 산들이 대서양의 영향을 막아줘 비교적 건조하고 따뜻하지만, 고도가 높아 밤에는 서늘하고 일교차가 큰 편입니다.

토양은 균일하고 대부분 화강암으로 구성되어 있어 전반적으로 비옥하고 산성도가 높은 편입니다. 포도밭은 100~175미터의 비교적 완만한 구릉 지대에 위치하며, 동쪽 산에서 흘러나오는 강을 따라 비옥한 화강암 토양에서 포도를 재배하고 있습니다.

과거 비뉴 베르드 지방에서는 완전히 익지 않은 포도를 사용해 알코올 도수 9~10% 정도의 묽고 시큼한 와인을 주로 만들었습니다. 게다가 병입된 와인에서는 말로-락틱 발효가 일어나 미량의 탄산가스를 포함하고 있었는데, 이러한 와인은 현재 시각으로 양조학적 결함으로 간주하고 있지만, 당시 이 지역 생산자들은 미량의 탄산가스Fizzy가 있는 화이트 와인을 소비자들이 좋아한다는 것을 발견하게 되고 말로-락틱 발효에 의해 생성되는 침전물과 혼탁한 와인을 숨기기 위해 불투명한 병에 와인을 담았습니다. 그러나 내수 시장이 침체되고 젊은 생산자들에 의해 양보다 품질로 전환하는 추세에 따라 비뉴 베르드 와인의 품질도 상당히 개선되어, 오늘날 이곳의 생산자들은 예전처럼 탄산가스가 추가되는 관행을 더 이상 따르지 않고 있습니다. 또한 21세기 들어 포르투갈이 본격적인 화이트 와인 산지로 부상하면서 비뉴 베르드 지방 역시 포도밭과 양조장의 현대화를 진행했습니다. 품질과 생산 조건의 향상을 위해 포도밭에서는 전통적인 페르골라Pergola 수형 관리 대신 현대적인 꼬르동Cordon 수형 관리를 사용하고 있습니다.

최근 들어, 비뉴 베르드 생산자들이 수출 시장에 더욱더 집중하게 되면서 레드 와인보다 원산지의 개성과 떼루아를 보여줄 수 있는 화이트 와인을 훨씬 중요하게 생각하고 있습니다. 현재 몬상, 리마Lima 등의 9개의 서브-지역Sub-Region에서 화이트 와인을 86% 정도 생산하고 있으며, 1999년부터는 본격적으로 스파클링 와인도 생산하기 시작했습니다.

화이트 와인의 대부분은 로레이루, 이곳에서는 페데르냐로 불리는 아린투, 트라자두라, 아베수, 아잘, 알바리뉴 등의 토착 품종을 블렌딩해 만들고 있으며, 알코올 도수는 8.5~11% 정도를 지니고 있습니다. 포도 품종에 따라 와인 캐릭터의 차이가 나타나지만, 비뉴 베르드 화이트 와인은 전반적으로 과일, 꽃 향이 풍부하고 자연적인 신맛 덕분에 신선함이 강조된 스타일입니다. 반면 북쪽 내륙에 위치한 몬상과 멜가수 서브-지역에서는 예외적으로 알바리뉴를 단일 품종으로 생산하고 있습니다. 이곳은 큰 산이 바다의 영향을 막아주고 있기 때문에 연간 강우량은 1,200mm정도로 약간 건조하고 기온도 따뜻한 편입니다. 그 결과, 몬상과 멜가수에서 생산된 알바리뉴 와인은 열대 과실 향과 알코올 도수 11.5~14% 정도의 무게감이 있는 것이 특징입니다. 또한 몬상 남쪽에 위치한 리마 서브-지역도 로레이루 단일 품종으로 생산하고 있으며, 풍성한 꽃 향의 매력적인 화이트 와인이 나오고 있습니다.

레드 와인과 로제 와인은 비냥^{Vinhão}, 보라사우^{Borraçal}, 이스파데이루^{Espadeiro}, 아마랄^{Amaral} 등의 토착 품종을 사용해 만들고 있지만, 화이트 와인만큼 인상적이지는 않습니다. 토착 품종인 비냥은 비뉴 베르드 레드 와인의 주요 품종으로 진한 색상과 함께 타닌도 높지만, 오늘날 대부분은 지역 내에서 인기가 높은 로제 와인 생산에 더 많이 쓰이고 있습니다.

도오루(Douro DOC): 46,000헥타르

포르투갈에서 가장 거칠고 험준한 와인 산지인 도오루 지방은 포트 와인의 고향으로 매우 유명합니다. 가파른 경사지를 따라 수천 개에 달하는 테라스 포도밭이 뛰어난 경관을 자랑하며, 2001년에는 유네스코의 세계 문화 유산으로도 지정되기도 했습니다. 도오루 지방은 도오루 강을 따라 스페인 국경에서 포르투 시까지 약 90km 거리에 와인 산지가 뻗어 있으며, 이곳을 도오루 밸리Douro Valley라고 부르고 있습니다.

현재, 도오루 밸리에서는 수확한 포도의 40% 정도가 주정 강화 와인인 포르투·포트 DOC로 생산되고 있으며, 나머지 주정을 강화하지 않은 일반적인 레드·화이트 와인은 도오루 DOC 또는 두리엔스Duriense IGP 등급으로 출시되고 있습니다. 특히, 포르투는 주정 강화 와인을 대표하며, 세계 최초로 공식적인 원산지 명칭을 인정받은 산지이기도 합니다. 여기서는 도오루 DOC에 관한 내용만 다루고, 포르투 DOC에 대해서는 주정 강화 와인 산지 부분에서 자세히 살펴보도록 하겠습니다.

산악 지형인 도오루 밸리는 서쪽에 해발 1,415미터의 마룽 산맥Serra do Marão과 해발 1,382미터의 몬트무루 산맥Serra de Montemuro이 자리잡고 있습니다. 포도밭은 표고 200~850미터 사이의 가파른 언덕에 위치하고 있는데, 방향은 매우 다양합니다. 기후는 동서로 차이가 있습니다. 해안에서 멀리 떨어진 동쪽 지역은 마룽 산맥이 대서양으로부터 비구름을 막아주고 있기 때문에 혹독한 대륙성 기후를 띠고 있습니다. 그 결과, 여름은 38도까지 올라갈 정도로 매우 덥고 건조하며, 겨울은 춥고 습합니다. 반면 서쪽 끝에 위치한 지역은 대서양의 영향을 조금 받아 기후와 강우량의 차이를 보이고 있습니다. 도오루 밸리의 연 평균 강우량은 642mm 정도이지만, 지역마다 차이가 나며 동쪽의 스페인 국경 쪽은 거의 사막과 같은 강우량을 보이고 있습니다.

토양은 대부분 부서지기 쉬운 노란색 편암으로 구성되어 있고, 일부 지역에서 화강암 토양도 볼 수 있습니다. 특히 편암 토양은 도오루 밸리에서 와인 품질을 결정짓는 중요한 요소이기도 합니다. 편암은 좋은 배수를 제공하는 동시에 무더운 여름에는 수분을 저장해 낮의 열기를 식혀주는 역할을 하고 있습니다. 그러나 도오루 밸리의 토양은 유기물이 1.5% 미만으로 적고 배수가 잘 되기 때문에 건조한 여름과 추운 겨울을 견디기 위해서는 포도 나무 뿌리가 편암을 뚫고 최대한 깊게 내려가 물을 찾게 해야 합니다.

결과적으로, 우수한 조건을 갖춘 포도밭에서 재배되는 포도는 자연적인 신맛을 유지한 채 색소 성분과 페놀 성분이 풍부하며, 이런 포도를 사용해 도오루 DOC 와인을 만들고 있습니다. 반면 과숙성된 포도는 포트 와인 생산에 사용됩니다.

현재 도오루 밸리에는 바이슈 코르구Baixo Corgo, 시마 코르구Cima Corgo, 도오루 수페리오르Douro Superior의 3개 서브-지역이 존재합니다. 도오루 강 하류에 있는 바이슈 코르구는 도오루 밸리에서 가장 서쪽에 위치한 서브-지역입니다. 이곳은 대서양과 마룽 산맥의 영향을 받아 3개 서브-지역 중 가장 서늘하고, 연간 강우량은 900mm 정도로 습도도 높습니다. 토양은 전반적으로 비옥해 포도 나무를 빽빽하게 심고 있고, 협동조합에서 저렴한 포트 와인을 주로 만들고 있습니다. 바이슈 코르구는 도오루 밸리에서 가장 먼저 포도 재배를 시작했지만, 높은 습도로 인해 다른 2개의 서브-지역에 비해 품질은 떨어진다는 평가를 받고 있습니다.

시마 코르구는 도오루 강 중앙부에 위치한 서브-지역입니다. 연간 강우량은 650mm 정도로, 마룽 산맥이 대서양의 비구름을 막아줘 바이슈 코르구에 비해 훨씬 덥고 건조합니다. 토양은 주로 편암으로 구성되어 있으며, 생산량은 적지만 최고의 포도밭들이 모여있습니다. 현재 시마 코르구는 고품질 포트 와인 생산의 중심지 역할을 담당하고 있습니다.

도오루 수페리오르는 도오루 밸리의 가장 동쪽에 위치하고 있는 서브-지역입니다. 과거 이 지역은 포르투 시와 멀리 떨어져 있어 오랫동안 개발이 되지 않은 황무지였습니다. 그러나, 1986년 포르투갈이 유럽연합에 가입한 후 지원금을 통해 도로망이 크게 개선되면서 포도밭이 크게 확장되어 현재는 3개 서브-지역 중 가장 큰 재배 면적을 자랑하고 있습니다.

연간 강우량은 450mm 미만으로, 3개 서브-지역 중 가장 덥고 건조하며, 무더운 대륙성 기후를 지니고 있습니다. 그러나 지옥 같은 여름과 사막과 같은 건조함에도 불구하고 매우 뛰어난 품질의 포트 와인과 레드 와인이 생산되고 있습니다. 가장 유명한 포트 와인 생산자로는 킨따 두 베주비오Quinta do Vesuvio와 킨따 두 발리 메옹Quinta do Vale Meão 등이 있으며, 레드 와인은 까자 프레리냐Casa Ferreirinha 포도원에서 뛰어난 빈티지에만 생산하는 바르카 벨랴Barca Velha가 있습니다. 특히 바르카 벨랴는 도오루 지방의 전설적인 레드 와인으로 포르투갈의 페트뤼스Petrus라 불리고 있습니다.

도오루 밸리는 토착 품종이 가장 풍부한 산지 중 하나로, 적포도 품종은 또리가 나시오나우, 또리카 프랑카, 띤따 로리즈, 띤투 카웅Tinto Cão, 띤타 바로카Tinta Barroca, 띤따 아마렐라, 소자웅Sousão 등을 재배하고 있습니다. 특히 띤따 바로카, 띤따 로리즈, 띤따 카웅, 또리가 나시오나우, 또리가 프랑카 5개 품종은 포트 와인과 레드 와인 생산에 있어 우수한 품종으로 인정받고 있습니다.

청포도 품종은 말바지아 피나Malvasia Fina, 고베이우Gouveio, 라비가투Rabigato, 비오지뉴Viosinho 등을 재배하고 있으며, 특히 높은 표고의 포도밭에서 생산되는 화이트 와인은 산뜻한 신맛과 품종 특유의 신선한 과일 풍미를 지니고 있습니다.

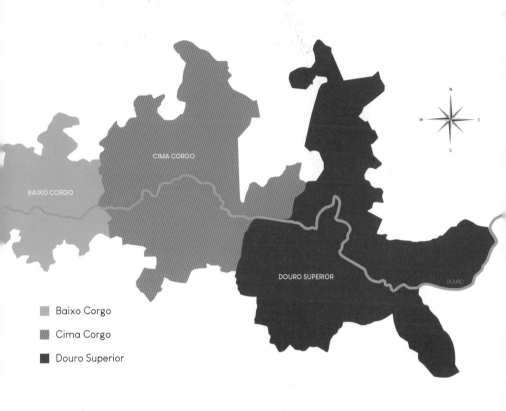

DOURO
도오루

BAIXO CORGO

CIMA CORGO

DOURO SUPERIOR

DOURO

- Baixo Corgo
- Cima Corgo
- Douro Superior

● TOURIGA NACIONAL   ● TOURIGA FRANCA   ● TINTA RORIZ

도오루 DOC

도오루 지방은 도오루 강을 따라 스페인 국경에서 포르투 시까지 약 90km 거리에 와인 산지가 뻗어 있으며, 이곳을 도오루 밸리라고 부르고 있습니다. 현재, 도오루 밸리에서는 수확한 포도의 40% 정도가 주정 강화 와인인 포르투·포트 DOC로 생산되고 있으며, 나머지 주정을 강화하지 않은 레드·화이트 와인은 도오루 DOC 또는 두리엔스 IGP 등급으로 출시되고 있습니다. 도오루 밸리에는 바이슈 코르구, 시마 코르구, 도오루 수페리오르의 3개 서브-지역이 존재하며 시마 코르구가 고품질 포트 와인 생산의 중심지 역할을 담당하고 있습니다.

CASA FERREIRINHA

BARCA-VELHA

DOURO

DENOMINAÇÃO DE ORIGEM CONTROLADA

2011

PRODUZIDO E ENGARRAFADO POR SOGRAPE VINHOS, S.A.

GAIA, PORTUGAL – PRODUTO DE PORTUGAL

750

다웅(Dão DOC): 20,000헥타르

포르투갈 북부 중앙부에 위치한 다웅 지방은 이곳을 가로지르는 다웅 강에서 지명이 유래되었습니다. 과거 다웅 지방의 와인은 1900년 파리 만국박람회에서 금상을 수상할 정도로 품질이 뛰어났습니다. 그러나, 협동조합들이 모든 원산지 명칭 와인의 생산 독점권을 가지면서 경쟁 부족으로 인한 침체를 조장함으로써 와인 품질에도 부정적인 영향을 끼쳤습니다. 일부 협동조합에서는 비위생적인 환경에서 양조를 하고 저급한 품질의 와인을 판매했으며, 이러한 관행들은 1980년대 말까지 지속되었습니다. 하지만 포르투갈이 유럽연합에 가입하면서 다웅 지방도 예전의 명성을 찾아가기 시작했습니다. 유럽연합이 와인 산업의 독점 관행을 금지함에 따라 1989년 협동조합은 와인의 생산 독점권을 상실하게 되었고, 이후 소규모 생산자들이 상당히 증가했습니다. 현재 다웅 지방은 과거의 영광을 회복해 포르투갈에서 가장 성공적인 레드 와인 산지로 인정 받고 있습니다.

다웅 지방은 사실상 화강암 분지로, 비제우Viseu 시를 중심으로 주변에는 이스트렐라 산맥Serra da Estrela과 카라물루 산맥Serra do Caramulo 등의 화강암 산들이 감싸고 있습니다. 포도밭은 이스트렐라 산맥의 해발 200~1,000미터까지 다양한 고도의 소나무 숲 사이에 군데군데 자리잡고 있으며, 주요 포도밭은 표고 200~400미터 사이의 화강암 고원에 위치해 있습니다.

대륙성 기후의 성질을 띤 다웅 지방은 사방에 둘러 싸인 산들이 기후를 결정하고 조절하는 중요한 역할을 하고 있습니다. 서쪽에 위치한 카라물루 산맥은 대서양의 서늘한 바람과 비로부터 포도밭을 보호하고 있으며, 이스트렐라 산맥은 남동쪽을 막아주고 있어서 온화한 기후를 유지할 수 있게 해줍니다. 연간 강우량은 1,100mm정도로, 겨울에 비가 많이 내려 춥고 습하지만 고온 건조한 여름은 일교차가 매우 커서 고품질 와인 생산에 적합한 환경을 제공하고 있습니다. 그 결과, 다웅 지방에서 생산되는 와인은 신맛과 알코올의 밸런스, 그리고 풍미가 뛰어난 것이 특징입니다. 토양은 주로 화강암으로 구성되어 있는데, 척박한 편입니다. 남서쪽 일부 지역에서 편암 토양도 볼 수 있지만, 대부분의 포도 나무는 화강암 기반 위에 배수가 좋은 모래 토양에서 재배되고 있습니다.

다웅 지방은 1908년에 공식적인 원산지 경계선이 책정되었습니다. 그리고 1990년에는 DOC 등급으로 인정을 받았으며, 현재 라포이스Lafões와 다웅 2개의 서브-지역이 존재합니다. 라포이스는 작은 서브-지역으로, 비뉴 베르드와 다웅 지방 사이에 흐르는 보가 강의 남쪽에 위치해 있습니다. 이곳은 비뉴 베르드 지방과 유사한 화강암 토양으로 구성되어 있고, 생산되는 화이트·레드 와인도 비뉴 베르드와 비슷하게 신맛이 풍부한 것이 특징입니다.

다웅 DOC 와인의 대다수는 다웅 서브-지역에서 생산되고 있습니다. 전체 생산량의 80%가 레드 와인으로, 또리가 나시오나우, 자엥Jaen, 띤따 로리즈, 알프루셰이루Alfrocheiro, 바가, 바스타르두Bastardo, 띤따 피네이라Tinta Pinheira 등의 토착 품종을 블렌딩해 만들고 있습니다. 이곳은 포도밭에 여러 품종을 섞어서 재배하기 때문에 전통적인 블렌딩 와인이 여전히 주를 이루고 있으며, DOC 규정에 따라 레드 와인은 또리가 나시오나우를 최소 20% 이상 사용해야 합니다. 적포도 품종은 자엥을 가장 많이 재배하고 있으며, 또리가 나시오나우, 띤따 로리즈가 그 뒤를 잇고 있습니다. 스페인에서 멘씨아Mencía로 불리는 자엥은 와인에 과실 향과 풍미를, 타닌이 높은 또리가 나시오나우는 장기 숙성 능력을, 띤따 로리즈는 바디감을 제공하는 역할을 하고 있습니다.

전통적인 다웅 지방의 레드 와인은 장기간 침용 과정을 거치기 때문에 타닌이 매우 강한 경향이 있지만, 최근에는 프랑스 오크통과 포르투갈 오크통을 사용하면서 타닌 질감이 부드러워졌습니다. 우수한 품질의 다웅 레드 와인은 붉은 과실 향과 함께 부드러운 타닌과 균형을 이루는 높은 신맛, 그리고 장기 숙성 능력도 뛰어난 편입니다. 대표적인 생산자는 킨타 두수 로케스Quinta dos Roques, 킨타 다 펠라다Quinta da Pellada, 킨타 다스 마이아스Quinta das Maias 등이 있습니다.

화이트 와인은 인크루자두Encruzado를 주요 품종으로 비칼Bical, 세르시아우Cercial, 말바지아 피나 등을 블렌딩해 생산하고 있습니다. 특히 신맛이 강한 인크루자두는 포르투갈에서 가장 뛰어난 청포도 품종으로 평가 받고 있습니다. 과거 다웅 지방의 화이트 와인은 무게감이 무겁고 산화 뉘앙스가 강했지만, 현대적인 양조 기술로 인해 지금은 풍부한 과실 향을 지닌 산뜻한 스타일로 탈바꿈하게 되었습니다.

다웅 DOC는 가라페이라 표기가 가능합니다. 레드 와인의 경우, 법적 최저 알코올 도수인 12.5%보다 최소 0.5% 높아야 하고 오크통에서 최소 2년 숙성시켜야 합니다. 화이트 와인은 법적 최저 알코올 도수인 11.5%보다 최소 0.5% 높아야 하고 오크통에서 최소 6개월 숙성시켜야 합니다.

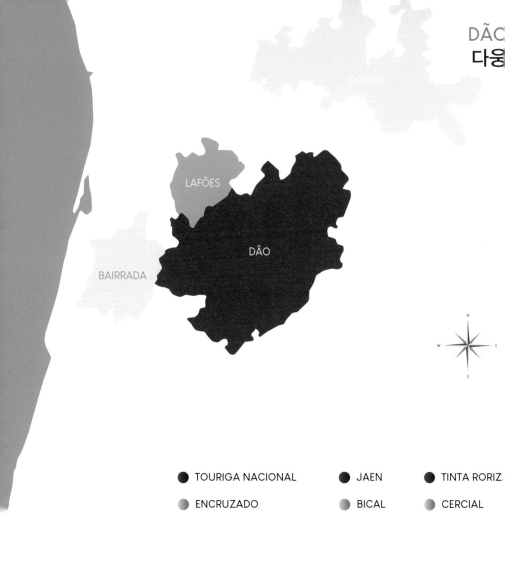

● TOURIGA NACIONAL ● JAEN ● TINTA RORIZ

● ENCRUZADO ● BICAL ● CERCIAL

다웅 DOC

다웅 지방은 1908년에 공식적인 원산지 경계선이 책정되었고, 1990년에 DOC 등급으로 인정을 받았습니다. 현재 라포이스와 다웅 2개의 서브-지역이 존재합니다. 작은 서브 지역인 라포이스는 비뉴 베르드 지방과 유사한 화강암 토양으로 구성되어 있고, 생산되는 화이트ㆍ레드 와인도 비뉴 베르드 와인과 비슷하게 신맛이 풍부한 것이 특징입니다.

다웅 DOC의 대다수는 다웅 서브 지역에서 생산되고 있으며, 전체 생산량의 80%가 레드 와인이 차지하고 있습니다. 레드 와인은 또리가 나시오나우를 최소 20% 이상 사용해야 하며, 고품질의 다웅 레드 와인은 붉은 과실 향과 함께 부드러운 타닌과 균형을 이루는 높은 신맛, 그리고 장기 숙성 능력도 뛰어난 편입니다.

바이라다(Bairrada DOC): 18,000헥타르

바이라다는 베이라스Beiras 지방에 속한 작은 원산지로, 대서양과 다웅 지방 사이에 위치해 있습니다. 과거 비뉴 레지오나우 등급으로 판매되었으나, 1980년 DOC로 인정을 받으면서 독자적인 원산지 명칭을 얻게 되었습니다. 이곳은 19세기 말부터 전통 방식으로 만든 스파클링 와인으로 유명한데, 스파클링 와인의 수도Capital do Espumante라는 별명답게 포르투갈 스파클링 와인 생산량의 2/3정도를 생산하고 있습니다. 또한 최근 들어 개성적인 레드·화이트 와인도 생산하면서 포르투갈에서 가장 각광받는 산지 중 하나로 떠오르고 있습니다.

바이라다는 대서양의 영향을 강하게 받아 온난한 해양성 기후를 띠고 있습니다. 대서양의 서늘하고 습한 바닷바람이 유입되어 다웅 지방에 비해 서늘하지만, 여름은 따뜻하고 건조한 편입니다. 연간 강우량은 1,600mm정도로 비는 9월 중하순에 시작되어 겨울에 집중적으로 내리고 있으며, 늦게 익는 바가와 같은 품종의 경우, 수확 직전에 비로 인한 피해가 종종 발생하기도 합니다.

비교적 습한 포도밭은 40km에 걸친 완만한 구릉 지대에 펼쳐져 있습니다. 토양은 점토질 석회암과 모래로 나뉘고 있고, 토양에 따라 다른 스타일의 와인이 생산되고 있습니다. 최고급 와인은 점토질 석회암 토양에서 나오는데, 바이라다 지명은 포르투갈어로 점토를 의미하는 바루Barro에서 유래되었습니다.

바이라다는 레드 와인이 전체 생산량의 80% 정도를 차지하고 있으며, 주요 적포도 품종은 바가, 알프루셰이루-프레투Alfrocheiro-Preto, 카스텔라웅Castelão, 또리가 나시오나우, 띤따 피녜이라 등이 있습니다. 특히 바가는 레드 와인 생산에 있어 매우 중요한 품종인데, 이곳은 포르투갈의 다른 산지와 달리 블렌딩을 하지 않고 단일 품종으로 만들었습니다. 전통적인 바가 와인은 지나치게 강한 타닌과 신맛을 지니고 있어 피에몬테의 네비올로와 비교되지만, 숙성이 되면 삐노 누아와 같은 우아함을 갖게 됩니다. 그럼에도 불구하고 바가는 포도 나무의 수세가 강하고 늦게 익기 때문에 비가 자주 내리는 이곳에서는 피해를 자주 보고 재배에 어려움이 따를 수 밖에 없었습니다. 결국 생산자들은 로비를 통해 2003년 바이라다 DOC 규정을 개정하면서, 바가 외에 알프루셰이루-프레투, 또리가 나시오나우의 토착 품종과 까베르네 쏘비뇽, 삐노 누아, 씨라, 메를로 등의 프랑스계 품종의 블렌딩을 허가해 주었습니다.

반면 바가 프렌즈Baga Friends라 불리는 일부 생산자들은 바이라다의 전통을 믿으며 여전히 바가 단일 품종을 고집해 현대적인 스타일의 와인을 만들고 있습니다. 대표적인 생산자로는 루이스 파투Luis Pato, 디르크 니포트Dirk Niepoort, 안토니오 호샤António Rocha 등이 있으며, 이들은 덜 익은 포도 송이를 제거하는 그린 하베스트와 제경 작업 및 부드러운 압착, 그리고 프랑스 오크통 숙성 등의 현대적인 기술을 사용하면서 풍부한 과실 향과 부드러운 타닌을 지닌 와인을 생산하고 있습니다.

현재 바이라다 레드 와인은 바가 외에 8개의 적포도 품종을 사용할 수 있으며, 바가 품종을 최소 50% 이상 사용해 만든 와인은 바이라다 클라시쿠Bairrada Clássico라고 부르고 있습니다.

화이트 와인은 마리아 고메스Maria Gomes, 아린투, 비칼, 세르시아우 등의 토착 품종을 사용해 만들고 있습니다. 과거 청포도 품종은 적포도 품종을 심지 않은 모래 토양에서 주로 재배했지만, 지금은 점토질 석회암에서 재배하고 있으며 품질도 많이 향상되었습니다. 비칼로 만든 화이트 와인뿐만 아니라 마리아 고메스로 만든 스파클링 와인까지 다양한 와인이 생산되고 있는데, 특히 비칼로 만든 고품질 화이트 와인은 배, 복숭아, 미네랄 등의 풍부한 아로마와 함께 높은 신맛을 지니고 있어 장기 숙성도 가능합니다.

BAIRRADA
바이라다

DOURO

LAFÕES

DÃO

BAIRRADA

N
W — E
S

● BAGA   ● ALFROCHEIRO-PRETO   ● CASTELÃO

● MARIA GOMES   ● ARINTO   ● BICAL

바이라다 DOC ────────────────────────

바이라다는 베이라스 지방에 속한 작은 원산지로, 대서양과 다웅 지방 사이에 위치하고 있습니다. 과거 비뉴 레지오나우 등급으로 판매되었으나, 1980년 DOC로 인정을 받으면서 독자적인 원산지 명칭을 얻게 되었습니다. 이곳은 19세기 말부터 전통 방식으로 만든 스파클링 와인으로 유명한데 스파클링 와인 수도라는 별명답게 포르투갈 스파클링 와인 생산량의 2/3정도를 만들고 있습니다. 또한 최근 들어 개성적인 레드·화이트 와인도 생산하면서 포르투갈에서 가장 각광받는 산지 중 하나로 떠오르고 있습니다.

알렌떼조(Alentejo DOC): 23,000헥타르

'떼조^{Tejo} 강 너머'란 의미를 지닌 알렌떼조 지방은 포르투갈 남부에 위치하고 있는 와인 산지입니다. 이 지방은 광활한 평야 지대로 국토 면적의 1/3을 차지하고 있으며, 알렌떼조 DOC와 알렌테자노^{Alentejano} IGP 등급의 와인을 생산하고 있습니다. 또한 알렌떼조 지방은 12,140헥타르 이상의 코르크 참나무 숲이 있으며, 포르투갈 내에서 최대 면적을 자랑합니다. 포르투갈은 코르크 마개의 최대 생산국으로서, 전 세계 코르크 마개의 절반 가량을 생산하고 있습니다.

알렌떼조 지방은 북동부의 일부 지역을 제외하고 대부분 지중해성 기후를 띠고 있습니다. 연간 일조량은 3,000시간에 달하며, 여름은 아주 덥고 건조하기 때문에 포도 수확은 다른 지방보다 빠른 8월 중순 정도에 행하고 있습니다. 산지가 방대한 만큼 토양도 다양한데 편암, 점토, 모래, 화강암이 주를 이루고 석회암도 섞여 있습니다. 반면 북동부의 일부 지역은 예외적으로 화강암 토양도 볼 수 있습니다.

현재 알렌떼조 지방은 포르탈레그르^{Portalegre}, 보르바^{Borba}, 에보라^{Évora}, 레돈두^{Redondo}, 레겐구스^{Reguengos}, 그란자-아마렐레자^{Granja-Amareleja}, 비지게이라^{Vidigueira}, 모라^{Moura} 8개의 서브-지역이 존재하며, 포도밭의 60%는 보르바, 레돈두, 레겐구스, 비지게이라 4개의 서브-지역에 밀집되어 있습니다.

가장 북쪽에 위치한 포르탈레그르 서브-지역은 해발 1,025미터의 사웅 마메지 산맥^{Serra de São Mamede}의 영향을 받아 대륙성 기후를 띠고 있습니다. 알렌떼조 지방에서 가장 서늘하고 습한 포르탈레그르는 연간 강우량은 700mm정도로 남부보다 높고, 일교차도 큰 편입니다. 토양은 화강암이 지배적이며 작은 규모의 포도밭은 가파른 경사지에 위치해 있습니다. 이곳의 독특한 미세-기후는 와인에 복합적인 향과 풍미, 그리고 신선함을 제공해 주며, 최근 들어 빠르게 발전하고 있는 산지입니다.

중부에 위치한 보르바, 에보라, 레돈두, 레겐구스 서브-지역은 알렌떼조의 정체성을 보여주는 와인을 생산하고 있습니다. 이곳의 와인은 농익은 과실 향과 부드러운 타닌, 진한 맛을 지니고 있습니다. 남쪽에 위치한 그란자-아마렐레자, 비지게이라, 모라 서브-지역은 연간 강우량 400mm정도의 건조한 곳으로 지중해성 기후를 띠고 있습니다. 이곳에서 생산되는 와인은 남쪽 와인 특유의 태양이 주는 달콤한 풍미가 특징입니다.

알렌떼조 지방은 와인 역사가 길지 않지만, 최근 10년 동안 눈에 띄는 발전을 이뤄냈습니다. 레드 와인은 알프루셰이루, 알리깡뜨 부쉐Alicante Bouschet, 아라고니스, 카스텔라웅, 뜨린카데이라, 모레투Moreto, 띤따 카이아다Tinta Caiada, 띤따 그로싸Tinta Grossa 등의 토착 품종을 사용해 만들고 있으며, 화이트 와인은 아린투, 안타웅 바즈Antão Vaz, 로페이루Roupeiro, 베르델류, 알바리뉴 등의 품종을 사용하고 있습니다. 알렌떼조 지방에서 생산되는 와인은 대부분 DOC 자격이 있음에도 불구하고, 알렌테자노 IGP 또는 비뉴 레지오나우 알렌테자노Vinho Regional Alentejano로 주로 판매되고 있습니다. 이러한 와인들은 라벨에 포도 품종 표기가 가능하며, 토착 품종 외에도 씨라, 비오니에 등의 프랑스계 품종 사용도 가능합니다.

ALFROCHEIRO

ALICANTE BOUSCHET

ARINTO

ANTÃO VAZ

Portalegre

Borba

Redondo

Évora

Reguengos

Granja-
Amareleja

Vidigueira

Moura

**ALENTEJO
SUB ZONE**

Portalegre

Borba

Évora

Redondo

Reguengos

Granja-Amareleja

Vidigueira

Moura

WINE CORK PRODUCTION
와인 코르크 마개의 주요 생산국

17세기 말 발견된 코르크 마개를 일반적으로 사용하면서 와인은 보관과 숙성에도 큰 변화를 가져오게 됩니다.
코르크 마개의 최대 생산국은 포르투갈, 스페인입니다. 그 외의 다른 국가에서도 코르크 마개를 생산하고 있습니다.

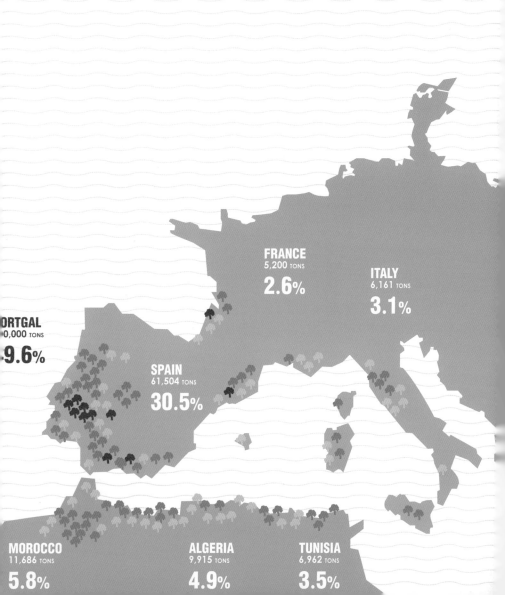

FRANCE
5,200 TONS
2.6%

ITALY
6,161 TONS
3.1%

ORTGAL
0,000 TONS
9.6%

SPAIN
61,504 TONS
30.5%

MOROCCO
11,686 TONS
5.8%

ALGERIA
9,915 TONS
4.9%

TUNISIA
6,962 TONS
3.5%

포르투갈 북부에 위치한 도오루 밸리는 비뉴 두 포르투 또는 포트 와인이라 불리는 달콤한 주정 강화 와인 산지로 매우 유명합니다. 이곳에서는 주정 강화 와인과 함께 일반적인 레드 · 화이트 와인도 만들고 있으며, 각각 서로 다른 원산지 명칭을 사용하고 있습니다. 현재, 도오루 밸리는 수확한 포도의 40%가 주정 강화 와인인 포르투 · 포트 DOC로 생산되고 있고, 주정을 강화하지 않은 레드 · 화이트 와인은 도오루 DOC 또는 두리엔스 IGP로 생산되고 있습니다.

주정 강화 와인에 대해서
포르투(Porto DOC)의 개요

포르투갈 북부에 위치한 도오루 밸리는 비뉴 두 포르투Vinho do Porto 또는 포트 와인이라 불리는 달콤한 주정 강화 와인 산지로 매우 유명합니다. 이곳에서는 주정 강화 와인과 함께 일반적인 레드·화이트 와인도 만들고 있으며, 각각 서로 다른 원산지 명칭을 사용하고 있습니다. 현재, 도오루 밸리는 수확한 포도의 40% 정도가 주정 강화 와인인 포르투·포트 DOC로 생산되고 있고, 나머지 주정을 강화하지 않은 레드·화이트 와인은 도오루 DOC 또는 두리엔스Duriense IGP로 생산되고 있습니다.

포르투 주정 강화 와인은 포르투갈에서 생산되지만, 이 와인을 개발하고 세계적으로 알린 것은 영국입니다. 17세기 후반, 영국의 도움으로 독립에 성공한 포르투갈은 영국 상인에게 관세 특혜를 주었고, 영국의 와인 무역은 자연스럽게 프랑스에서 포르투갈로 전환되었습니다. 18세기 들어, 포르투갈 와인을 수입하던 영국 상인들은 긴 항해 기간 동안 와인이 산화되는 것을 방지하기 위해 와인에 소량의 포도 증류주 및 브랜디를 첨가했는데, 포르투 와인은 이렇게 탄생하게 되었습니다. 또한 알코올 발효 과정 중 와인에 브랜디를 첨가해서 발효를 멈추게 하고 단맛을 유지하는 제조법도 이 무렵에 확립되었습니다. 그 후에도 영국 시장과 포르투 와인의 밀월 관계는 계속해서 이어지고 있으며, 영국의 영향을 받아 포르투란 이름보다 포트 와인으로 잘 알려지게 되었습니다. 참고로 포트 와인의 가장 오래된 기록은 1675년으로 거슬러 올라가며, 포르투는 1756년이라는 매우 이른 시기에 폼발 후작에 의해서 세계 최초로 원산지 명칭 관리법이 제정되기도 했습니다.

결과적으로 포트 와인과 같은 주정 강화 와인은 냉각 시설이 없었던 옛날에 와인의 보존성을 높이기 위해 개발되었습니다. 기온이 높은 곳일수록 와인의 품질 변화가 심했기 때문에 주정 강화 와인은 온난한 기후의 산지에 집중되어 있습니다. 또한 주정 강화 와인의 최대 소비국은 예나 지금이나 영국이므로, 영국으로 와인을 수출하기 용이한 바다 인접 지역이나 영국의 옛 식민지에 산지가 집중되어 있습니다.

도오루 밸리의 포도 재배

도오루 밸리는 험준한 산악 지형으로, 가파른 비탈에는 흙이 거의 없고 잘 떨어지고 불안정한 편암만 있기 때문에 사실상 포도 재배가 힘든 지역입니다. 이러한 악조건 속에서 재배업자들은 경사지에 포도밭을 만들기 위해서 돌로 벽을 쌓아 흙을 지탱해야만 했습니다. 이러한 돌벽을 소칼코스Socalcos라고 하며, 돌벽으로 지탱한 평평하고 좁은 계단식 층에 포도 나무가 심어졌습니다. 소칼코스 덕분에 땅이 고정되고 빗물이 더 이상 그대로 흘러내리지 않게 되자 도오루 밸리에서도 포도 재배가 가능해졌고, 강가의 가파른 경사지에 포도밭들이 개척되기 시작했습니다. 그러나 소칼코스로 만들어진 포도밭은 폭이 좁아 한 층에 포도 나무를 2~3개 열밖에 심을 수 없으며 기계 작업도 불가능할 뿐만 아니라, 돌벽이 무너질 위험성도 있어 관리 비용이 많이 들어간다는 단점이 있습니다. 그래서 1970년대 포도밭을 다시 설계했습니다. 소칼코스의 단점을 보완해 파타마레스Patamares라 불리는 편암으로 둑을 쌓아 만든 경사진 계단식 층이 개발되어 포도밭은 더 넓어졌고, 특별 제작한 소형 트랙터가 경사지에 접근할 수 있게 되었습니다. 하지만 파타마레스 역시 포도 나무를 빽빽하게 심지 못하는 단점이 있어, 1980년대 기존의 계단식 층 대신 경사지의 위아래로 심는 비냐 아우 아우투Vinha ao Alto가 개발되었습니다. 경사도와 지형만 허락한다면 재배업자들은 포도 나무 열을 가로 방향보다는 세로 방향으로 심고 있는데, 그렇게 하면 포도 나무를 더 빽빽하게 심는 것이 가능해집니다. 또한 비냐 아우 아우투 포도밭은 30도 이하의 경사도에서 트랙터를 사용할 수 있는 이점도 가지고 있습니다.

도오루 밸리의 재배업자들은 극한의 환경에도 불구하고, 포도를 재배하기 위해 파타마레스와 비냐 아우 아우투 방식을 개발했지만, 이 두 방식은 경사지를 유지하고 있어 여전히 흙의 침식 문제를 겪고 있습니다. 현재 도오루 밸리의 교통망이 크게 개선되면서 재배업자들은 더 평평한 곳을 찾아 상류 쪽으로 올라갔습니다. 대표적인 서브-지역이 도오루 수페리오르로 이곳은 완만한 포도밭의 비율이 높아 기계 사용이 가능하고 작업이 덜 힘들기 때문에 다른 서브-지역에 비해 관리 비용이 상대적으로 낮은 편입니다. 그 결과, 도오루 수페리오르는 연간 강우량은 450mm 미만의 낮은 강우량에도 불구하고 지난 10년 동안 열광적으로 포도 나무를 심을 정도로 많은 재배업자들의 관심을 받고 있는 서브-지역이 되었습니다.

도오루 밸리는 바이슈 코르구, 시마 코르구, 도오루 수페리오르 3개의 서브-지역이 있습니다. 바이슈 코르구와 시마 코르구는 도오루 강과 강변 지류의 매우 가파른 경사지에 포도밭이 위치하고 있으며, 반면 도오루 수페리오르는 비교적 완만한 지형에 포도밭이 위치해 있어 다른 서브-지역에 비해 작업이 훨씬 수월합니다. 바이슈 코르구는 습도가 높아 다른 2개의 서브-지역에 비해 품질은 떨어지며, 협동조합에서 저렴한 포트 와인을 주로 만들고 있습니다. 최상급 포트 와인은 시마 코르구와 도오루 수페리오르에서 생산되는데, 특히 시마 코르구는 최고의 포도밭들이 모여있으며, 현재 고품질 포트 와인 생산의 중심지 역할을 담당하고 있습니다.

TIP!

포르투의 표기와 발음

포르투 DOC 로 만드는 주정 강화 와인은 영국의 영향을 강하게 받기 때문에 제품명으로 사용할 때에는 포트Port로 표기하고 발음하는 것이 일반적입니다. 또한 포르투는 도오루 강 하구의 마을 이름으로도 사용하는데, 마을 이름으로 사용하는 경우에는 오포르투Oporto로 표기할 때도 있습니다. 덧붙여 이 지역에서 주정을 강화하지 않은 레드·화이트 와인을 생산할 경우에는 도오루 DOC명칭으로 출시됩니다.

PATAMARES

1970년대 도오루 밸리에서는 포도밭을 다시 설계했습니다. 전통적인 소칼코스의 단점을 보완하
파타마레스라고 불리는 편암으로 둑을 쌓아 만든 경사진 계단식 층이 개발되어 포도밭은 더욱더
넓어졌고, 특별 제작한 소형 트랙터가 경사지에 접근할 수 있게 되었습니다. 하지만 파타마레스
역시 포도 나무를 빽빽하게 심지 못하는 단점이 있어, 1980년대 기존의 계단식 층 대신 경사지어
위아래로 심는 비냐 아우 아우투가 개발되었습니다.

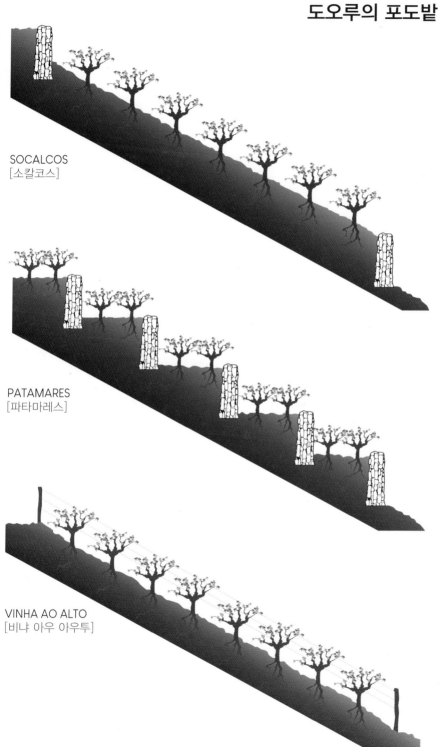

VINEYARD
도오루의 포도밭

SOCALCOS
[소칼코스]

PATAMARES
[파타마레스]

VINHA AO ALTO
[비냐 아우 아우투]

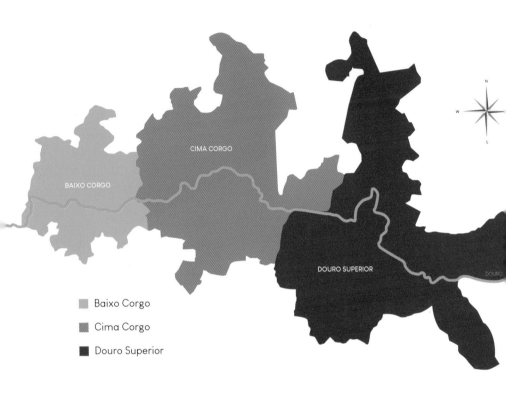

Baixo Corgo

Cima Corgo

Douro Superior

TOURIGA NACIONAL   TOURIGA FRANCA   TINTA RORIZ

도오루 밸리

도오루 밸리는 바이슈 코르구, 시마 코르구, 도오루 수페리오르 3개의 서브 지역으로 이루어져
있습니다. 바이슈 코르구와 시마 코르구는 도오루 강과 지류의 매우 가파른 경사지에 포도밭이
위치하고 있으며, 반면 도오루 수페리오르는 비교적 완만한 지형에 포도밭이 위치해 있어 다른
서브-지역에 비해 작업이 훨씬 수월합니다. 바이슈 코르구는 비교적 습도가 높아 다른 두 곳의
서브 지역에 비해 품질은 떨어지며, 협동조합에서 저렴한 포트 와인을 주로 만들고 있습니다.
최상급 포트 와인은 시마 코르구, 도오루 수페리오르에서 생산되고 있는데, 특히 시마 코르구는
최고의 포도밭들이 모여있으며, 현재 고품질 포트 와인 생산의 중심지 역할을 하고 있습니다.

도오루 밸리의 포도밭 등급(Quinta Classification of Port Vineyards in the Douro)

1940년대부터 도오루 밸리는 카다스트루Cadastro라는 등급을 적용해 포도밭을 평가하고 있습니다. 포트 와인을 생산하는 모든 포도밭에 적용되는 카다스트루는 포도밭의 표고, 방향, 토양의 화강암 및 편암 함유량, 포도 품종의 종류, 포도 나무의 수령, 식재 밀도, 미세 기후, 포도 나무의 생산성 등의 14개 조건을 수치로 평가해 A부터 F까지 6 단계로 등급을 분류하고 있으며, A가 최상위, F가 최하위 포도밭을 나타냅니다. 도오루 밸리의 카다스트루 등급은 프랑스 샹빠뉴 지방에서 재배 마을을 등급화하는 에쉘 데 크뤼Échelle des Crus와 유사하며, 와인 라벨에 따로 표기하지는 않지만, 베네피시우Benefício, 할당량에 중요한 기반이 되고 있습니다.

현재 카다스트루 등급은 포르투갈 농림부 산하의 포르투와 도오루 와인 협회Instituto dos Vinhos do Douro e Porto, IVDP에서 관리하고 있습니다. 또한, IVDP는 카다스트루 등급을 기반으로 포트 와인 생산자들에게 베네피시우라고 하는 면허를 발급해줘 포트 와인의 연간 총 생산량도 결정하고 있습니다. 포트 와인의 생산을 관리하는 베네피시우는 매년 8월마다 IVDP에 의해 발표되고 있는데, 포도밭의 품질, 빈티지의 작황 정도와 판매 및 재고량의 변동에 따라 포트 와인을 만들 수 있는 포도의 양을 승인해주고 있습니다. 가장 높은 A등급의 포도밭은 더 많은 포도를 수확할 수 있고 판매 가격도 높게 받을 수 있지만, F등급의 포도밭은 그와 반대입니다. 그리고 포트 와인을 만들고 남은 포도는 일반적인 레드·화이트 와인 생산에 사용되고 있습니다.

베네피시우는 포트 와인의 과잉 생산을 방지하고 재배업자의 포도 가격을 보장해주는 것에 목적을 두고 있지만, 포트 와인의 품질에 대한 문제를 야기하기도 합니다. A부터 F까지의 포도밭 등급에 따라 베네피시우, 즉 사용할 수 있는 포도의 양이 제한되어 있기 때문에 생산자들은 포트 와인 생산에 본인의 포도를 모두 사용하지 못하는 경우가 종종 발생하기도 합니다. 높은 등급의 포도밭을 소유한 생산자 역시 베네피시우 때문에 기존의 가격을 유지하면서 더 많은 양의 포트 와인을 생산하기 위해서는 낮은 등급의 포도밭에서 포도를 구매해야 할 수도 있습니다. 따라서 고품질 포트 와인 생산자 중 일부는 자신들의 높은 품질의 포도를 최대한 사용하기 위해 비공식적으로 베네피시우를 따르지 않는 경우도 있습니다. 이러한 생산자들은 베네피시우 제도를 반대하며 폐지를 주장하고 있지만, 경제 상황이 취약한 도오루 밸리에서 이 제도가 폐지되면 수많은 실업자가 발생할 수 있기 때문에 IVDP에서는 여전히 베네피시우를 고집하고 있는 상황입니다.

CADASTRO
카다스트루

1940년대부터 도오루 밸리는 카다스트루 등급을 적용해 포도밭을 평가하고 있으며, 포도밭의 표고, 방향, 토양의 화강암 및 편암 함유량, 포도 품종의 종류, 포도 나무의 수령, 식재 밀도 등 14개 조건을 수치로 평가해 A부터 F까지 등급을 분류하고 있습니다. A가 최상위, F가 최하위 포도밭을 나타냅니다.

A: 1,200 + points   C: 801 ~ 1,000 points   E: 400 ~ 600 points
B: 1,001 ~ 1,199 points   D: 601 ~ 800 points   F: 399 points & below

평가 항목	최고 점수	최고 감점	평가 내용
포도 나무 수령	60	0	수령이 오래된 포도 나무는 자연적으로 수확량이 적지만 더 농축된 포도를 얻을 수 있기에 더 높은 가치를 지닌다.
포도밭 표고	150	-900	낮은 표고의 포도밭을 우선시한다.
포도밭 방향	250	-1,000	
식재 밀도	50	-50	식재 밀도가 낮은 포도밭을 우선시한다.
포도밭 경사도	100	-100	가파른 경사의 포도밭을 우선시한다.
화강암 함유량	0	-350	화강암 토양 대신 편암 토양의 포도밭을 우선시한다.
포도 품종	150	-300	또리가 나시오나우, 또리가 프랑카, 띤따 로리즈 등과 같이 품질적으로 인정 받은 품종이 더 많이 심어져 있는 곳을 우선시한다.
포도밭 위치	600	-50	
미세 기후	60	0	포도밭이 해로운 바람으로부터 얼마나 보호를 받는지와 같은 떼루아적 특성을 평가한다.
혼합물	0	-150	
편암 함유량	100	0	편암 토양의 함유량이 높은 포도밭을 우선시한다.
토양 종류	100	-350	
포도 나무 수확량	120	-900	수확량이 낮은 포도 나무를 우선시한다.
포도밭 유지보수	100	-500	

1. 포도 수확

전통적인 포트 와인은 또리가 프랑카, 또리가 나시오나우, 띤따 로리즈 등의 토착 품종들을 사용해 만듭니다.

2. 코르트 두 라가르

포트 와인은 일반 와인에 비해 발효 기간이 짧아 껍질과의 침용 시간이 부족하므로 껍질에서 색과 타닌 성분의 추출을 빠르고 효율적으로 행할 필요가 있습니다. 따라서 옛날에는 라가르라 하는 작은 화강암 발효조에 포도를 넣고 인부들이 맨발로 밟아 으깨는 방법으로 포도 과즙의 추출을 촉진시켰습니다.

3. 알코올 발효 및 주정 강화

알코올 발효가 시작되고, 와인의 알코올 도수가 6~8%정도에 도달하게 되면, 주정을 강화하는 작업을 진행합니다.

4. 압착 과정

와인에 더 많은 색과 아로마를 부여하기 위해 포도 과즙을 압착하며 압착 과정에서 추출된 와인은 이후 주정 강화한 와인에 첨가합니다.

5. 숙성 및 블렌딩 과정

주정 강화가 끝난 와인은 전통적으로 이듬해 봄에 오포르투 시의 맞은 편에 있는 빌라 노바 드 가이아 시로 보내 숙성 과정을 진행합니다.

6. 병입

로지로 운송된 다음 숙성 및 블렌딩, 그리고 병입이 진행됩니다.

포트 와인의 포도 품종

예전부터 도오루 밸리의 포도밭에는 수많은 토착 품종들이 재배되고 있었습니다. 품종이 워낙 많다 보니 재배업자들도 각각의 품종들의 정체를 모르는 경우가 많았고, 적절한 수확 시기를 판단하는 것도 어려웠습니다. 그러나 지금은 포도밭의 현대화가 진행되어 대형 생산자들은 떼루아에 적합한 품종을 찾아 단일 품종으로 포도밭의 구획을 만들었는데, 이로 인해 각 품종의 생육 주기에 맞춰 적절한 시기에 수확이 가능해졌습니다.

현재 포르투 DOC 규정에 따라 포트 와인 생산에는 82종류의 포도 품종이 허가되고 있으며, 권장하는 품종만 30종에 달합니다. 이 중에서 띤따 로리즈, 또리가 나시오나우, 또리가 프랑카, 띤따 카웅, 띤따 바로카, 띤따 아마렐라 6개 적포도 품종이 포트 와인 생산에 주요 품종으로 사용되고 있는데, 이 품종들은 도오루 와인 연구 센터Center of Wine Studies of Douro, CEVD의 과학적인 데이터를 기반으로 품질적인 면에서도 우수성을 인정 받기도 했습니다.

전통적인 포트 와인은 또리가 프랑카, 또리가 나시오나우, 띤따 로리즈 등의 토착 품종들을 블렌딩해 만들고 있습니다. 특히, 또리가 나시오나우가 가장 우수한 품종으로 평가 받고 있지만, 수확량이 적고 재배가 어렵다는 이유로 또리가 프랑카를 가장 많이 재배하고 있습니다. 포트 와인을 만들 때, 또리가 나시오나우는 무게감과 구조감을, 또리가 프랑카와 띤따 로리즈는 향과 풍미를 제공하는 역할을 담당하고 있습니다.

포트 와인의 양조 방식

포트 와인은 알코올 발효 도중 증류주를 첨가해 발효를 중단시켜 만들기 때문에 알코올 도수가 높고 달콤한 맛을 지니고 있는 것이 특징입니다. 그러나 포트 와인은 일반 와인에 비해 발효 기간이 짧아 껍질과의 침용 시간이 부족하므로 껍질로부터 색과 타닌 성분의 추출을 빠르고 효율적으로 행할 필요가 있습니다. 그래서 옛날에는 라가르Lagar라 불리는 사각형의 작은 화강암 발효조에 포도를 넣고 인부들이 맨발로 밟아 으깨는 방법으로 포도 과즙의 추출을 촉진시켰습니다. 이것을 코르트 두 라가르Corte do Lagar, Lagar Cutting라고 하며, 이 전통적인 작업은 두 단계로 이뤄져 있습니다.

첫 번째 단계인 코르트는 10명 전후의 인부들이 서로 어깨가 닿을 정도로 촘촘하게 정렬해 라가르 안에 있는 포도를 맨발로 밟아 으깨는 것입니다. 이때 인부들은 인솔자인 마르카도르Marcador의 구호에 맞춰 발을 움직이며 천천히 앞으로 이동하게 되는데, 포도를 완전히 파쇄하기 위해서 하루 3~4시 동안, 최대 3일까지 이 작업을 반복합니다.

코르트가 끝나면 인부들은 자유의 노래를 부르며 두 번째 단계의 시작을 알립니다. 이 노래를 칸사웅 다 리베르다드Canção da Liberdade라고 하며, 인부들은 라가르 안을 자유롭게 이동하면서 파쇄된 껍질과 과즙이 잘 섞일 수 있도록 발로 휘젓고 다닙니다. 코르트 작업은 마르카도르 구호에 맞춰 조용하게 진행되는 반면, 칸사웅 다 리베르다드 작업은 음악에 맞춰 진행되는 것이 일반적입니다.

코르트 두 라가르 작업이 끝나게 되면 몇 시간 후 라가르 안에서는 알코올 발효가 진행됩니다. 이후 생성되는 이산화탄소에 의해 껍질이 떠오르면 마카코스Macacos라 부르는 긴 나무 막대를 사용해 피자주Pigeage, Punching Down 작업을 진행하며, 와인에 색과 타닌 성분, 방향성 입자들이 추출되게 됩니다. 이런 전통적인 방식은 고급 포트 와인 생산에 적합하지만, 비용이 비싸고 힘든 노동이 수반된다는 단점이 있습니다.

현재 코르트 두 라가르 작업은 기계화되어 컴퓨터로 제어하는 로봇 라가르Robotic Lagar에서 진행하고 있습니다. 전통 방식을 본떠 만든 로봇 라가르는 스테인리스 스틸 탱크에서 실리콘으로 덮인 로봇 발이 위아래로 움직이면서 인간의 발을 대신하고 있으며, 부드럽고 빠르게 색과 타닌 성분을 추출하고 있습니다. 그러나 일부 포도원에서는 빈티지 포트와 같은 소량의 포트 와인을 만들 때 여전히 인부들이 발로 으깨는 전통 방식을 사용하고 있습니다.

알코올 발효가 시작되고, 와인의 알코올 도수가 6~8% 정도에 도달하게 되면, 주정을 강화하는 작업을 진행합니다. 주정 강화는 스테인리스 스틸 탱크나 오크통에 차갑게 냉장한 77%의 아구아르덴트Aguardente, 포도 증류주를 먼저 채우고, 그 다음 발효되고 있는 와인을 부어 이뤄집니다. 아구아르덴트와 와인은 1:4 비율로 첨가하며, 포도 증류주를 첨가한 와인은 알코올 도수가 높아져 효모는 죽고 발효가 중단되게 됩니다. 그 결과 포트 와인은 높은 알코올 도수와 함께 잔당 100그램 이상의 달콤한 맛을 가지게 되는데, 생산자들은 포트 와인의 원하는 당도에 따라 주정을 강화하는 시점을 달리하고 있습니다. 현재, 포르투 DOC 규정에 따라 포트 와인의 알코올 도수는 16.5~22%까지의 사이로 정해져 있습니다.

도오루 밸리의 포도원에서 주정 강화가 끝난 와인은 전통적으로 이듬해 봄에 도오루 강의 하구, 오포르투 시의 맞은 편에 있는 빌라 노바 드 가이아Vila Nova de Gaia 시로 보내게 됩니다. 옛날에는 바르쿠스 라벨루스Barcos Rabelos라는 돛단배를 이용해 옮겼지만, 지금은 대형 냉장 트럭이 대신하고 있으며, 와인은 빌라 노바 드 가이아 시에 위치한 로지Lodge로 운송된 다음 숙성 및 블렌딩, 그리고 병입이 진행됩니다.

로지는 포트 와인의 숙성·보관 시설을 갖춘 네고시앙의 저장고로, 이곳으로 옮기는 이유는 도오루 밸리의 여름이 숨이 막힐 정도로 더워 와인의 숙성이 가속화되기 때문입니다. 반면 빌라 노바 드 가이아 시는 해안의 영향을 받아 온화하고 습한 기후를 지니고 있어, 도오루 밸리에 비해 훨씬 안정적으로 숙성이 잘 됩니다. 또한 로지는 어둡고 시원한 건물로, 높은 천장과 두꺼운 화강암 벽으로 설계되어 1년 내내 열을 차단하고 균일한 온도와 습도를 유지시켜 줄 수 있습니다.

하지만 이 역시 변하고 있습니다. 도오루 밸리의 전기 공급이 원활해지고 냉방 시설을 갖춘 저장고가 점점 더 많이 생기면서 길이 좁고 교통 체증이 심한 빌라 노바 드 가이아 시를 대신해 포트 와인을 양조한 도오루 밸리에서 숙성·보관하는 경우가 늘고 있습니다. 또한, 1986년 이전까지 모든 포트 와인은 DOC 규정에 따라 빌라 노바 드 가이아에서 숙성 및 병입을 해야 했지만, 이후 개정되면서 강의 상류인 도오루 밸리에서 직접 출하하는 것도 인정되고 있습니다.

포트 와인의 숙성은 파이프Pipe나 오크 캐스크Cask에서 진행됩니다. 파이프는 밤나무 또는 참나무로 만든 나무통으로 지금은 550리터 용량을 나타내지만, 전통적인 용량은 534리터였습니다. 오크 캐스크는 파이프에 비해 용량이 크고 오직 참나무로만 만들어지며, 대다수의 포트 와인은 지나친 나무 풍미를 피하기 위해 파이프나 오크 캐스크를 중고 나무통만 사용하고 있습니다. 이후, 포트 와인은 종류에 따라 정해져 있는 표준 연수에 따라 숙성시키고 나서 병입됩니다. 그리고 병입된 와인은 오포르투Oporto 항구에서 출시되며, 포트 와인의 무역을 지배했던 영국인들에 의해 포트Port로 표기하고 발음하는 것이 일반적이지만, 오포르투Oporto로 표기할 때도 있습니다.

코르트 두 라가르 작업은 전통적으로 두 단계로 이뤄져 있습니다. 첫 번째 단계인 코르트는 10명 전후의 인부들이 서로 어깨가 닿을 정도로 촘촘하게 정렬해 라가르 안에 있는 포도를 맨발로 밟아 으깨는 것입니다. 이때 인부들은 인솔자인 마르카도르의 구호에 맞춰 발을 움직이며 천천히 앞으로 이동하게 되는데, 포도를 완전히 파쇄하기 위해 하루 3~4시간 동안, 최대 3일까지 이러한 작업을 반복합니다. 코르트가 끝나면 인부들은 칸사웅 다 리베르다드라는 자유의 노래를 부르며, 두 번째 단계를 시작합니다. 인부들은 라가르 안을 자유롭게 이동하면서 파쇄된 껍질과 과즙이 잘 섞일 수 있도록 발로 휘젓고 다닙니다.

Robotic Lagar

도오루 밸리의 포도원에서 주정 강화가 끝난 와인은 전통적으로 이듬해 봄에 도오루 강 하구, 오포르투 시의 맞은 편에 있는 빌라 노바 드 가이아 시로 보내게 됩니다. 옛날에는 바르쿠스 라벨루스라는 돛단배를 이용해 옮겼지만, 지금은 대형 냉장 트럭이 대신하고 있으며, 와인은 빌라 노바 드 가이아 시에 위치한 로지로 운송된 다음 숙성 및 블렌딩, 병입이 진행됩니다.

1986년 이전까지 모든 포트 와인은 DOC 규정에 따라 빌라 노바 드 가이아에서 숙성·병입을 진행해야 했지만, 이후 개정되면서 강의 상류인 도오루 밸리에서 직접 출하하는 것도 인정되고 있습니다. 오늘날 도오루 밸리의 전기 공급이 원활해지고 냉방 시설을 갖춘 저장고가 점점 더 많이 생기면서 길이 좁고 교통 체증이 심한 빌라 노바 드 가이아 시를 대신해 포트 와인을 만든 도오루 밸리에서 숙성·보관하는 경우가 늘고 있습니다.

PORTO
41 . 1439 ° N / 8. 6248 ° W

PIPE

포트 와인의 숙성은 파이프나 오크 캐스트에서 진행됩니다. 파이프는 밤나무 또는 참나무로 만든 나무통으로 현재 550리터 용량을 나타내지만 전통적인 용량은 534리터였습니다. 오크 캐스크는 파이프에 비해 용량이 크고 오직 참나무로만 만들어지며, 대다수의 포트 와인은 지나친 나무 향과 풍미를 피하기 위해 파이프나 오크 캐스크를 중고 나무통만 사용하고 있습니다.

TYPES OF
PORTO

포트 와인의 다양한 종류

포트 와인은 실로 다양한 스타일이 존재하고 있습니다. 대부분의 포트 와인은 블렌딩을 거쳐 특정 개성을 가지며, 주로 레드 포트 와인으로 생산되고 있지만, 소량의 화이트·로제 포트 와인도 만들고 있습니다. 대표적인 포트 와인의 종류는 다음과 같습니다.

- 화이트 포트(White Port)

화이트 포트는 말바지아 피나, 고베이우, 라비가투, 돈젤리뉴Donzelinho 등의 청포도 품종을 사용해 만듭니다. 세쿠Seco, 드라이, 메이우 세쿠Meio Seco, 미디엄 드라이, 도스Doce, 스위트까지 다양한 스타일로 생산되고 있으며, 라벨에 당도 표기가 의무화되어 있습니다. 드라이 화이트 포트의 대다수는 스페인의 셰리Sherry와 같이 산화로 인한 견과류 풍미가 특징이며, 일부는 표기와 달리 단맛을 지닌 것도 있습니다. 다른 포트와 달리 화이트 포트는 차갑게 마시며, 도오루 밸리에서는 단맛이 진한 도스 타입에 토닉 워터를 자주 섞어 마시곤 합니다.

이 외에 라그리마Lágrima 표기된 것도 있습니다. 포르투갈어로 '눈물'을 의미하는 라그리마는 화이트 포트 중 가장 달콤한 맛을 지니고 있습니다. 그리고 1934년 테일러즈Taylor's 포도원은 칩 드라이Chip Dry란 새로운 스타일의 화이트 포트를 출시했는데, 식전주로 사용하기 위해 알코올 발효를 더 오랫동안 진행해 끝 맛이 아삭하고 드라이한 것이 특징입니다.

화이트 포트는 일반적으로 여러 해를 블렌딩하기 때문에 빈티지를 표기하지 않습니다. 대개 2~3년 정도 숙성시킨 후 병입되어 비교적 저렴한 가격에 판매되고 있지만, 콜레이타 화이트 포트Colheita White Port처럼 정부가 인정하는 스페셜 타입의 고급 화이트 포트도 존재합니다. 이것은 단일 빈티지로 만들었으며, 오크통에서 장기간 숙성해 복합적인 향과 풍미를 지니고 있습니다.

- 로제 포트(Rosé Port)

2008년 크로프트Croft 포도원은 도오루 밸리 최초로 로제 포트를 출시했습니다. 새로운 스타일의 로제 포트는 이전까지 포트 와인의 종류에 없었기 때문에 포르투와 도오루 와인 협회

IVDP도 처음에는 라이트 루비Light Ruby로 분류했습니다. 현재 포트의 또 다른 종류로 인정 받은 로제 포트는 일반적인 포트 와인과 같이 적포도 품종을 사용해 만들고 있습니다. 코르트 두 라가르 작업을 할 때, 껍질과의 접촉 시간을 최소로 해서 옅은 장밋빛을 띠고 있으며, 이후 저온에서 알코올 발효를 진행한 후 주정을 강화합니다. 로제 포트는 대략 19% 정도의 알코올 도수를 지니고 있고, 체리, 라즈베리, 딸기 등의 과실 향과 풍미가 특징입니다.

루비 포트의 종류

- 루비 포트(Ruby Port)

루비 포트는 가장 일반적인 포트로, 주정 강화 후 스테인리스 스틸 탱크에 저장되어 산화가 진행되는 것을 방지합니다. 대부분 3년 미만 저장되었다가 정제·여과 작업을 한 후 병입되며, 오래 저장한다고 해서 품질이 더 좋아지지는 않습니다. 또한 여러 해를 블렌딩하기 때문에 빈티지를 표기하지 않으며, 병 숙성을 통해 품질이 개선되지도 않아 가급적이면 빨리 마시는 것이 좋습니다.

저렴한 가격대에 판매되고 있는 루비 포트는 포도원마다 자신들의 스타일에 맞춰 어린 와인들을 블렌딩해 생산되고 있으며, 전반적으로 짙은 붉은색에 단조로운 과실 향과 달콤한 맛이 특징입니다. 루비 포트의 적정 시음 온도는 16~18도 정도이지만, 최근에는 더 차갑게 즐기고 있는 추세입니다.

- 리저브 루비 포트(Reserve Ruby Port)

루비 포트보다 한 단계 높은 것이 리저브 루비 포트입니다. 한때, 영국과 미국에서 빈티지 캐릭터 포트Vintage Character Port로 알려졌으나, 2002년 포르투와 도오루 와인 협회IVDP가 빈티지 캐릭터란 단어 사용을 금지하면서 리저브란 단어로 대체되었습니다.

리저브 루비 포트는 오크 캐스크 또는 스테인리스 스틸 탱크에서 최대 5년까지 숙성이 가능하지만, 생산자의 대다수는 3년 정도 숙성을 하고 있습니다. 또한 여러 해를 블렌딩하기 때문에 빈티지를 표기하지 않으며, 포르투와 도오루 와인 협회의 카마라 드 프로바도르스Câmara de Provadores, 시음 위원회에서 승인을 받아야 리저브 표기를 할 수 있습니다.

리저브 루비 포트는 진한 색상과 함께 풍부한 과실 향과 풍미, 그리고 조화로운 알코올을 지닌 풀-바디 와인으로, 루비 포트에 비해 품질이 더 뛰어납니다. 그러나 리저브 루비 포트 역시 병입 전에 여과 작업을 진행하기 때문에 침전물이 없어 디켄팅이 필요하지 않으며, 병 숙성을 통해 품질이 개선되지도 않습니다.

- 크러스티드 포트(Crusted Port, Crusting Port)

포트 와인은 병입하기 전에 정제·여과 작업을 하지 않으면 크러스트Crust라는 침전물이 발생합니다. 크러스티드 포트는 정제·여과 작업을 하지 않고 병입한 것으로 여러 해의 빈티지를 블렌딩해 만듭니다. 비교적 최근에 개발된 크러스티드 포트는 고품질 루비 포트를 선별해 블렌딩한 다음, 오크 캐스크에서 2~4년 동안 숙성한 후 정제·여과 없이 병입합니다. 그 후 생산자의 셀러에서 3년 정도 병 숙성을 거쳐 출하하는데, 법적으로 병입 년도만 라벨에 표기할 수 있습니다.

크러스티드 포트는 빈티지 포트에 비해 수명이 짧지만, 대신 시음 적정기 상태를 빨리 경험할 수 있습니다. 또한 빈티지 포트보다 가격이 훨씬 저렴하고 병 숙성도 가능한 이점이 있습니다. 현재 크러스티드 포트는 그레이험즈Graham's, 폰세카Fonseca, 다우스Dow's, 처칠스Churchill's 등 일부 포도원에서만 생산되고 있으며, 다른 포도원에서는 LBV 포트로 대체하고 있습니다.

- 레이트 보틀드 빈티지 포트(Late Bottled Vintage Port)

레이트 보틀드 빈티지 포트는 늦게 병입한 빈티지 포트를 뜻하며, 흔히 LBV 포트로 불리고 있습니다. 1970년 타일러스 포도원에서 LBV 포트 1965 빈티지를 처음 출시하면서 알려지게 되었는데, 원래는 빈티지 포트를 만들 목적이었으나, 그 당시 시장에서 포트 와인의 판매가 저조해 계획보다 더 오래 오크통에서 숙성시키면서 탄생하게 되었습니다.

전통적인 LBV 포트는 빈티지 포트에 버금가는 뛰어난 품질의 포도를 사용해 만들며, 오크 캐스크에서 4~6년 정도 숙성을 진행합니다. 이후 정제·여과 작업을 거치지 않고 병입해 생산자의 셀러에서 추가로 3년 정도 병 숙성을 거친 뒤 출시하게 됩니다. 이렇게 병 숙성Bottle Matured 을 거친 것을 전통적인 LBV 포트로 여기지만 실제로 흔하지는 않습니다. 또한 라벨에 병 숙성 단어를 표기하는 것이 금지되어 있어 소비자들이 쉽게 알아볼 수도 없습니다. 전통적인 LBV 포트는 빈티지 포트와 유사하게 복합적인 향과 단단한 구조감의 타닌을 지니고 있으며, 침전물이 있으므로 디켄팅이 필요합니다. 최초의 LBV 포트를 만든 타일러스와 스미스 우드하우스Smith Woodhouse, 워Warre 포도원에서 뛰어난 품질의 LBV 포트가 생산되고 있습니다.

반면, 현대적인 LBV 포트 역시 빈티지 포트에 버금가는 뛰어난 품질의 포도를 사용해서 만들어지며, 오크 캐스크에서 4~6년 정도 숙성을 진행합니다. 그러나 병입 전에 정제·여과 작업을 거치기 때문에 침전물 없이 즐길 수 있는 고급 포트입니다. 근래 생산되는 LBV 포트의 대다수는 현대적인 스타일입니다. 단일 빈티지로만 만들어 라벨에 빈티지와 함께 병입 연도도 반드시 표기해야 하며, 오랜 기간 오크 캐스크에서 숙성되어 산화 뉘앙스를 지니고 있는 것이 특징입니다.

LBV 포트는 리저브 루비 포트에 비해 훨씬 복합적인 향과 풍미를 지니고 있으며, 입안에서도 잘 녹아든 타닌을 느낄 수 있습니다. 또한 병 숙성 없이 바로 마실 수 있고 가격도 빈티지 포트보다 저렴하다 보니 대부분 잘 판매되고 있습니다. LBV 포트의 적정 시음 온도는 16~18도이며, 코르크 마개를 따서 몇 주 동안 잔에 따라 마실 수 있을 정도로 보존성이 뛰어납니다.

- 빈티지 포트(Vintage Port)

빈티지 포트는 도오루 밸리에서 생산되는 포트 와인 중 최고급으로 평가 받고 있으며, 세계에서 가장 긴 수명을 자랑합니다. 현재 도오루 밸리의 시마 코르구 서브-지역에서 주로 생산되고 있으며, 판매 가격도 매우 비쌉니다. 또한 이 귀한 포트는 매년 만들지 않고 훌륭한 빈티지에만 한정 생산되며, 포트 와인의 총 생산량에 2% 정도 밖에 되지 않습니다.

빈티지 포트는 생산자의 가장 뛰어난 포도밭에서 수확한 포도만을 사용해서 만들고, 해당 빈티지는 라벨에 표기되어 있습니다. 각 생산자는 포도의 품질과 수확량을 반영해 빈티지를 선언할 수 있는 권한을 가지고 있는데, 선언한 빈티지의 샘플 와인은 수확 후 1월에 포르투와 도오루 와인 협회IVDP에 제출하게 됩니다. 그러면 IVDP에서 시음을 통해 품질 평가를 한 다음 6월 말까지 해당 빈티지에 대한 선언을 확정해줍니다. 근래 선언한 빈티지로는 1994, 1997, 2003, 2007, 2011이 있으며, 포도 재배 및 양조 기술의 발전과 기상 변화의 예측 능력이 향상됨에 따라 빈티지 포트가 더 자주 생산될 거라고 예상하고 있습니다.

빈티지 포트는 주정 강화가 끝난 다음 오크 캐스크에서 2년 정도 숙성을 진행하며, 이후 정제·여과 작업을 하지 않고 병입합니다. IVDP는 수확 후 3년 차의 7월 말까지 병입을 허용하고 있는데, 숙성 기간이 상대적으로 짧기 때문에 산화 뉘앙스가 없고 강한 타닌과 과실 향, 풍미가 풍부한 것이 특징입니다. 그리고 시음 적정기가 될 때까지 15~20년 정도 병 숙성이 이루어지는 것이 보통이고, 최대 50년까지도 병 숙성이 가능합니다. 빈티지 포트는 병 숙성을 통해 그 무엇과도 비교할 수 없는 향기롭고 섬세한 와인으로 변모해 타닌은 알코올에 잘 녹아 들어 부드러우면서 기름지고, 향과 풍미는 복합적으로 발전해 매혹적인 상태를 보여주게 됩니다. 그러나 최근 들어 도오루 밸리의 포도 재배 및 양조 기술이 발전하여, 이제 빈티지 포트는 4~5년 병 숙성을 시킨 후 마실 수 있게 되었습니다. 또한 과일 풍미가 살아있는 영한 상태에서 즐기고자 하는 경향도 점차 늘어나고 있지만, 영할 때 마시는 것을 권장하지는 않습니다. 빈티지 포트는 침전물이 많이 생기므로 반드시 디캔팅을 해야 하며, 적정 시음 온도는 16~18도입니다.

- 싱글 킨타 빈티지 포트(Single Quinta Vintage Port)
도오루 밸리에서는 여러 개의 포도원Quinta을 소유하고 있는 대형 포트 하우스가 포트 와인의 생산을 주도하고 있습니다. 대형 포트 하우스의 빈티지 포트는 일반적으로 3~5개의 다른 포도원에서 만든 와인을 블렌딩해 생산하지만, 단일 포도원, 즉 하나의 킨타에서 그 해에 수확한 포도로만 만든 것을 싱글 킨타 빈티지 포트라고 합니다. 빈티지 포트와 동일한 방식으로 만들고, 포도원의 이름과 해당 빈티지는 라벨에 표기되어 있습니다.

싱글 킨타 빈티지 포트는 포도원에서 빈티지 선언을 하지 않은 해, 즉 빈티지 포트라고 불릴 만한 수준의 품질이 나오지 않은 해에 일반적으로 출시되고 있습니다. 특히 1986년 포르투갈이 유럽연합에 가입한 이후, 소규모 포도원들이 많이 생겨나면서 싱글 킨타 빈티지 포트의 생산량도 증가했으며, 빈티지 포트에 비해서는 자주 생산되긴 하지만 그렇다고 해마다 생산되지는 않습니다.

싱글 킨타 빈티지 포트는 크게 두 종류가 있습니다. 하나는 대형 포트 하우스에서 빈티지가 선언되지 않은 해에 만든 것으로, 그레이엄즈의 킨타 두스 말베두스Graham's Quinta dos Malvedos, 테일러즈의 킨타 드 바르젤라스Taylor's Quinta de Vargellas가 대표적입니다. 각 포트 하우스는 빈티지 포트 수준의 품질이 나오지 않은 해에 자신들이 소유하고 있는 포도원 이름으로 싱글 킨타 빈티지 포트를 출시하고 있으며, 싱글 킨타 빈티지 포트의 대다수가 여기에 해당됩니다.

다른 하나는, 오직 하나의 포도원만 소유한 곳에서 만든 싱글 킨타 빈티지 포트입니다. 가장 유명한 포도원이 킨타 두 누발Quinta do Noval로, 빈티지 포트를 출시하지 않은 해에 킨타 두 누발 나시오나우Quinta do Noval Nacional를 생산하고 있습니다. 이 와인은 필록세라 이전의 접붙이기 하지 않은 포도 나무에서 수확한 포도로 만들었으며, 떼루아의 개성과 명성 때문에 빈티지 포트보다 더 비싸게 판매되고 있습니다. 싱글 킨타 빈티지 포트는 빈티지 포트와 같이 정제·여과 작업을 하지 않고 병입하기 때문에 침전물이 많아 디캔팅을 해야 합니다.

TIP!

빈티지 포트의 오픈과 디캔팅

긴 수명을 자랑하는 빈티지 포트는 병 숙성을 통해 그 무엇과도 비교할 수 없는 매력을 보여줍니다. 병에서 장기간 숙성시킨 후 마시는 빈티지 포트는 숙성 중에 많은 침전물이 생성되는 것이 보통이므로 반드시 디캔팅을 해야 합니다. 그러나 빈티지 포트는 아주 어두운 색깔의 유리 병을 사용하기 때문에 병목 아래에서 빛을 쬐어도 거의 침전물이 보이지 않습니다. 그래서 빈티지 포트를 디캔팅할 때에는 전용 깔때기를 사용하고 있습니다. 또한 빈티지 포트는 코르크 마개를 뺄 때에도 연출 효과가 뛰어난 방법을 사용하고 있습니다. 장기 숙성을 거친 빈티지 포트의 코르크 마개는 매우 약해진 경우가 많아 일반 와인 오프너로는 잘 빠지지 않고 부서지는 경우가 흔합니다. 그래서 포트 통Port Tong이라고 불리는 특수한 도구를 사용해 병의 목 부분을 절개해 코르크 마개를 통째로 빼버립니다. 전용 철제 포트 통을 새빨갛게 달군 후 병 목 부분에 끼워 30~50초 동안 가열한 다음, 바로 찬물에 적신 수건이나 얼음을 병목에 대면 순간적인 온도 변화로 인해 유리에 균열이 가고 목 부분만 병에서 떨어져나가게 됩니다.

토니 포트의 종류

- 토니 포트(Tawny Port)

힘없고 어린 루비 포트를 블렌딩해 파이프 또는 오크 캐스크에서 숙성시켜 서서히 산화되도록 만든 것이 토니 포트입니다. 산화로 인해 황갈색으로 변한 와인의 색에서 토니라는 명칭이 유래되었으며, 루비 포트에 비해 색도 옅고 맛도 부드럽습니다. 토니 포트는 도오루 밸리의 서늘한 기후를 띠고 있는 바이슈 코르구 서브-지역에서 주로 생산되고 있는데, 여러 해를 블렌딩하기 때문에 빈티지를 표기하지 않습니다. 저렴하게 판매되는 토니 포트는 주로 프랑스로 대량 수출되고 있으며, 포트 하우스 입장에서는 상업적인 가치가 높은 상품입니다. 상업용 토니 포트의 대다수는 최소 3년 정도 숙성을 거칩니다. 포트 와인은 전통적으로 빌라 노바 드 가이아 시로 옮겨 숙성시켰지만, 토니 포트는 도오루 밸리에서 숙성을 진행합니다. 이곳의 숨막히는 여름 더위로 인해 와인은 빨리 숙성되어 캐러멜과 유사한 향을 얻게 되는데, 이러한 숙성 방식을 도오루 베이크Douro Bake, 도오루 열기로 구워진라고 합니다. 이후 생산자들은 마시기 적정한 시기를 판단해 정제·여과 작업을 한 다음 병입하며, 그 결과 토니 포트는 견과류, 캐러멜 등과 같은 향을 지니게 됩니다. 반면 루비 포트보다 색상이 옅은 이유는 장기간 숙성에 의한 것이 아니라 짧은 침용 기간 때문입니다. 그리고 일부 토니 포트는 화이트 포트를 블렌딩해 색을 추가 조정하는 경우도 있습니다.

토니 포트의 적정 시음 온도는 12~15도 정도로, 침전물이 없기 때문에 바로 즐길 수 있으며, 가급적이면 빨리 마시는 것이 좋습니다. 참고로 캐나다, 호주에서는 유럽연합과의 계약에 따라 자국 내에서 생산되는 주정 강화 와인의 라벨에 토니 단어를 표기할 수 있습니다.

- 리저브 토니 포트(Reserve Tawny Port)

루비 포트와 마찬가지로 토니 포트 및 화이트 포트도 포르투와 도오루 와인 협회의 승인을 받으면 리저브 표기를 할 수 있습니다. 리저브 토니 포트는 토니 포트를 파이프 또는 오크 캐스크에서 최소 7년 동안 숙성시켜 만들며, 여러 해를 블렌딩하기 때문에 빈티지를 표기하지 않습니다. 토니 포트에 비해 더 뚜렷한 황갈색을 띠고 있는 리저브 토니 포트는 향과 풍미가 복합적이며 매끄러운 알코올 질감을 지니고 있습니다. 또한 병입 전에 여과 작업을 진행하기 때문에 침전물이 발생하지 않아 디켄팅이 필요하지 않습니다.

- 에이지드 토니 포트(Aged Tawny Port)

포르투와 도오루 와인 협회는 리저브 토니 포트를 시작으로 숙성 연수가 표기된 에이지드 토니 포트를 승인해 주었습니다. 에이지드 토니 포트는 파이프 또는 오크 캐스크에서 10~40년 동안 장기간 숙성을 거친 후 병입한 것으로, 숙성 연수에 따라 라벨에 10, 20, 30, 그리고 40년 이상으로만 표기할 수 있습니다. 라벨 승인을 받기 위해서는 포트 하우스에 저장된 그 연수의 와인을 반드시 등록해야 하며, 표기된 연수의 샘플 와인은 포르투와 도오루 와인 협회로 보낸 후, 시음 분석을 통해 파이프 또는 오크 캐스크에서 숙성된 와인의 특성을 지니고 있어야 승인을 해주게 됩니다.

에이지드 토니 포트 역시 여러 해를 블렌딩해 생산하고 있으며, 라벨에 표기된 연수는 숙성된 평균 연수를 의미합니다. 표기된 연수가 높을수록 품질이 뛰어나며 30년, 40년 넘게 숙성한 최고의 토니 포트는 빈티지 포트에 버금가는 품질과 가격을 자랑합니다.

다만, 병입된 이후 신선도가 떨어지기 때문에 라벨에 병입된 시기를 반드시 표기해야 합니다. 장기간 산화 숙성시켜 만든 에이지드 토니 포트는 진한 갈색을 띠며 견과류, 커피, 캐러멜 등의 향과 풍미가 생성되어 과실 향과 조화를 이루고 있습니다. 또한 병입 전에 여과 작업을 진행하기 때문에 침전물이 발생하지 않아 디켄팅이 필요하지 않습니다.

- 콜레이타 포트(Colheita Port)

단일 빈티지로만 만든 토니 포트를 콜레이타 포트라 하며, 포르투갈어로 '수확'을 의미하는 콜레이타와 함께 해당 빈티지가 라벨에 표기되어 있습니다. 빈티지 포트와 동일한 방식으로 빈티지를 선언하며, 판매 직전까지 숙성시켜 만듭니다. 콜레이타 포트는 최소 7년간 파이프 또는 오크 캐스크에서 숙성을 진행하지만, 대부분은 그 이상 숙성시키고 있으며, 20년 이상 숙성시킨 것도 있습니다.

콜레이타 포트는 사실상 빈티지 토니 포트라고 할 수 있지만, 실제로는 차이가 큽니다. 오크 캐스크에서 2년 정도 숙성한 후 정제·여과 작업을 하지 않고 병입하는 빈티지 포트와는 달리 콜레이타 포트는 판매 직전까지 숙성시킨 후 정제·여과 작업을 거쳐 병입하게 됩니다. 그러므로 라벨에 빈티지 뿐만 아니라 오크 캐스크 숙성 사실과 병입 시기를 반드시 표기해야 하며, 병입하고 나면 언제라도 마실 수 있는 것이 장점입니다.

콜레이타 포트 중에는 매우 희귀하지만 가라페이라Garrafeira 표기가 된 것도 있습니다. 니포트Niepoort가 대표적인 생산자로, 콜레이타 포트처럼 숙성시키다가 3~6년이 지나면, 드미존Demijohn이라 불리는 풍선 모양의 커다란 녹색 유리병에 옮겨 몇 년 동안 더 숙성시킨 후 병입하는데, 매우 우아한 스타일의 콜레이타 포트로 유명합니다. 니포트의 가라페이라는 19세기 중반 독일의 올덴부르크Oldenburg 시의 유리 공장에서 드미존을 4,000개 구입하면서 만들기 시작했고, 현재까지 1977, 1983, 1987의 3개 콜레이타만을 가라페이라로 생산했습니다.

TIP!

산화된 와인

일반적인 와인에서 급격한 산화는 결함으로 금기시되고 있지만, 많은 주정 강화 와인은 산화의 풍미를 개성으로 간주하고 있습니다. 와인이 대량의 산소와 결합하면 알코올이 아세트알데히드Acetaldehyde라는 물질로 변화하는데, 이것이 주정 강화 와인에서 나는 산화 냄새의 정체입니다. 또한 다량의 산소와 결합한 와인 속에는 초산 발효가 일어나 초산균이 증식해 알코올을 초산으로 바꾸게 됩니다. 초산은 코를 찌르는 듯한 휘발성 냄새가 나며, 초산 발효에서 초산에틸이라고 하는 시너와 같은 냄새가 나는 물질도 만들어냅니다. 초산이나 초산에틸의 향도 일부 주정 강화 와인에서는 친숙한 향입니다.

RUBY PORT

Ruby

Reserve Ruby

Crusted

LBV

Vintage

Single Quinta Vintage

WHITE PORT

White

TAWNY PORT

Tawny

Reserve Tawny

Aged Tawny

Colheita

WHITE

ROSÉ

RUBY

- Ruby: 스테인리스 스틸 탱크에서 3년 미만 숙성
- Reserve Ruby: 오크 캐스크 or 스테인리스 스틸 탱크에서 최대 5년 숙성
- Crusted: 오크 캐스크에서 2~4년 정도 숙성
- LBV: 오크 캐스크에서 4~6년 정도 숙성
- Vintage: 오크 캐스크에서 2~3년 정도 숙성
- Single Quinta Vintage: 오크 캐스크에서 2~3년 정도 숙성

TAWNY

- Tawny: 파이프 또는 오크 캐스크에서 최소 3년 정도 숙성
- Reserve Tawny: 파이프 또는 오크 캐스크에서 최소 7년 정도 숙성
- Aged Tawny
  - 10 Years
  - 20 Years
  - 30 Years
  - 40 Years
- Colheita: 파이프 또는 오크 캐스크에서 7년 이상 숙성

Vintage Port

훌륭한 빈티지에만 한정 생산되는
최고 품질의 포트, 빈티지 포트

장기 숙성을 거친 빈티지 포트의 코르크 마개는 매우 약해진 경우가 많아 일반 와인 오프너로는 잘 빠지지 않고 부서지는 경우가 흔합니다. 그래서 포트 통이라고 불리는 특수한 도구를 사용해 병의 목 부분을 절개해 코르크 마개를 통째로 빼버립니다. 전용 철제 포트 통을 뜨겁게 달군 후 병 목 부분을 끼워 30~50초 동안 가열한 다음, 바로 찬물에 적신 수건이나 얼음을 병목에 대면 순간적인 온도 변화로 인해 유리에 균열이 가고 목 부분만 병에서 떨어져나가게 됩니다.

PORT TONGS

MH
2O22O828

MANONWINE

DUERO

PORTO

PORT

2010

manonwine

PORTO

마데이라(Madeira DOC)의 개요와 역사

대서양의 진주로 불리는 마데이라는 북대서양에 위치한 섬으로, 포르투갈의 수도 리스본에서 남서 방향으로 1,000km 거리에 떨어져 있습니다. 이 섬은 마데이라 DOC 명칭의 화이트 주정 강화 와인으로 유명하며, 포르투 DOC와 함께 포르투갈을 대표하는 주정 강화 와인 산지입니다. 마데이라는 독특한 풍미와 보기 드문 긴 수명을 갖고 있는데, 고급 마데이라 중에는 200년이 넘어도 아직 마시기에 적당한 것이 있습니다.

15세기 초반, 해양 탐험가인 엔히크에 의해 마데이라 섬이 발견되었습니다. 발견 당시 섬에는 나무가 울창하게 숲을 이루고 있었는데, 포르투갈어로 '나무'를 뜻하는 마데이라에서 지명이 유래되었습니다. 엔히크의 탐험대는 정착지를 건설하기 위해 숲에 불을 질렀으며, 이 불은 7년간 꺼지지 않고 계속 탔습니다. 이미 비옥한 땅은 타버린 재로 인해 더욱 비옥해졌고, 섬의 토양이 숯처럼 목탄화되었다는 사실을 알게 된 엔히크는 이곳에 포도를 재배하라고 지시를 내렸습니다. 이후 마데이라 섬은 이름난 와인 산지가 되었고, 엔히크는 마데이라 섬을 항해기지로 삼아 바닷길을 개척해 나갔습니다. 또한 대항해 시대에는 대서양 항로의 중요한 식품 보급 기지로 발달하면서 와인도 수출하게 되었습니다. 특히, 마데이라 섬의 말바지아 품종으로 만든 스위트 와인이 인기가 높았는데, 프랑스 국왕 프랑수아 1세를 비롯한 귀족들의 식탁에 진상되기도 했습니다.

마데이라 와인의 독특한 풍미가 발견된 시기는 17세기로 거슬러 올라갑니다. 당시 마데이라 섬에서 생산되는 와인은 지금과 같은 주정 강화 와인이 아니었습니다. 이 시기에 네덜란드 동인도 회사는 마데이라 와인의 주요 고객으로, 이들은 인도 항해를 위해 보급지인 마데이라 섬에서 와인을 파이프 단위로 주로 구매했습니다. 파이프에 실린 와인은 배의 중심을 잡기 위해 바닥에 놓는 무거운 물건, 즉 밸러스트Ballast 역할과 함께 선원들의 괴혈병 치료제로 사용되었습니다. 그러나 와인 중 일부는 선원들의 실수로 배에서 내리지 못하거나, 목적지에서 판매하지 못해 다시 생산자의 손으로 돌아오는 경우도 있었는데, 마데이라 와인 생산자들은 귀항한 와인Torna Viagem 에서 향과 맛이 변한 것을 발견하게 되었습니다. 이러한 와인은 비뉴 다 로다 Vinho da Roda, 돌아온 와인 라벨을 붙여 판매되었고, 포르투갈에서 고가로 거래되며 큰 인기를 누렸습니다.

비뉴 다 로다가 높은 가격으로 판매된 이유는 뛰어난 품질 외에도, 항해라는 막대한 경비가 들어갔기 때문입니다. 이러한 스타일의 와인이 인기를 끌게 되자 마데이라 생산자들은 산지에서 안정적으로 생산하기 위해 배의 창고와 동일한 환경을 만들고 기계적으로 배의 흔들림을 재현하는 장치까지 만들었지만, 맛을 재현하는데 실패했습니다. 결국, 생산자들은 온도 때문이라는 답을 찾게 되었습니다. 특히 마데이라 와인 특유의 가열 숙성이라고 하는 방법은 배에 선적된 와인이 적도를 횡단하는 긴 항해를 통해서 맛이 좋아진다고 인정된 것이 그 시작이었습니다. 일반적인 와인은 적도를 지나게 되면 산화가 되어 맛이 시큼해지는데, 놀랍게도 마데이라 와인은 풍미가 더 좋아졌고 부드러워졌습니다.

18세기 중반, 긴 항해 동안에 와인이 산화 또는 열화Heat Damage되는 것을 방지하기 위해서 와인에 소량의 증류주 및 브랜디를 첨가하는 것이 일반적이었습니다. 마데이라 와인 역시 같은 시기에 브랜디 및 사탕수수 증류주를 첨가해 주정 강화 와인을 만들기 시작했습니다. 마데이라의 주정 강화 와인은 18세기 중반에 만들기 시작했지만, 왜 시작되었는지에 관해서는 아직까지 잘 알려지지 않고 있습니다. 몇 가지 설이 있는데, 지브롤터 해협Gibraltar을 둘러싼 분쟁으로 북아메리카와 카리브 해를 향하는 선단이 줄어 들어 마데이라 섬의 와인이 시장을 잃고 재고가 늘었났기 때문에 저장 효율과 보존성을 높이기 위해 주정 강화를 했다는 설과, 당시 유명한 세리Sherry, 포트 와인을 흉내 냈다는 설 등이 대표적입니다.

20세기에 접어들면서 항해 중의 숙성이라는 번거로운 방법 대신에 온실 혹은 가온 장치 내에서 와인을 숙성시키는 방법이 주를 이루게 됩니다. 결과적으로 마데이라 와인은 산화로 인해 호박색을 띠게 되며 가온 숙성에서 유래되는 캐러멜 풍미를 갖게 되었습니다.

18세기 중반, 긴 항해 동안에 와인이 산화 또는 열화되는 것을 방지하기 위해서 와인에 소량의 증류주 및 브랜디를 첨가하는 것이 일반적이었습니다. 마데이라 와인 역시 같은 시기에 브랜디 및 사탕수수 증류주를 첨가해 주정 강화 와인을 만들기 시작했습니다.
20세기에 접어들면서 마데이라는 항해 중의 숙성이라는 번거로운 방법 대신에 온실 혹은 가온 장치 내에서 와인을 숙성시키는 방법을 주로 사용하게 되었습니다. 그 결과, 마데이라는 산화로 인해 호박색을 띠며, 가온 숙성에서 유래되는 캐러멜 풍미를 지니게 되었습니다.

마데이라의 기후와 포도 재배

마데이라 섬은 온화한 아열대 및 온대 기후로, 여름은 고온 다습하고 겨울은 온난합니다. 섬의 북부와 남부는 기온 차이가 큰 편인데, 북부는 북대서양에 불어오는 바람의 영향을 받아 서늘하고 습한 반면, 남부는 평균 기온 20도 정도로 따뜻합니다. 또한 산이 많은 마데이라 섬은 표고에 따라 강우량의 차이가 발생합니다. 연 평균 강우량은 640mm정도이지만, 표고가 높은 곳은 2,800mm부터 낮은 곳은 500mm까지 차이가 크며, 전반적으로 습도가 높기 때문에 곰팡이 병이 자주 발생하는 편입니다. 그래서 비뉴 베르드 지방과 유사한 라타다Latada로 불리는 페르골라 수형 관리 방식을 사용해 포도를 재배하고 있습니다.

마데이라는 대서양 한가운데에 위치한 화산섬으로 평지가 거의 없습니다. 지형적으로 산이 많아 포도 재배가 어렵기 때문에 도오루 밸리와 같이 현무암으로 둑을 쌓아 계단식 층으로 포도밭을 만들어, 북쪽과 남쪽 해안의 가파른 경사지에 인공적으로 개간한 푸이우스Poios라고 불리는 계단식의 포도밭에서 포도를 재배하고 있습니다. 재배 면적은 490헥타르로 포도밭의 면적은 적고, 기계를 사용하는 것이 불가능하므로 포도 재배 비용이 많이 들어가는 단점이 있습니다. 마데이라 섬은 화산성 토양으로, 산성을 띠며 미네랄과 철분, 인이 풍부하고 칼륨이 부족해 포도의 산도가 높은 것이 특징입니다.

19세기 중·후반, 마데이라 섬에 오이듐병과 필록세라 병충해가 발생했습니다. 포도밭의 대부분은 파괴되었고, 기존의 토착 품종을 대신해 미국계 품종들이 새로 재배되기 시작했습니다. 특히 이 시기에 도입된 띤따 네그라 또는 띤따 네그라 몰Tinta Negra Mole은 병충해에 강한 적포도 품종으로 전체 재배 면적의 80%를 차지하고 있습니다. 이 품종은 마데이라 DOC 뿐만 아니라 주정 강화를 하지 않은 마데이렝스 DOC의 레드·로제 와인 생산에도 사용되고 있습니다.

주정 강화 와인인 마데이라는 귀족 품종이라 불리는 세르시아우Sercial, 베르델류Verdelho, 보아우Boal, 말바지아Malvasia 4종류의 청포도 품종을 사용해 만들고 있습니다. 표고에 따라 재배되는 품종이 정해져 있고, 4종류의 품종으로 각각 와인을 제조했을 때 당도가 정해져 있는 것이 특징입니다. 표고 600~800m 사이에 심는 세르시아우는 주로 섬의 북부에서 재배되고 있으며 남부에서는 높은 표고에서 일부 재배되고 있습니다. 가장 늦게 수확하는 세르시아우는 산도가 매우 높고, 알코올 발효가 끝날 때쯤 주정을 강화해 잔당이 거의 없는 드라이 타입으로 만듭니다. 세르시아우 마데이라의 리터당 잔당은 9~27그램으로, 과일, 미네랄, 아몬드 풍미를 지니고 있으며 산뜻하고 깔끔한 맛이 특징입니다.

표고 400~600m 사이에 심는 베르델류는 섬의 북부에서 주로 재배되고 있습니다. 4개 품종 중 가장 많이 재배되고 있는데, 세르시아우에 비해 조금 일찍 주정을 강화해 세미-드라이 타입으로 만듭니다. 베르델류 마데이라의 리터당 잔당은 27~45그램으로, 약간의 캐러멜 향과 훈향을 지니고 있으며, 뚜렷한 신맛과 부드러운 맛이 특징입니다.

표고 300~400m 사이에 심는 보아우는 따뜻한 섬의 남부에서 주로 재배되고 있습니다. 부알Bual이라고 불리기도 하며, 알코올 발효 중간에 주정을 강화해 세미-스위트 타입으로 만듭니다. 부아우 마데이라의 리터당 잔당은 45~63그램으로, 짙은 색의 건포도, 바닐라, 견과류 등의 향과 풍미를 지니고 있으며, 풍만한 질감이 특징입니다.

표고 400m 미만에 심는 말바지아는 따뜻한 섬의 남부에서 주로 재배되고 있고, 북부에서도 낮은 표고에서 재배되고 있습니다. 말바지아는 일조량이 풍부한 곳에서 잘 자라며 맘지Malmsey라고 불리기도 합니다. 4개 품종 중 가장 달고 빨리 익으며, 알코올 발효 중간에 주정을 강화해 가장 스위트한 타입으로 만듭니다. 말바지아 마데이라의 리터당 잔당은 63~117그램으로, 진한 갈색과 함께 커피, 꿀, 캐러멜, 건포도 등의 향이 풍성하며, 기름처럼 부드러운 질감이 특징입니다. 또한 바닷바람에 노출된 낮은 표고의 포도밭에서는 염분과 요오드Iodine 향을 느끼는 경우도 있습니다.

포르투갈은 유럽연합에 가입하기 전에도 마데이라 라벨에 포도 품종을 표기하는 관행이 있었지만, 실제로는 그 품종들로 와인을 만들지는 않았습니다. 그러나 1986년 유럽연합에 가입하면서 EU규정에 따라 해당 품종을 최소 85% 이상 사용해야만 품종 명칭을 표기할 수 있기 때문에 지금은 표기된 품종으로 마데이라를 만들고 있습니다.

현재 4종류의 귀족 품종을 사용해 만든 마데이라 와인은 각각의 품종 명칭이 라벨에 표기되고 있습니다. 라벨에 품종 표기가 되지 않은 마데이라는 대부분 띤따 네그라 품종을 사용하고 있는데, 귀족 품종과는 달리 드라이, 세미-드라이, 세미-스위트, 스위트 타입까지 다양한 당도의 마데이라를 만들고 있습니다. 이 외에도 청포도 품종인 테란테스Terrantez가 모든 표고에서 재배되고 있지만 생산량은 매우 적은 반면 섬세한 맛이 특징입니다.

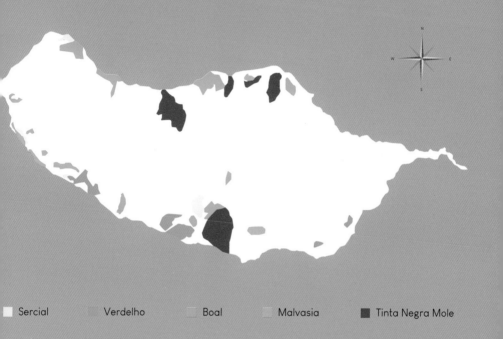

■ Sercial   Verdelho   ■ Boal   Malvasia   ■ Tinta Negra Mole

마데이라 섬은 온화한 아열대 및 온대 기후로, 여름은 고온 다습하고 겨울은 온난합니다. 섬의 북부와 남부는 기온차가 큰 편인데, 북부는 북대서양에 불어오는 바람의 영향을 받아 서늘하고 습한 반면, 남부는 평균 기온 20도 정도로 따뜻합니다.

산이 많은 마데이라 섬은 표고에 따라 강우량의 차이가 발생합니다. 연 평균 강우량은 640mm 정도이지만, 표고가 높은 곳은 2,800mm부터 낮은 곳은 500mm까지 차이가 크며, 전반적으로 습도가 높기 때문에 곰팡이 병이 자주 발생합니다. 따라서 비뉴 베르드 지방과 같이 라타다로 불리는 페르골라 수형 관리 방식을 사용해 포도를 재배하고 있습니다.

마데이라 품종

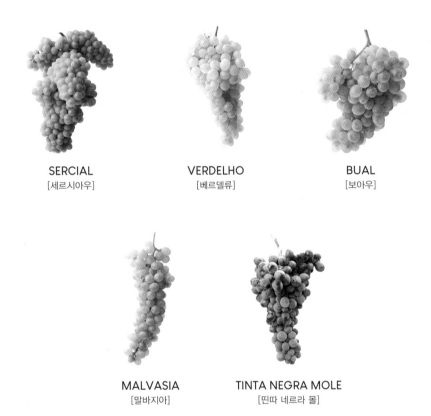

SERCIAL
[세르시아우]

VERDELHO
[베르델류]

BUAL
[보아우]

MALVASIA
[말바지아]

TINTA NEGRA MOLE
[띤따 네르라 몰]

주정 강화 와인인 마데이라는 세르시아우, 베르델류, 보아우, 말바지아 4종류의 청포도 품종을 사용해 만들고 있습니다. 표고에 따라 재배되는 품종이 정해져 있으며, 4종류의 품종으로 각각 와인을 제조했을 때 당도가 정해져 있는 것이 특징입니다.

* 세르시아우: 섬의 북부, 표고 600~800m 사이에서 주로 재배, 드라이 타입

* 베르델류: 섬의 북부, 표고 400~600m 사이에서 주로 재배, 세미-드라이 타입

* 보아우: 섬의 남부, 표고 300~400m 사이에서 주로 재배, 세미-스위트 타입

* 말바지아: 섬의 남부, 표고 400m 미만에서 주로 재배, 스위트한 타입

FERMENTATION & FORTIFICATION
[알코올 발효 & 주정 강화 작업]

ESTUFA

에스투파: 가온 장치가 달린 스테인리스 탱크에서
최소 3개월 동안 45~55℃ 온도로 가온 숙성시킵니다.

저렴한 마데이라 생산에 사용됩니다.

CANTEIRO

칸테이루: 480리터 용량의 오크통에 담아 30℃를
초과하는 온실에서 최소 3년 동안 가온 숙성시킵니다.

고품질의 마데이라 생산에 사용됩니다.

AGING & BOTTLING

마데이라의 양조 방식

마데이라 섬은 매년 9월에 포도를 수확하는 것이 일반적입니다. 20세기 전반까지 수확한 포도는 커다란 통에 넣어 사람들이 발로 밟아 으깼으며, 파쇄된 과즙은 염소 가죽으로 만든 자루에 담아 산길을 따라 양조장까지 운반했습니다. 그러나 도로가 정비되면서 지금은 차량으로 양조장에 운반해 파쇄 및 압착 과정을 진행하고 있는데, 우수한 생산자들은 양조장을 현대화시키기도 했습니다.

파쇄 및 압착한 포도 과즙은 온도 조절 장치가 있는 스테인리스 스틸 탱크에서 알코올 발효를 진행합니다. 스위트 타입으로 만들어지는 보아우, 말바지아 품종은 단맛과 조화를 이루기 위해서 더 많은 페놀 성분을 추출해야 하기 때문에 껍질과 함께 넣고 알코올 발효를 진행합니다. 반면 드라이 타입으로 만들어 지는 세르시아우, 베르델류 품종은 껍질을 제거하고 과즙만 발효를 진행합니다.

알코올 발효 기간은 생산자와 최종 생산되는 마데이라의 당도에 따라 결정되며, 원하는 당도에 도달했을 때 주정을 강화하게 됩니다. 주정 강화는 95도의 포도 증류주를 사용해 이뤄지는데, 포도 품종 및 당도에 따라 주정을 첨가하는 타이밍이 다릅니다. 일반적으로 알코올 발효가 시작되고 1~5일 정도 후에 주정 강화가 이뤄지며, 일찍 주정을 강화할수록 단맛은 더욱 진해집니다. 이 후, 와인은 가열 숙성에 들어갑니다. 전통적으로 마데이라는 배에 선적되어 적도를 횡단하는 긴 항해를 통해서 가열 숙성되었습니다. 적도의 높은 온도에서 배에 실린 와인은 숙성이 가속화되었고, 와인은 캐러멜과 유사한 독특한 풍미를 얻게 되었습니다. 이러한 상태를 마데라이즈Maderised라고 표현합니다. 현재 마데이라는 뜨거운 바다를 오랫동안 항해하는 전통 방식 대신, 에스투파젱Estufagem 이라 불리는 두 가지의 현대적인 방식이 개발되어 섬에서 데워지고 있습니다.

에스투파젱(Estufagem)

- 에스투파(Estufa)

에스투파Estufa는 가온 장치를 사용해 가열 숙성하는 방식으로, 쿠바 드 칼로르Cuba de Calor 와 알마젱 드 칼로르Armazém de Calor 두 가지로 구분하고 있습니다. 첫 번째, 쿠바 드 칼로르는 '에스투파'라고 불리는 가온 장치 코일 관이 설치된 스테인리스 스틸 탱크에 주정 강화한 와인을 붓고 뜨거운 물이 코일 관을 순환해 가열하는 방식입니다. 마데이라 와인 협회Madeira Wine Institute의 규정에 따라 최소 3개월 동안 45~55도 정도의 높은 온도로 가열하며, 이 방식은 주로 저렴한 마데이라 생산에 사용되고 있습니다.

두 번째, 알마젱 드 칼로르는 주정 강화한 와인을 오크 캐스크에 담아 증기 생성 시설을 갖춘 특수 설계된 방에서 가열 숙성하는 방식입니다. 일종의 사우나 시설과 유사한 알마젱Armazém 이라는 저장고에서 6~12개월 동안 30~40도 정도의 온도로 서서히 가열합니다. 이 방식은 마데이라 와인 컴퍼니Madeira Wine Company에서 독점으로 사용하고 있습니다.

- 칸테이루(Canteiro)

오크 캐스크를 올려놓는 전통적인 지지대를 칸테이루라고 합니다. 이 이름에서 유래된 칸테이루는 인위적인 가열 장치를 전혀 사용하지 않고 오직 태양열로만 숙성 시키는 방식으로 고급 마데이라 생산에 사용되고 있습니다. 주정 강화한 와인은 480리터 용량의 마데이라 파이프에 저장되어 항구 도시 푼샬Funchal의 저장고Lodge 다락방에서 30도를 초과하는 햇볕에 의해 가열합니다. 칸테이루 방식을 사용한 마데이라는 판매되기 전 최소 3년 동안 반드시 숙성되어야 하며, 빈티지 마데이라와 같이 최상품은 20년에서 길게는 50년까지 온실에서 숙성을 진행하기도 합니다.

아열대 기후의 자연 발생하는 열기에 의해 와인은 서서히 데워지고, 파이프 안의 와인은 숙성 과정에서 소량 증발하게 됩니다. 이 손실을 '천사의 몫'이라 하는데, 와인은 증발되면서 농축된 풍미를 얻습니다. 또한 숙성 과정에서 증발된 와인은 일부러 채우지 않기 때문에 서서히 산화가 진행되어 향신료, 구운 견과류, 말린 과일 등의 마데이라 부케Madeira Bouquet를 제공하게 됩니다.

전통적인 칸테이루 방식은 저장고의 가장 높고 더운 다락방에서 숙성을 시작해, 몇 년 후 낮고 시원한 아래층으로 옮겨집니다. 그리고 마침내 1층에 도달하면 숙성이 완료되고 고급 마데이라로 판매됩니다. 주스티노스Justino's를 비롯한 상위 포도원에서 고급 마데이라를 만들 때 칸테이루 방식을 사용하고 있는데, 주스티노스는 전체 마데이라 생산량의 70% 이상을 차지하고 있는 대형 마데이라 하우스입니다.

에스투파젱의 가열 숙성이 끝난 마데이라는 천천히 냉각시킨 후 안정화 기간을 거쳐 병입하게 됩니다. DOC 규정에 따라 모든 마데이라는 수확한 이듬해 10월 말까지 병입이 금지되어 있으며, 병입하기까지 최소 3년간의 숙성 기간이 의무화 되고 있습니다. 현재 시판되는 마데이라의 대부분은 2~3년산이며, 500ml 용량의 병에 담겨 판매되고 있습니다.

CANTEIRO

파이프라 불리는 마데이라 오크통을 올려놓는 전통적인 지지대를 칸테이루라고 하며, 이 지지대 명칭에서 유래된 칸테이루는 인위적인 가열 장치를 전혀 사용하지 않고 오로지 태양열로만 숙성 시키는 방식으로 고급 마데이라 생산에 사용되고 있습니다. 주정 강화한 와인은 480리터 용량의 마데이라 파이프에 저장되어 항구 도시 푼샬의 저장고 다락방에서 30도를 초과하는 햇볕에 의해 가열합니다.

칸테이루 방식을 사용한 마데이라는 판매되기 전 최소 3년 동안 반드시 숙성되어야 하며, 빈티지 마데이라와 같이 최상품은 20년에서 길게는 50년까지 온실에서 숙성을 진행하기도 합니다.

마데이라의 다양한 종류

마데이라는 식전주로 마실 수 있는 드라이 타입부터 디저트와 함께 곁들이는 스위트 타입까지 다양한 스타일로 생산되고 있습니다. 종류는 크게 연수가 표기된 마데이라와 빈티지 마데이라로 분류하고 있으며, 세르시아우, 베르델류, 보아우, 말바지아 4개 품종으로 만들었을 때에는 라벨에 포도 품종 표기가 가능합니다. 마데이라의 적정 시음 온도는 드라이, 미디엄 드라이 타입은 12도 정도로 약간 차게 마시는 것이 좋고, 세미-스위트, 스위트 타입은 16도 정도로 마십니다.

연수가 표기된 마데이라

- 파이너스트(Finest or 3 Year Old)

에스투파 방식으로 최소 3년 숙성시켜 만든 마데이라입니다. 대부분의 파이너스트는 띤따 네그라 품종을 사용하고 있지만, 일부는 모스카텔Moscatel 품종을 사용해 만들기도 합니다. 라벨에 숙성 연수와 함께 와인 색상을 나타내는 페일Pale, 다크Dark, 풀Full, 리치Rich, 그리고 당도를 나타내는 세쿠Seco, 드라이, 메이우 세쿠Meio Seco, 미디엄 드라이, 메이우 도스Meio Doce, 세미-스위트, 도스Doce, 스위트 표기가 가능합니다. 주로 조리용으로 벌크 단위로 판매되는데, 와인으로 즐기는 것은 추천하지 않습니다.

- 레인워터(Rainwater)

레인워터는 3년 숙성시켜 만든 미디엄 드라이 타입의 마데이라입니다. 빗물을 뜻하는 레인워터의 유래에 관해서는 다양한 설이 존재하는데, 가장 단순한 것이 와인의 옅은 색과 가볍고 신선한 맛을 반영한다는 설입니다. 다른 하나는 마데이라 섬은 포도밭이 가파른 경사지에 위치해 있어 관개를 할 수 없기 때문에 포도 생장에 필요한 물을 빗물에 의존해서 유래되었다는 설입니다. 그리고 가장 낭만적인 설이 아메리카 식민지로 향하는 선적물이 부두에 있는 동안 실수로 마개를 잃어버려 밤새 비에 젖어 희석되었다는 것입니다. 상인들은 희석된 와인을 버리는 대신 이것을 마데이라의 새로운 스타일로 위장해 판매했고, 미국인들에게 큰 인기를 누렸습니다. 아직까지 유래에 관해서 정확하게 밝혀지지는 않았지만, 레인워터의 품질과 스타일은 이후 크게 바뀌었습니다.

전통적인 레인워터를 어떻게 만들었는지, 그리고 어떤 스타일인지 알 수는 없지만, 마데이라 섬에서 가장 많이 재배되고 있는 띤따 네그라, 베르델류 품종을 사용했을 것이라 추측하고 있습니다. 현재 레인워터는 띤따 네그라 품종을 주로 사용해 만들고 있으며, 미국에서 가장 많이 판매되는 마데이라 중 하나입니다. 식전주나 식후주로 마시는 것이 일반적이지만, 최근에는 칵테일 재료로 사용하면서 큰 인기를 얻고 있습니다.

- 리저브(Reserve or 5 Year Old)

리저브는 5년 숙성시켜 만든 마데이라로, 주로 띤따 네그라 품종을 사용하지만, 일부는 세르시아우, 베르델류, 보아우, 말바지아 4개 품종을 사용해 만들기도 합니다. 해당 품종을 85%이상 사용하면 라벨에 포도 품종의 표기가 가능하지만, 여러 해를 블렌딩하기 때문에 빈티지는 표기하지 않습니다. 최근에 출시된 전통 품종을 블렌딩한 고급 리저브는 여러 품종이 블렌딩되어 있어 라벨에 품종 표기가 되어 있지 않습니다.

- 스페셜 리저브(Special Reserve or 10 Year Old)

리저브를 10년 숙성시켜 만든 것이 스페셜 리저브입니다. 조건은 리저브와 동일하지만 칸테이루에서 숙성된 와인을 혼합하며, 포도 품종 명칭을 표기하고 있습니다.

- 엑스트라 리저브(Extra Reserve or 15 Year Old)

스페셜 리저브와 조건은 동일하지만, 거의 보기 힘든 마데이라입니다. 생산자들 대다수가 엑스트라 리저브 대신 빈티지 마데이라로 출시하기 위해 20년까지 숙성을 시키거나 콜레이타로 만들고 있기 때문에 생산이 거의 드뭅니다.

빈티지 마데이라

- 콜레이타(Colheita or Harvest)

1990년대 중반, 마데이라 와인 협회에 의해 새롭게 승인된 콜레이타는 단일 빈티지로 만든 마데이라입니다. 2015년 개정된 규정에 따라 단일 포도 품종을 사용해야 하며, 파이프에서 최소 5년간 숙성을 진행해야 합니다. 라벨에 콜레이타 단어와 함께 해당 빈티지를 표기할 수 있고, 병입된 이후에는 병 숙성 없이 마실 수 있습니다.

마데이라 와인 협회에서 콜레이타를 승인한 것은 상업적인 이유가 크다고 생각됩니다. 콜레이타 승인 이전에는 생산자들이 빈티지 마데이라로 출시를 해야 했기 때문에 장기간 숙성에 따른 자금 회전의 어려움을 겪어야 했습니다. 하지만 콜레이타가 승인되면서 생산자들은 5년 이상 숙성시키면 그 이후에 언제든지 병입해 판매할 수 있어 자금 확보가 가능해졌습니다. 또한 소비자 입장에서도 값비싼 빈티지 마데이라를 대신해 좀 더 저렴하게 즐길 수 있다는 이점도 있습니다. 콜레이타의 도입으로 고급 마데이라의 국제적인 명성이 지난 10년간 다시 급상승하기 시작했습니다.

- 빈티지 또는 프라스케이라(Vintage or Frasqueira)

빈티지 마데이라는 마데이라 중 최고급으로 단일 빈티지로만 만듭니다. 빈티지 포트에 버금가는 품질과 긴 수명을 자랑하며, 비싼 가격에 판매되고 있습니다. 빈티지 마데이라는 세르시아우, 베르델류, 보아우, 말바지아 4개 품종을 사용해서 만들며 라벨에 품종 명칭과 함께 해당 빈티지가 표기되어 있습니다. 파이프에서 최소 20년간 숙성한 후 병입해야 하며, 병입된 빈티지 마데이라 중에는 무려 100년이 넘은 것도 있습니다.

빈티지 마데이라는 졸인 설탕, 향신료, 구운 견과류, 말린 과일 등 산화 숙성에 의한 마데이라 부케가 복합적으로 표현되며, 균형 잡힌 신맛과 부드러우면서 기름진 알코올의 매혹적인 상태를 보여줍니다. 참고로 DOC 규정에 따라 빈티지라는 단어는 빈티지 포트에 속한 명칭이기 때문에 마데이라 라벨에는 빈티지 대신 프라스케이라Frasqueira라는 단어가 표기되고 있습니다.

TIP!

오크통과 천사의 몫(Angel's Share)

오크통은 로마 시대부터 와인을 보관·숙성하는 용기로 사용되었습니다. 초창기 오크통의 테두리는 나무 재질을 사용해 묶었으나 19세기에는 좀더 내구성이 좋은 금속 재질로 점차 교체되기 시작했습니다. 또한 1970~80년대 양조가들은 오크통의 모양과 종류, 만드는 방식에 따라 와인의 구조나 풍미가 바뀐다는 것을 깨닫게 되었고, 이후 많은 양조가들이 다양한 오크통을 사용해 자신만의 개성을 표현하기 시작했습니다. 1990년 대부터 오크통 숙성에 따른 와인의 효과에 관한 많은 연구가 진행되었는데, 다양한 자료가 쏟아지면서 오크통의 사용도 증가했습니다. 또한, 2000년대 로버트 파커의 등장과 함께 오크통의 인기가 폭발적으로 증가해 현재 많은 양조가들이 자신들의 고급 와인을 오크통에 숙성시키고 있습니다.

그렇지만 오크통은 완벽한 용기가 아니므로 숙성 기간 중에 오크통에 담긴 와인은 증발이 발생하게 됩니다. 이 손실을 '천사의 몫'이라고 로맨틱하게 부르고 있으며, 마데이라의 경우 1년에 평균적으로 7% 정도 증발한다고 알려져 있습니다. 양적인 측면에서 손실이지만 수분이나 알코올이 증발해 나머지 맛 성분이 농축되기 때문에 이것을 오크통 숙성의 효과 중 하나로 꼽기도 합니다. 다만, 와인이 증발함에 따라 오크통 상단에 공간이 생겨 공기가 들어갈 수도 있습니다. 공기가 들어간 상태로 두면 와인이 급격하게 산화되어 유해 세균이 번식할 위험이 있습니다. 따라서 생산자들은 정기적으로 오크통에 와인을 채워 넣어 항상 오크통에 와인이 가득 차 있는 상태를 유지하는데, 이 작업을 프랑스어로 '우이아주Ouillage(보주補酒)'라고 합니다. 일반적인 증발한 양만큼 와인을 채우고 있지만 포트, 마데이라와 같이 일부러 산화시키는 경우에는 이 작업을 하지 않습니다. 그 결과 와인은 농축되고 산화 숙성으로 인한 독특한 향과 풍미가 생성되게 됩니다.

SERCIAL
[세르시아우 청포도]

VERDELHO
[베르델류 청포도]

BUAL
[보아우 청포도]

MALVASIA
[말바지아 청포도]

QUALITY LEVEL

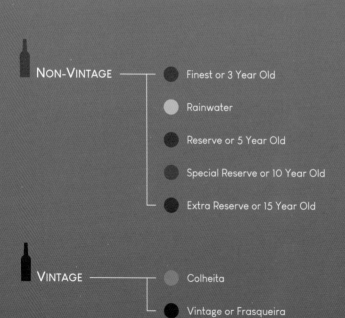

NON-VINTAGE

Finest or 3 Year Old

Rainwater

Reserve or 5 Year Old

Special Reserve or 10 Year Old

Extra Reserve or 15 Year Old

VINTAGE

Colheita

Vintage or Frasqueira

MANONWINE

MADEIRA